U0679786

创新型素质教育精品教材

职业素养提升

《职业素养提升》编写组　编

江苏大学出版社
JIANGSU UNIVERSITY PRESS
镇　江

内 容 提 要

本书依据教育政策精神与当前高校大学生的就业实际需要进行编写，主要内容包括绪论、职业认知与选择、职业意识、职业道德、职场礼仪、职业法律、自我管理、沟通能力、团队合作能力和创新能力十个部分。

本书内容系统、学练结合、紧跟时代，可作为高等院校学生提升职业认知、职业意识、职业道德、职业法律与职业心理等职业素养的教材，也可以作为在职人员的参考书。

图书在版编目（CIP）数据

职业素养提升 / 《职业素养提升》编写组编. -- 镇江 : 江苏大学出版社, 2015.8（2021.1 重印）
ISBN 978-7-5684-0051-0

Ⅰ. ①职… Ⅱ. ①职… Ⅲ. ①大学生－职业道德－素质教育 Ⅳ. ①B822.9

中国版本图书馆 CIP 数据核字(2015)第 192001 号

职业素养提升

编　　者 / 《职业素养提升》编写组
责任编辑 / 柳　艳　万才兰　韦雅琪
出版发行 / 江苏大学出版社
地　　址 / 江苏省镇江市梦溪园巷 30 号（邮编：212003）
电　　话 / 0511-84446464（传真）
网　　址 / http://press.ujs.edu.cn
排　　版 / 北京谊兴印刷有限公司
印　　刷 / 北京谊兴印刷有限公司
开　　本 / 787 mm×1 092 mm　1/16
印　　张 / 17
字　　数 / 393 千字
版　　次 / 2015 年 8 月第 1 版　2021 年 1 月第 11 次印刷
书　　号 / ISBN　978-7-5684-0051-0
定　　价 / 45.00 元

如有印装质量问题请与本社营销部联系（电话：0511-84440882）

编者的话

职业素养的养成，是一定的职业要求和规范在从业者个体身上的内化，是从业者生理和心理结构及潜能向着一定社会职业对人的行为要求与规范的定向发展与开发，是一个动态过程。职业素养不像职业素质那样相对的稳定与固化，强调的是从业者所具有的内在的、相对稳定的身心特性。对大学生选择职业有影响的素质中，有先天的，如符合某一职业的体能和后天的，如技术和经验等，而职业道德和职业心理素质等则是后天形成的，这些通过后天职业生活形成的适应岗位需要的素质，就是职业素养。从业者的职业素养决定了单位的未来发展，也决定了从业者自身的未来发展。是否具备职业化的意识、道德、态度和职业化的技能、知识与行为，直接决定了单位和从业者自身发展的潜力大小和成功与否。因此，对大学生来说，《职业素养提升》这门课程的开设就显得越来越迫切和必要。

根据国家《教育部办公厅关于印发<大学生职业发展与就业指导课程教学要求>的通知》（教高厅〔2007〕7 号）的文件精神，各高校原则上可以根据实际需要自主决定开设“大学生职业发展与就业指导课程”系列中的三门课程：《职业生涯与发展规划》《职业素养提升》《就业指导》。本课程正是依据教育政策精神与当前高校大学生的就业实际需要而开设。

本教材作为“大学生职业发展与就业指导课程”系列用书之一，主要内容涉及职业认知与选择、职业意识、职业道德、职场礼仪、职业法律、自我管理、沟通能力、团队合作能力、创新能力、职业心理等方面。本教材旨在通过课程的理论教学与实务实践，帮助大学生正确了解企业、社会对大学生职业素质的基本要求，认识职业对大学生的专业学习、知识准备和素质培养方面的一般要求和具体要求，帮助大学生正确地选择适合自身职业特性的职业岗位，为未来适应职场生活、胜任职业岗位打好基础在职业认知、职业意识、职业道德、职业法律、职业能力、职业心理、职场礼仪等层面做好态度、知识、技能、素质的准备。

本教材的主要内容包括绪论、职业认知与选择、职业意识、职业道德、职场礼仪、职业法律、自我管理、沟通能力、团队合作能力和创新能力十个部分，分别由苏州市职业大学思修教学团队傅济锋、刘哲芬、李凤云、黄丹、居茜、孙涛、杨晓石、石阶瑶、沈洁、皇甫志芬、王砚等老师执笔完成，傅济锋、张静芳、曹文君老师负责文稿的校对与文字修改工作。

由于《职业素养提升》是一门新开设的课程，国内开设同类课程的高校不多，可供参考借鉴的实践经验很少，在编写过程中，我们得到了许多从事多年学生职业教育的老师、有关专家的指导与帮助，同时还借鉴和参考了一些同类教材、资料和一些专家、学者的著述与研究成果，在此一并表示感谢。

由于编写组老师教学工作繁重，加之课题新、时间紧、任务重，虽然我们尽可能追求完美，但其中不可避免地存在这样或那样的疏漏和错误，本教材编写组诚恳地期待大家的批评和指正，以便我们在修订工作中对教材进行进一步的完善和提升。

目　录

绪　论 …… 1
一、何谓职业素养？ …… 1
二、大学生为什么要提升职业素养？ …… 2
三、大学生需要提升哪些职业素养？ …… 3
四、大学生如何提升职业素养？ …… 4

第一章　职业认知与选择 …… 5
第一节　职业概述 …… 6
一、职业的含义 …… 6
二、职业的特征 …… 7
三、职业分类 …… 8
四、我国职业的发展情况 …… 12
第二节　大学生职业技能 …… 17
一、职场基本能力素质要求 …… 17
二、大学生技能的获得 …… 20
三、大学生能力提升的途径 …… 21
四、当前最有前景的职业及其对技能的要求 …… 24
第三节　如何选择合适的职业？ …… 26
一、职业选择理论 …… 26
二、个人评价与职业选择 …… 28
本章小结 …… 33
问题与思考 …… 33

第二章　职业意识 …… 34
第一节　责任意识 …… 35
一、责任意识的含义 …… 35
二、责任意识的作用 …… 36
三、职场员工的责任意识的养成 …… 38
第二节　敬业意识 …… 40
一、敬业的内涵及实质 …… 40

二、强化敬业意识……44
第三节 诚信意识……48
一、诚信理念的内涵……49
二、诚信的价值……49
三、加强诚信修养……52
第四节 竞争意识……53
一、竞争和竞争意识……54
二、努力提高竞争力……55
本章小结……59
问题与思考……60

第三章 职业道德……61
第一节 职业道德概述……62
一、职业道德概述……63
二、社会主义职业道德的内容……64
第二节 敬业与忠诚……67
一、敬业的含义……68
二、忠诚的价值……69
三、敬业的实现……70
第三节 诚信与责任……72
一、诚信的定义……72
二、诚信的价值……73
三、诚信的践履……75
四、责任的自觉……77
本章小结……79
问题与思考……79

第四章 职场礼仪……80
第一节 仪容礼仪……81
一、仪容要求……81
二、举止礼仪……82
三、职场服饰、形象礼仪……86
第二节 办公礼仪……91
一、办公基本礼仪……91
二、职场人际关系礼仪……94

第三节　职场通信礼仪 …… 98
一、电话礼仪 …… 99
二、手机礼仪 …… 102
三、传真礼仪 …… 103
四、电子邮件礼仪 …… 104
五、QQ、微信等网络即时通信工具礼仪 …… 106
本章小结 …… 109
问题与思考 …… 110

第五章　职业法律 …… 111
第一节　劳动合同和集体合同 …… 111
一、劳动合同的订立 …… 112
二、劳动合同的履行和变更 …… 114
三、劳动合同的解除和终止 …… 114
四、集体合同 …… 116
第二节　工资和年休假 …… 116
一、工资 …… 117
二、带薪年休假 …… 119
第三节　社会保险制度 …… 121
一、基本养老保险 …… 121
二、基本医疗保险 …… 122
三、工伤保险 …… 123
四、失业保险 …… 124
五、生育保险 …… 125
第四节　劳动争议 …… 125
一、调解 …… 126
二、仲裁 …… 126
第五节　特别规定 …… 128
一、劳务派遣用工 …… 129
二、非全日制用工 …… 129
三、女职工特殊保护 …… 130
本章小结 …… 131
问题与思考 …… 131

第六章　自我管理 …… 132
第一节　时间管理 …… 133
一、时间管理概述 …… 133
二、时间管理陷阱 …… 135
三、时间管理策略 …… 138
第二节　自我效能 …… 142
一、效能与效率 …… 142
二、自我效能概述 …… 143
三、自我效能的影响因素 …… 144
四、自我效能提升策略 …… 145
第三节　情绪管理 …… 148
一、情商与情绪 …… 148
二、情绪的特点 …… 149
三、情绪的基本范畴及形态 …… 149
四、情绪对个体的影响 …… 150
五、情绪的产生 …… 152
六、情绪自我管理方法 …… 155
本章小结 …… 160
问题与思考 …… 161

第七章　沟通能力 …… 162
第一节　沟通最基本的技巧之一：倾听 …… 163
一、倾听的意义 …… 163
二、良好的倾听态度 …… 164
三、需要倾听的内容 …… 166
第二节　沟通最基本的技巧之二：表达 …… 168
一、表达要注意语言内容 …… 169
二、表达要注意非言语内容 …… 172
第三节　职场沟通 …… 173
一、与上司的沟通 …… 174
二、与同事的沟通 …… 177
第四节　冲突情境下的沟通 …… 180
一、处理好自己的负性情绪 …… 181
二、牢记沟通目的，对事不对人 …… 181
三、要表达自己真正的需求，不要口不对心 …… 181

四、尊重不同，悦纳多样……181
本章小结……182
问题与思考……182

第八章 团队合作能力……184
第一节 认识团队……185
一、团队的含义……185
二、团队的构成要素……186
三、团队的类型……187
第二节 团队建设……188
一、团队的组建……189
二、团队角色……192
三、高效团队……195
第三节 团队合作……201
一、团队合作及其基本要素……201
二、促进团队合作的四个基础……202
三、团队成员应具备的基本素质……203
四、团队合作的原则……205
五、使自己成为团队中最受欢迎的人……206
本章小结……209
问题与思考……209

第九章 创新能力……211
第一节 创新能力概述……212
一、创新……213
二、创新能力……214
三、职业创新能力的意义……218
第二节 创新思维训练……219
一、发散性思维……220
二、收敛思维……221
三、联想思维……223
四、逻辑思维……224
五、辩证思维……225
六、思维导图……227
第三节 创新能力培养……228
一、基本原则……229

二、培养方法……230
本章小结……233
问题与思考……233
附录一 评估你的技能……234
附录二 价值观测试……237
附录三 MBTI 性格测试题……239
附录四 霍兰德职业适应性测试……247
附录五 职场沟通能力测试……259
参考书目……262

绪 论

一、何谓职业素养?

在现代社会，一个人要想融入社会生活、成为一个社会人，首先要融入社会分工体系、成为一个职业人。而一个人要融入社会分工体系、成为一个职业人，必须符合社会分工体系不断专业化、职业化的要求及职业生活对参与其中的人的职业素质的基本要求。由此，良好的职业素养成为每个职业人进入职业生活必不可少的基本素养，职业素养提升成为每个职业人职业生活中的必修课。这正是《职业素养提升》这门公共必修基础课程的意义和价值之所在。

开展职业素养提升教育与学习，首先要从理论认识上明确何谓职业素养。

在我们阅读相关教材、资料时，我们经常发现一个有意思的现象：人们经常用“职业素质”的概念来理解“职业素养”一词。这在一些研究“职业素养”的论文的英文对译中比较常见。以“职业素养”为关键词检索其英译词，我们能够找到诸如 professional attainment、professional accomplishment、professional quality、vocational accomplishment、career quality、occupation cultivated manners and professional attitude 等词汇。这些英译词都无一例外地用“职业素质”来理解“职业素养”。显然，将“职业素养”一词英译成 professional quality，即“职业素质”，是不对的。因为 professional quality 的中文翻译是“职业素质”，而非“职业素养”。

中英文对译的相互参照，可以从语言逻辑的内在结构上帮助我们正确理解概念，以及概念所指向的事物及其特性。对于“职业素养”这一概念，我们理解为它所指向的是：职业人进入职业生活和在职业生活中必须具备的职业素质的养成。因此，职业素养是一个英语语境下的-ing 的进行时态。我们认为，“职业素养”一词的英译词应该是 professional quality cultivating，即“职业素质的养成”。当然，如果把“职业素养”英译为 occupational manners and professional attitude cultivating，倒是对 professional quality cultivating 相对直截了当的理解。

因此，所谓职业素养，就是职业生活对职业人所要求的职业素质的养成，是由涵盖职业认知与选择、职业意识、职业价值观、职业道德、职业法律、职业能力、职业心理等方面的职业素质的养成教育过程及可以量化的状态。因此可以说，职业素养是一个立足当前、展望未来的范畴，是一个指向未来的-ing 时态范畴。世界著名的人力资源公司 Hay Group 认为，职业素养是那些以提高绩效为目的的知识、技巧、价值观、道德操守、特质、能力等素质的养成。这与我们对职业素养的理解是一致的。

如果将职业素养状态进行量化，就要引入“职商”这一概念，其对应的英文术语为 Career Quotient，简称 CQ。所谓 CQ 指的是上述的职业素养中各种职业素质的养成、可以数据量化的指标状态。当然，这需要建立起相应的量表测评体系。在职业生活中，我们从职业生活的要求出发，可以透过具体的测试量表检测自我的“职商”水平，进而有针对性地提升自身职业素质养成的水平，使自己更好地胜任职业岗位工作、适应职业发展的要求。这一过程就是职业素养提升。

二、大学生为什么要提升职业素养?

大学生为什么要提升职业素养？这主要源于大学生作为未来社会生产的主要生产力来源和社会生活的主要成员的特性，即大学生是社会主义建设事业的宝贵人才资源和重要生力军。大学生受教育的水平决定着国家、社会的未来发展前景。作为未来社会生产的主要生产力来源，大学生是社会经济结构的主要的劳动力来源，是社会分工体系的主要参与者。未来经济社会的发展前景就取决于高校对大学生的知识、能力与素质的培养水平，特别是职业素质的培养水平。

当前，我国正处在加快建设小康社会、促进经济结构调整和增长方式转变的关键时期，迫切需要大量高素质的劳动者。如何采取积极有效的措施促使大学生顺利就业、成功胜任职业岗位工作和适应职业发展的要求？这对高校大学生职业发展与就业指导工作提出了更高、更急迫的要求，培养和提升大学生就业、从业的职业素质、知识储备和技能水平成为高校职业发展和就业指导工作的主要任务。《职业素养提升》与《职业生涯与发展规划》《就业指导》一起构成了高校大学生职业发展与就业指导的课程体系，成为实现这一主要任务必不可少的重要一环。

2007 年 12 月 28 日，下发的《教育部办公厅关于印发<大学生职业发展与就业指导课程教学要求>的通知》（教高厅〔2007〕7 号）文件明确提出：大学生职业发展与就业指导课程教学既强调职业在人生发展中的重要地位，又关注学生的全面发展和终身发展。从态度层面引导大学生树立职业生涯发展的自主意识、积极正确的人生观、价值观和就业观念——正确认识个人发展和国家需要、社会发展一致性，确立正确的职业意识，形成个人的生涯发展和社会发展积极努力的职业态度；从知识层面指导大学生认知职业及职业发展的特点及自身的职业特性，了解就业的形势、政策与法规等基本知识；从技能层面帮助大学生掌握自我探索、求职就业、生涯决策、职场适应与发展等诸多技能，帮助学生提高诸如职场礼仪、沟通表达、问题解决、自我管理和人际交往等各种通用技能。

就业是民生之本、安国之策，是经济社会发展、社会文明进步的关键，是劳动者的谋生手段，是公民融入社会分工体系、实现个人价值、服务社会的一种途径。可以说，就业是个人安身立命之道，职业是个人安身立命之所。而对于大学生来说，就业是个人自我全面发展与价值实现的途径之一。因此，如果一个人要进入社会分工体系、投入社会生产生活实践，自然就需要选择一份力所能及的、适合的职业，在职业生活中实现自己的理想追求。那么，要想顺利地实现自己的人生追求，首要的、最基本的就是要顺利地就业，然后才是在职业生活中出色地胜任职业岗位职责、实现自身的人生追求。但是，要想做到顺利就业、出色地胜任职业岗位职责，大学生在大学学习期间就要加强职业素质的培养与提升，为顺利进入职业生活做好充分准备；进入职业生活之后，就更应该有针对性地、不断地提升自身的职业素养。

三、大学生需要提升哪些职业素养？

目前，我国主管大学生就业教育的部门并未对大学生职业素养提升的课程内容做出具体界定，对职业素养提升课程教学所涉及的理论、观点、认识还没有形成较为权威的意见。各相关院校开展职业素养提升教学基本上是“摸着石头过河”，主要依据的只是教育部的相关政策。因此，我们根据前述对职业素养概念的理解，认为大学生需要提升以下几个方面的职业素养。

- **职业认知：**主要是对什么是职业、职业生活需要什么样的素养、如何选择合适的职业等方面展开的对职业的认知、对自我的认知与对职业选择等问题的理解。
- **职业意识：**是指对职业生活中所必须具备的相关的主体观念意识的自觉，体现在对某一特定职业实践应该具备的主体观念意识及一般职业实践应该具备的主体观念意识的自觉。多侧重于一般职业实践应该具备的主体观念意识的自觉。
- **职业价值观：**是指围绕职业生活所形成的关于职业对个人、社会的价值的认知与评判，以及对这些价值观念的自觉。
- **职业道德：**是人们在职业生活中形成的具有特定职业特征的道德观念、行为规范和伦理关系，在职业生活中体现为对这些道德观念、行为规范、伦理关系的自觉遵守和践行。
- **职场礼仪：**是指在职业生活中必备的仪容礼仪、办公礼仪及职场通讯礼仪等礼仪规范，以及对这些礼仪规范的认知、理解与运用。
- **职业法律：**是指围绕某一特定职业所涉及的相关的法律规范以及一般职业生活所涉及的通用的法律规范。对职业素养提升而言，是对职业法律规范的认知、理解、遵守与运用。

❖ 职业能力：是指顺利完成特定职业实践活动的能力以及围绕某一职业实践所展开的通用能力。在这方面的职业素养提升表现为职业能力的培养和提高。

❖ 职业心理：是指围绕职业生活实践中存在的或可能出现的心理问题以及对这些问题的自主的调适与解决。

四、大学生如何提升职业素养？

职业素养的提升不可离开个人的先天的生理基础来建立“空中楼阁”，但也不能只是束缚于先天的基础而不敢有所突破。中国古人既讲“绘事后素”，更喜欢讲“锦上添花”，这对职业素养提升来讲，就是既强调在良好的素质养成的基础上不断提升职业素质养成的水平，也强调可以在未经训练的情况下培养人的职业素质、描绘出丰富多彩的人生画卷。可见，职业素养提升必须基于职业素质的养成才可以展开，职业素质的养成必须首先立足于职业素质。因此，要提升职业素养，根本上就是养成及提升职业素质、职业认知、职业意识、职业价值观、职业道德、职业能力、职业心理等知识、技能、素质或操守。

职业素养的提升离不开实践主体与客体在社会实践活动中的交互作用，更离不开实践主体的主观意识能动性对外部客观世界的能动作用。因此，大学生要提升职业素养首先必须积极参与社会生产生活的实践活动，在实践中积极发挥自身的主观能动性，形成正确的职业认知、健全的职业意识、正确的职业价值观念、优秀的职业技能及良好的职业道德、职业法律和职业心理。

影响职业素养的因素很多，主要有受教育程度、实践经验、家庭社会环境、职业经历、个人生理和心理条件等。因此，职业素养提升对于大学生而言，则要求大学生要通过课程的学习，在相关的知识、技能和素质等方面对职业认知、职业意识、职业价值、职场礼仪、职业道德、职业法律、职业能力和职业心理等方面形成理论认知、价值认同、经验积累和实践智慧。因此，知识的学习、规范的遵循、技能的训练、素质的养成促进职业素养的提升。

第一章

职业认知与选择

在 21 世纪，人类将处在一个无固定化职业的社会。

——美国 CNN 报道

引　言

职业活动是每个人社会生活的重要组成部分，对于大学生而言，选择一份职业是走向社会的第一步。每一个怀揣梦想的大学生都有自己的职业追求，都想获得一份满意的工作，获得事业的成功，以实现自己的人生价值，并从中体会人生的充实和幸福。然而，在 21 世纪，人类的社会生活和工作领域越来越广阔，职业门类极其繁多且变化快。在一个无固定化职业的社会中，生活充满机遇，但必须清楚和明确的是，我们同时不得不面对和接受各种各样的挑战，比如我们该如何去认识纷繁复杂的职业并在其中找到理想的职业，又该如何去适应不断变化的职业环境，让自己立于不败之地。

学完这一章，你将了解职业、职位和工作的区别；理解什么是职业成功的基石；领会职业选择理论并将其运用在职业选择中；掌握影响职业选择的关键因素；运用量表客观、全面、正确地进行人职匹配。

第一节　职业概述

维持一个人的生命的事物，是他的事业。

——爱默生

引导案例

小张是某高校的大学毕业生，从事医生职业。一天，他遇见中学同学小王。小王问他：“现在做什么工作？”小张回答：“医生。”

问题：医生到底是职业还是工作？职业与工作是一回事吗？

一、职业的含义

在现实生活中，人们要谋生，总是要从事一定的职业活动以获得生活资料。但是人们很容易产生一种误区，即常常把职业与工作混为一谈。事实上，职业与工作是有很大差别的。

什么是职业？美国社会学家塞尔兹认为，职业是一个人为了不断取得收入而连续从事的具有市场价值的特殊活动，这种活动决定着从事它的那个人的社会地位。

我国有些学者就“职业”一词从词义上进行了解释，认为“职”，是指职位、职责，包含着权利和义务的意思，“业”是指行业、事业，包含着独立工作、从事事业的意思。这种观点认为职业即“责任和业务”，职业的外延包括三方面的内容：有工作、有收入、有工作时间限度。由此可见，职业不同于工作，它更多的是指一种事业。

《现代汉语词典》将职业解释为：“个人在社会中所从事的作为主要生活来源的工作。”

《中华人民共和国职业分类大典》明确规定了职业的五个要素：一是职业名称，它是职业的符号特征；二是职业活动的工作对象、内容、劳动方式和场所；三是特定的职业资格和能力；四是职业所提供的各种报酬；五是在工作中建立的各种人际关系。

综上所述，所谓职业，是指人们为了谋生和发展而参与社会分工，利用专门的知识和技能创造物质财富、精神财富，获得合理报酬，满足物质生活、精神生活的社会活动。它至少包括两个方面的涵义：第一，职业体现了专业的分工，没有高度的专业分工，也就不会有现代意义上的职业观念，职业化意味着要专门从事某项事务；第二，它体现了一种精神追求，职业发展的过程也是个人价值不断实现的过程，职业要求个人对它有忠诚度。

小贴士

“职业”，指一个人的行业、专业或领域。如教师、医生、职员。

“职位”，是在某一职业中的一个岗位。如中学语文教师、中学数学教师等专业职位，中学校长、企业经理等行政职位。

“工作”，是需要投入时间和精力并持续一定时长的任务与活动，可以理解为“干活”。如教师的工作是教给学生一定的知识、帮助学生答疑解惑，汽车修理工的工作是维修汽车等。

二、职业的特征

（一）社会性

在人类社会初期，并无职业可言。随着社会的进步和发展，人类在长期生产活动中产生了劳动分工，职业由此产生和发展。也就是说，职业存在于社会分工之中，人们的社会角色是不一样的，一定的社会分工或社会角色的持续实现，就形成了职业。职业作为人类在劳动过程中的分工现象，它体现的是劳动力与劳动资料之间的结合关系，其实也体现出劳动者之间的关系，而劳动产品的交换体现了不同职业之间的劳动交换关系。这种劳动过程中结成的人与人的关系无疑是社会性的，他们之间的劳动交换反映的是不同职业之间的等价关系，反映了职业活动及其职业劳动成果的社会属性。

（二）功利性

职业的功利性也叫职业的经济性，是指职业作为人们赖以谋生的手段，劳动者在承担职业岗位职责并完成工作任务的过程中要索取经济报酬，这既是社会、企业及用人部门对劳动者付出劳动的回报和代价，也是维持家庭和社会稳定的基础。职业活动既满足职业者自己的需要，同时，也满足社会的需要，只有把职业的个人功利性与社会功利性相结合起来，职业活动才具有生命力和意义。

（三）规范性

职业的规范性应该包含两层含义：一是指职业内部操作的规范性，二是指职业道德的规范性。在劳动过程中，不同的职业都有一定的操作规范性，这是保证职业活动的专业性要求。当不同职业在对外展现其服务时，还存在一个伦理范畴的规范性，即职业活动必须符合国家法律规定和社会伦理道德准则。这两种规范性构成了职业规范的内涵与外延。

（四）技术性

职业的技术性是指不同的职业都有相应的职责要求，要求从业人员具备一定的专业技能知识，包括较长时间的专业知识学习或技能培训。

（五）稳定性

职业产生后，总是保持相对稳定，不会因为社会形态的不同和更替而改变。当然，这种稳定性是相对的，随着现代化的快速发展，特别是科学技术的日新月异，一些新的职业顺应时代的需要产生，而原有的职业或在时代的大发展中岿然挺立，或被时代的潮流淹没。

（六）群体性

职业的存在常常和一定数量的从业人员密切相关。凡是达不到一定从业人员数量的劳动，都不能称其为职业。群体性并不仅仅表现为一定的从业人员数量，更重要的是一定数量的从业人员所从事的不同工序、工艺流程表现出来的协作关系，以及由此而产生的人际关系。从业者由于处于同一企业、同一车间或同一部门，他们总会形成语言、习惯、利益、目的等方面的共同特征，从而使群体成员产生群体认同感。

总之，职业的特征与人类的需求和职业结构相关，强调社会分工；与职业的内在属性相关，强调利用专门的知识和技能；与社会伦理相关，强调创造物质财富和精神财富，获得合理报酬；与个人生活相关，强调物质生活来源，并涉及满足精神生活需求。

三、职业分类

（一）概念

职业是随着人类社会进步和劳动分工而产生和发展起来的，它是社会生产力发展和科技进步的结果。随着职业的发展变化，社会形成与之相适应的管理体系，在客观上促进了职业分类的产生和发展。

所谓职业分类，是指采用一定的标准和方法，依据一定的分类原则，对从业人员所从事的各种专门化的社会职业所进行的全面、系统的划分与归类。职业分类的目的是将社会上纷繁复杂、数以万计的现行工作类型划分成类系有别、规范统一、井然有序的层次或类别。

我国是世界上最早出现职业分类的国家。《春秋·谷梁传》就写道：“古者有四民，有士民，有商民，有农民，有工民。”《周礼·东官考工记》记载：“国有六职，百工与居一焉。或坐而论道，或坐而行之……”，文章通篇论述了王公、士大夫、百工、商旅、农夫等不同职业的分工和职责，并有着非常精细的分类和详尽的描述。古时，职业有很强的世袭性，甚至产生了以职业作为自己的姓氏的现象，如师、桑、陶、贾、卜等，反映了人们对职业的认同感、归属感和自豪感。

当今世界上的经济发达国家都非常重视职业分类问题的研究，因为职业分类不仅是形成产业结构概念和进行产业结构、产业组织及产业政策研究的前提，同时也是对劳动者及其劳动进行分类管理、分级管理及系统管理的需要。

（二）职业分类的特征

1. 产业性

世界各国将产业主要划分为三类，即第一产业包括农业、林业、牧业和渔业等；第二产业是工业和建筑业，工业包括采掘业、制造业等；第三产业是流通和服务业。在传统农业社会，农业人口比重最大；在工业化社会，工业领域中的职业数量和就业人口显著增加；在科学技术高度发达和经济发展迅速的社会，第三产业的职业数量和就业人口显著增加。

2. 行业性

行业是根据生产工作单位所生产的物品或提供服务的不同而划分的，主要按企业、事业单位，机关团体和个体从业人员所从事的生产或其他社会经济活动的性质的同一性来分类。可以说，行业表示的是人们所在的工作单位的性质。

3. 职位性

所谓职位是一定的职权和相应的责任的集合体。职权和责任是组成职位的两个基本要素，职权相同、责任一致，就是同一职位。在职业分类中的每一种职业都含有职位的特性。例如，大学教师这种职业包含有助教、讲师、副教授、教授等职位。再如，国家机关公务员包括科级、处级、厅（局）级、省（部）级等职位。

4. 组群性

无论以何种依据分类，职业都带有组群特点。如科学研究人员中包含哲学研究人员、社会学研究人员、经济学研究人员、理学研究人员、工学研究人员、医学研究人员等，再如咨询服务事业包括科技咨询工作者、心理咨询工作者、职业咨询工作者等。

5. 时空性

随着社会的发展和进步，职业变化迅速，除了弃旧更新外，同一种职业的活动内容和方式也不断变化，所以职业的分类带有明显的时代性。在职业数量较少的时期，职业与行业是同义语，但现在职业与行业是既有联系又有区别的两个概念，在职业分类中，行业一般作为职业的门类。在空间上，职业种类分布有区域、城乡、行业之间或者国别上的差别。

（三）职业分类的内容

1. 国际职业分类

根据西方国家的一些学者提出的理论，国际上职业一般分为三种类型。

第一种：按脑力劳动和体力劳动的性质、层次进行分类。按这种分类方法，工作人员可被划分为白领工作人员和蓝领工作人员两大类。白领工作人员包括：专业性和技术性的工作，农场以外的经理和行政管理人员、销售人员、办公室人员。蓝领工作人员包括：手工艺及类似工种的工人、非运输性的技工、运输装置机工人、农场以外的工人、服务性行业工人。这种分类方法明显地表现出职业的等级性。

第二种：按心理的个别差异进行分类。这种分类方法根据美国著名的职业指导专家霍兰德创立的“人格—职业”类型匹配理论，把人格类型划分为六种，即现实型、研究型、艺术型、社会型、企业型和常规型，与这六种人格类型相对应的是六种职业类型。

第三种：依据各个职业的主要职责或“从事的工作”进行分类。这种分类方法较为普遍，以两种代表示例。其一是国际标准职业分类。国际标准职业分类把职业由粗至细分为四个层次，即 8 个大类、83 个小类、284 个细类、1 506 个职业项目，总共列出职业 1 881 个。其中 8 个大类是：① 专家、技术人员及有关工作者；② 政府官员和企业经理；③ 事务工作者和有关工作者；④ 销售工作者；⑤ 服务工作者；⑥ 农业、牧业、林业工作者及渔民、猎人；⑦ 生产和有关工作者、运输设备操作者和劳动者；⑧ 不能按职业分类的劳动者。这种分类方法便于提高国际职业统计资料的可比性和进行国际交流。其二是加拿大《职业岗位分类词典》的分类。它把分属于国民经济中主要行业的职业划分为 23 个主类，主类下分 81 个子类、489 个细类、7 200 多个职业。此种分类对每种职业都有定义，逐一说明了各种职业的内容及从业人员在受教育程度、职业培训、能力倾向、兴趣、性格及体质等方面的要求，有较大的参考价值。

2. 我国的职业分类

参照国际标准和方法，1986 年，我国国家统计局和国家标准局首次颁布了中华人民共和国国家标准《职业分类与代码》（GB/T 6565—1986），并启动了编制国家统一职业分类标准的宏大工程。这次颁布的《职业分类与代码》将全国职业分为 8 个大类、63 个中类、303 个小类。1992 年，原国家劳动部会同国务院各行业部委组织编制了《中华人民共和国工种分类目录》，这个目录根据管理工作的需要，按照生产劳动的性质和工艺技术的特点，将当时我国近万个工种归并为分属 46 个大类的 4 700 多个工种，初步建立起行业齐全、层次分明、内容比较完整、结构比较合理的工种分类体系，为进一步做好职业分类工作奠定了坚实基础。

20 世纪 90 年代中期，随着社会主义市场经济体制的逐步建立和科学技术的迅猛发展，我国的社会经济领域发生了重大变革，这对人力资源管理提出了新的要求。为此，国家提出要制定各种职业的资格标准和录用标准，实行学历文凭和职业资格两种证书制度。

《中华人民共和国劳动法》明确规定：“国家确定职业分类，对规定的职业制定职业技能标准，实行职业资格证书制度。”根据社会经济发展的需要，1995 年 2 月，劳动和社会保障部、国家统计局和国家质量技术监督局联合中央各部委共同成立了国家职业分类大典和职业资格工作委员会，组织社会各界上千名专家，经过四年的艰苦努力，于 1998 年 12 月编制完成了《中华人民共和国职业分类大典》，并于 1999 年 5 月正式颁布实施。

《中华人民共和国职业分类大典》将我国职业归为 8 个大类、66 个中类、413 个小类、1 838 个细类（职业）。这是我国第一部对职业进行科学分类的权威性文献。由于它的编制与国家标准《职业分类与代码》（GB/T 6565—1986）的修订同步进行，相互完全兼容，因此，它本身也就代表了国家标准。

《中华人民共和国职业分类大典》的重要贡献在于，它在广泛借鉴国际先进经验（特别是《国际标准职业分类》ISCO—88）和深入分析我国社会职业构成的基础上，突破了过去以行业管理机构为主体，以归口部门、单位甚至用工形式来划分职业的传统模式，采用了以从业人员工作性质的同一性作为职业划分标准的新原则，并对各个职业的定义、工作活动的内容和形式及工作活动的范围等做了具体描述，体现了职业活动本身固有的社会性、目的性、规范性、稳定性和群体性的特征。《中华人民共和国职业分类大典》科学地、客观地、全面地反映了当前我国社会的职业构成，填补了我国长期以来在国家统一职业分类领域存在的空白，具有深远的意义，应用领域广泛。

为保证各地劳动力市场使用的职业分类与代码的科学性和规范性，有利于劳动力市场信息联网，劳动和社会保障部在主持编纂《中华人民共和国职业分类大典》的同时，根据重新修订的职业分类国家标准《职业分类与代码》（GB/T6565—1999）和《中华人民共和国职业分类大典》，制定了《劳动力市场职业分类与代码（LB501—1999）》，并于 2002 年对其进行了修改。修改后的《劳动力市场职业分类与代码（LB501—2002）》将职业分为 6 个大类、56 个中类、236 个小类、17 个细类。

（四）职业分类的意义

职业分类对于国家合理开发、利用和综合管理劳动力，提高劳动者的素质，促进民族兴旺和国家昌盛意义重大。

（1）同一性质的工作，往往具有共同的特点和规律。把性质相同的职业归为一类，有助于国家对职工队伍进行分类管理，根据不同的职业特点和工作要求，采取相应的录用、调配、考核、培训、奖惩等管理方法，使管理更具针对性。

（2）职业分类分别确定了各个职业的工作责任、履行职责及完成工作所需要的职业素质，为实行岗位责任制提供了依据。

（3）职业分类有助于建立合理的职业结构和职工配制体系。

（4）职业分类是对职工进行考核和智力开发的重要依据。考核就是要考查职工能否胜任他所承担的职业工作及是否完成了他应完成的工作任务。这就需要制定出考查标准，对各个职业岗位工作任务的质量、数量提出要求，而这些都是在职业分类的基础上才能完成。职业分类中规定的各个职业岗位的责任和工作人员的从业条件，不仅是考核的基础，同时也是进行培训的重要依据。

（5）对于高职教育来说，科学的职业分类为国家职业教育培训事业确定了目标和方向，我国近年来相继通过的《劳动法》和《职业教育法》等从立法高度明确规定了国家确定职业分类，并以此指导职业教育培训工作和职业资格证书制度建设。这充分表明，职业分类在国家人力资源开发体系中具有重要的基础性地位。

（6）职业分类也使大学生能及早了解社会职业领域的总体状况，增强大学生的职业意识，促使大学生有意识、有计划、有目的、有针对地不断提高职业素质。

四、我国职业的发展情况

（一）我国职业发展的特点

在社会发展的进程中，我国的职业是动态发展的。从总体上看，我国职业的发展呈现出以下几种特点：

1．社会职业种类越来越多，职业出现的频率逐渐加快

随着社会生产力的发展、社会分工的细化，职业的种类越来越多，现在的职业已远远超过“三百六十行”。据有关资料显示，我国隋朝有 100 个行业，在宋朝达到 220 个，在明朝增至 300 多个。新中国成立后，全国各种职业的总和已发展到 10 000 种左右。改革开放以来，由于体制的改革，以及经济结构、产业结构的变化，传统的职业种类逐渐消亡，新职业不断涌现。据统计，现在每年平均有 600 多种新职业产生，同时有 500 多种传统职业被淘汰。比如，随着电话、传真、电子计算机技术的发展，诸如电报员、电报投递员等传统职业不复存在，铅字打字员、票证管理员等职业正逐步消失；汽车进入家庭，使司机这个职业开始局限于驾驶大型运输车辆。而计算机出现以后，有了操作员、程序员、计算机销售员、维修工等多种职业岗位。近年来，物流师、心理咨询师、项目管理师、舞台灯光师、茶艺师等各种新型职业也在不断涌现。

2．职业分工由简单到精细

以农业为例，早期农业是指种植业，随着生产力的发展现代的，种植业又可细分为粮食作物种植业、经济作物种植业、蔬菜瓜果种植业、果树种植业等。再如建筑业，从原始的土建这一单一的职业发展到现在的建筑设计、土建、装修装潢等一系列的职业。

3．社会职业结构变迁的速度越来越快

从农业革命到工业革命经历了数千年，工业革命到新的产业革命用了 200 多年，而电子行业从产生到发展成为一个主要行业，只用了几十年。

4．职业活动的内容不断更新

在不同的时代，同一职业的活动内容发生了变化。例如，设计院的工程师以前设计图纸时，使用图板、丁字尺、画笔，而现在运用 CAD 软件。再如，邮政业古代靠骑马传送邮件，而现在除了用飞机、火车、汽车等交通工具传送邮件外，还使用电话、网络、传真等手段传送信息。

5．脑力劳动职业增加

随着教育、文化、科学技术等的发展，脑力劳动者和专业技术人员在总劳动人口中所占的比重在不断增大。我国 1982 年和 1990 年两次人口普查的各职业人口构成资料表明，白领人员占各职业人员的比例由 9.7%上升到了 11.8%。

6. 职业的专业化越来越强

若不具备一定的专业能力，达不到专业要求，则不能从事该职业。

7. 职业活动自由化

职业活动自由化表现在三个方面：首先，职业活动场所自由化。如网上办公。其次，职业活动时间自由化。如记者、律师、设计师等，他们没有严格的上下班时间限制，只要完成一定的工作任务即可。最后，自由职业者。如自由撰稿人、作家等，他们没有具体的工作单位，以完成某项工作、任务的形式来履行职业职责。

8. 第三产业的职业数量大幅度增加

随着科技水平的提高，第三产业的职业数量大幅度增加，在发达国家其就业人数已超过全体就业人数的 50%。第三产业所具有的就业容量大、流动性大及弹性高的特点，将会吸引更多的高职院校毕业生从事第三产业的职业。

（二）21 世纪职业发展的趋势

职业发展是和经济发展紧密联系在一起的。21 世纪是知识经济的时代，随着高科技和信息技术的迅猛发展，整个世界将发生深刻的变革，那些能够充分发挥个人才能和可以创造更大人生价值的职业将备受青睐，成为职业发展的一大趋势。

从世界范围来讲，随着高科技的发展，21 世纪的产业将更加信息化和知识化，知识成为一种再生性的战略资源。知识密集型的产业必将以其高产值、高回报、高效益成为 21 世纪的主导产业，相关的职业也将成为吸纳劳动力最多和人们在择业时首选的职业。这些产业包括新兴的信息产业、通信产业、咨询产业、智能产业等。

在我国，随着改革的不断深化，我国的经济结构将会在 21 世纪进行很大的调整。第三产业，尤其是第三产业的主导产业信息业将会不断增长，从而促使我国的职业结构发生深刻的变化。我国将会在 21 世纪，经历三次人口职业结构的转变。第一次是在 21 世纪的前 30 年，我国职业人口的结构将会从第一产业转变为第二产业、第三产业。第二次是从 2031 年到 2050 年，我国职业人口的结构将从第二产业转变为第三产业。第三次是在 21 世纪的后 50 年，我国人口职业结构将实现向第三产业特别是第三产业中的知识产业的转变。

（三）21 世纪中国社会的主导职业

我国的人事管理机构根据全国各类专业协会的有关统计资料，对我国未来急需的人才进行了分析和预测。分析结果认为，我国未来的主导职业包括会计、计算机、软件开发、环保、健康与保健医药、咨询服务、保险、法律、老年医学、服务、公关与服务、市场营销、生命科学、咨询与社会工作、旅游管理与服务、人力资源管理等十六个。这十六种职业的基本情况及相关专业要求如下：

1. 会计类

随着社会经济的发展和财务管理的规范化，社会上的各类企事业单位对会计的需求也大大提高，会计也将成为各行业中的一个热门职业，会计从业人员也会有较高的社会地位和收入。该行业的从业者一般需要具有会计、财经、统计学等专业的学历或学位，并通过国家各等级的会计师资格考试，取得会计师上岗所需的各种资格证书。

2. 计算机技术类

随着计算机技术的发展和广泛应用，计算机硬件、软件的开发、应用和维护成为社会各行业工作的重要组成部分，从事计算机软硬件方面的安装、调试和维护工作的部分计算机技术人员成为各行业必变的人员配置。因此，各行业（如银行、医院、政府部门、企业等）对计算机技术方面的专业人才的需求也越来越大，给出的待遇也比较优厚，这些行业需要的专业人才包括计算机硬件工程师、程序员、网络管理员、系统维护专家及数据库管理人员等，这些专业人员一般需要获得计算机、信息技术、电子技术等相关专业的学历或学位。

3. 计算机软件开发类

计算机技术的普及促进了计算机软件业的飞速发展，软件开发成为计算机行业的重要开发领域，软件设计专家成为软件开发业的热门人才。软件开发专家主要从事操作系统、开发工具、应用软件等计算机软件的开发工作，要求具有计算机软件专业或相关专业的学历或学位，并具有一定的软件开发经验。这种职业在未来相当长的时间里，将成为社会上的技术要求高和待遇高的职业。

4. 环境保护类

随着环境污染的加重和国家与公众环保意识的增强，社会对环境保护类专业人才的需求将呈直线上升趋势。环境保护工作具体包括环境监测、环境质量评价、环境治理（环境工程）和环境卫生等方面，需要环境科学、地理学、生物学、环境化学、环境工程学等专业的人才。

5. 中医和健康医学类

改革开放以来，我国的人均收入和生活水平有了大幅度的提高，人们对自己的生活状态和健康状况越来越关注，健康医学应运而生。医用医药的市场越来越大，中医学和健康医学成为一个受大众关注的领域。由于西医治疗一些疑难病症时的疗效不大，而中医在辨证治疗和整体治疗方面具有独到之处，而且与当今的生物制药领域有密切的关系，因此，社会对中医师和健康医学人才的需求量将逐渐增加。通常，中医和健康医学类职业的从业者需要获得生物医学或中医学专业的学历或学位。

6. 咨询服务类

当今社会是一个信息化的社会，信息获取已经成为科学技术发展和商业运作的关键环节。社会分工的精细化和专门化促进了信息咨询和相关咨询行业的发展，使其并成为促进社会发展和进步的主导职业。目前社会上的咨询行业有企业咨询、心理咨询、信息咨询（包括各种信息服务咨询）、教育咨询等。从事咨询行业的人员需要具有教育学、心理学、管理学、信息科学、经济学等专业方面的学历或学位。

7. 保险类

现代社会经济结构的变化和各种不可预期的因素给人们的工作和生活增添了很多不确定的因素，这就需要有完善的社会保障体系。社会保障体系的不断完善促进了保险业的发展，保险业的发展能将人们生活中的因不确定因素造成的损失降低到最小。社会对保险业务员、管理人员、精算师和索赔估价员的需求也不断增加，提供的待遇也高于一般的职业。从事保险业的人员需要具有保险专业、金融专业、经济类专业、管理类专业的学历或学位。

8. 法律类

随着社会的发展和进步，法律法规也不断得到健全和完善，国家颁布的各种法律法规将越来越多、越来越详细。一般的群众对众多的法律条文不可能了解得很清楚，需要律师帮其维权。从事司法工作的政府机构（如法院、检察院）也需要高素质、高学历的法律人才。同时，为了更好地开展法律咨询和处理各种刑事和民事案件，社会对律师的需求量将越来越大，律师行业将成为一个高智力、高社会地位和高收入的职业。从事律师行业的人员需要具有法律或其他相关专业领域的学历或学位，并获得国家的律师资格证书。

9. 老年医学类

人口老龄化是我国面临的一个严峻的问题。人口老龄化产生老年人的医疗、社会保障、心理问题治疗等一系列社会需求，如何解决这样一个庞大群体在上述方面的需求成为一个重要的、急待解决的问题。其中对老年人医疗和保健的需求是最突出的，社会对从事老年医学方面职业的需求也将大大增加。社会将急需医学、老年医学、健康保健和护理等方面的专业人才，以促进老年人医疗和保健事业的发展。如此大的社会需求也将为这个行业的从业者带来丰厚的经济回报，同时也将为老年人的身心健康做出贡献。

10. 家庭护理和服务类

社会生活和工作节奏的加快使家庭成员的压力加大，照顾病人、老人和孩子成为年轻和中年夫妻带来了沉重负担，家庭护理类职业的需求量也因此大大增加。家庭护理和服务类职业的从业者包括幼儿教师和家庭服务人员，这类人员通常不需要很高的学历。但是，这个行业的管理者需要具备社会服务、管理学等专业的学历或学位。

11. 专业公关类

公关和企业形象设计对一个公司或企业的发展至关重要，公关行业因此成为极有发展前景的职业。该职业的从业者一般需要获得公共关系学专业、社会服务类专业、经济贸易类专业、管理类专业的学位，并具有相关的工作经验。

12. 市场营销类

市场营销是企业产品销售公关一个非常重要的环节。在当今和未来社会发展中，产品的独立承销商和销售网络同时负责为公司进行广告宣传和提供相应的技术或销售服务。证券及金融业、通讯、医疗器械、计算机与网络设备等经营领域的企业或公司均需要市场营销方面的人才。该职业的从业者一般需要具有市场营销学、管理学、经济类专业的学历或学位。

13．生物化学和生物技术类

生物化学和生物技术是近些年科学研究与生物技术开发的一个热门领域，该领域在生物制药、医药开发、治疗疑难病症的药品的研制、人工蛋白质的合成等方面有巨大的发展潜力。目前新型药品主要是生物化学家与生物技术专家研发出来的，并对治疗和预防疾病起到了重要的作用。该领域的从业者一般需要具有生物化学、生物技术、生物医学、分子生物学等专业的学历或学位。

14．心理学类

我国已经将心理学列为21世纪重点发展的学科之一。自1997年起，国家教育部在北京师范大学、浙江大学、华东师范大学等重点院校建立了心理学理科基础研究人才培养基地。此后，国家在心理学领域的投入力度逐年加大，心理科学也逐渐成为一个受国家和社会关注的专业，社会各行业对心理学人才的需求也不断增加。市场研究、人力资源开发、心理咨询与心理治疗、学习障碍的矫正和教育、心理学研究、人机交互作用的研究等等均需要大量的心理学人才。在中国，作为一个新兴的学科，心理学也得到国家政府部门、社会各行业的广泛关注和重视，并在社会各领域中得到广泛应用。从事心理学方面职业的人员需要获得心理学专业或应用心理学专业的学历或学位。

15．旅游类

随着收入和生活质量的提高，人们在户外娱乐、休闲和旅游活动上投入的金钱和时间也逐渐增加，从而促使旅游业迅速发展。旅游业是投入少收益高的行业，在21世纪将迅速发展。人们在旅游方面的消费将大幅度提高，对旅游代理公司的需求也将大幅度增加，同时也将带动相关产业，如航空公司、出租车公司、客轮公司、商业、宾馆和餐饮业等的迅速发展。旅游业的发展将促进社会经济的全面发展，旅游业也将成为国家重点开发的产业之一。该职业的从业者一般需要具有旅游管理或管理学、地理学等相关专业的学历或学位。

16．人力资源类

未来社会的竞争是人才的竞争，拥有人才的一方将在激烈的竞争中拥有立足之地。近年来，无论是政府机构还是企业，都建立了专门负责招聘人才的人事机构或人力资源部。这些人事机构或人力资源部的主要职能已不再是传统的人才档案管理，而是招聘和培训员工，使人尽其才、物尽其用，最大限度地开发人力资源的潜力，使其创造最大的经济效益和社会效益。人力资源管理也因此备受企事业单位的重视，并成为政府机构和企业的重要职能机构。未来社会对人力资源专家的需求也将不断增大。从事人力资源类职业的人员需要具有人力资源管理、心理学、管理学等专业的学历或学位。

实践环节设计

查一查：有哪些传统职业已经消失？近年来出现了哪些新的职业？

第二节　大学生职业技能

发展独立思考和独立判断的一般能力，应当始终放在首位，而不应当把获得专业知识放在首位。

——爱因斯坦

引导案例

2015 年 4 月 23 日下午 3 点，北京边检遣返审查所民警老单和同事照例去登机口接收遣返，被遣返的是一名 30 多岁的中国籍女子。经了解，这位来自大西北的女孩小兰，曾是当地最有名的学霸，从初中起一路被保送，在北京一所知名学府读到博士后，又去美国一所著名大学读了个博士后，近日拥有双博士后头衔的她终因在美就业不成而被遣返。

在沟通中，小兰说："我除了学习，什么都不会。"就是这样一个只有学习之能的人，曾被当地的父母作为孩子们的励志榜样，也是父母的骄傲，如今却成了一个手拿两个博士后学位遭遇就业困境的特例。

问题：近年来，随着高校不断扩招和世界经济的不景气，大学应届毕业生就业遭遇寒流。在这种背景下，大学生具有高学历却未能就业的现象并不在少数，这就使得大学生产生了这样的困惑：大学教育对于未来我所要从事的职业到底有何裨益？我能做什么？在大学文凭中，职场看重的到底是什么？

一、职场基本能力素质要求

在应试教育下，大多数学校和部分家庭都把"成绩"作为评判孩子的重要标准，把学习知识固化为理论吸收，忽略了对学生综合素质尤其是基础能力的培养，最终部分孩子"除了学习什么也不会"的状态成为他们就业路上的绊脚石，这也是当前许多大学生毕业不就业或难就业的原因之一。

在就业市场中，未来的雇主最看重的是什么呢？如前所述，职业是人们利用专门的知识和技能创造物质财富、精神财富的社会活动，它的一大特征就是技术性。换言之，在就业市场中，求职者是以技能获取工作、换取报酬的。在笔试尤其是面试中，一个能够向招聘方描述自己技能的人往往能获得青睐，最有可能得到能够发挥自身特殊才能的工作，从而在工作中如鱼得水。因此，能力是求职者手中的资本，技能是求职者职业发展的奠基石。

（一）能力的定义

能力是指个人的各种特质、才能和品质，以及在学习、工作、生活中学到的东西，包括管理、沟通、问题解决、人际关系、学习等可迁移技能。任何一种职业都要求任职者具备一定的能力。一般来说，能力强的人胜任的职位比较多，能力弱的人胜任的职位比较少。能力对一个人的职业选择和职业发展空间起着极大的决定性作用。

能力大体上可被分为三类：功能性能力、工作性能力和适应性能力。功能性能力指那些不专属于某些工作的技能，如制订计划、收集数据、诊断及处理问题等能力。功能性能力是完成常规的任务或工作职能的必备技能。工作性能力专属于某一种工作，指掌握并能运用专门技术的能力，如会计记账、教师打分、医生解释身体检验结果等能力。适应性能力或自我管理能力是个人的特质，它们也可以被称作个性品质或软能力。例如，快速学习、关注细节、与人和睦相处、团结合作等都是适应性能力。大多数的工作既需要功能性能力又需要工作性能力，而适应性能力在所有工作中都扮演着重要的角色。

（二）职业基本能力

一名从业者必须具备哪些基本能力呢？美国劳工部在 1991 年发表了“关于获得必要技能的部长委员会报告”，简称 SCANS 报告。报告指出，在当今技术时代，人们从事任何职业都应具有下述五项基本能力和三项基本素质。

1．五种能力

（1）合理利用与支配各类资源的能力：时间——选择有意义的行为，合理分配时间，计划并掌握工作进展；资金——制定经费预算并随时做必要的调整；设备——获取、储存与分配利用各种设备；人力——合理分配工作，评估工作表现。

（2）处理人际关系的能力：能够作为集体的一员参与工作；向别人传授新技术；诚心为顾客服务并使之满意；坚持以理服人并积极提出建议；调整利益以求妥协；能与背景不同的人共事。

（3）获取并利用信息的能力：获取、评估、分析与传播信息，使用计算机处理信息。

（4）综合与系统分析能力：理解社会体系及技术体系，辨别趋势，能对现行体系提出修改建议或设计出能够替代现行体系的新体系。

（5）运用特种技术的能力：选出适用的技术及设备，理解并掌握操作设备的手段、程序；维护设备并处理各种问题，包括计算机设备及相关技术。

2．三种素质

（1）基本技能：阅读能力——搜集、理解书面文件；书写能力——正确书写书面报告、说明书；倾听能力——正确理解口语信息及暗示；口头表达能力——系统地表达想法；数学运算能力——正确进行基本数学运算以解决实际问题。

（2）思维能力：具有创造性思维，有新想法；考虑各项因素以做出最佳决定；发现并解决问题；根据符号、图像进行思维分析；学习并掌握新技术；分析事物规律并运用规律解决问题。

（3）个人品质：有责任感和敬业精神；自重，有自信心；有社会责任感和集体责任感；能正确评价自己，有自制力；正直、诚实，遵守社会道德行为准则。

小贴士

多种职业对 SCANS 能力要求的入门水平所对应的具体职位和任务

【运用资源】

旅行社：以天为单位安排工作的优先顺序以使旅行计划及时完成。

饭店管理：准备一周的销售计划；列出食物采购清单；计算花销和食物数量；确定销售量。

医学助理：获得、维护并追踪手头上的物资——库存原料和设备，填写记录表。

质量监督员：在规定的时间和地点检查物品，同时考虑到意外情况。

厨师：分析菜单上菜品的成本以获得利润。

【人际技能】

托儿所助理：以一名团队成员的身份在教室工作。

室外设备技师：与一位同行合作，在两个不同的城市安装点对点数据电路。

木匠：和其他工人分享经验和知识，和他人合作完成项目计划。

会计/金融分析师：教给同事发送周期报告的具体步骤。

客服代表：协助客户选择商品或处理投诉。

【运用资讯】

旅行社：利用网络软件检索和客户要求相关的信息，计划行程和预订机票。

办公室主管：记录并保存采购需求、发票和原材料成本信息。

托儿所助理：为办公室和家长编制准确的文字记录。

指令执行员：与同事沟通故障情况并加以解释以使所有人都明白。

美容师：通过阅读杂志和出席时装秀来了解最流行的款式和技巧。

【了解系统】

医学助理：了解组织体系和组织的终极目标（例如：为患者提供出色的服务）。

会计/金融分析师：分析目前的支出、项目需求和收益。

货品管理员：卸货并依照公司规定引导货品进入仓库和作业线。

餐饮服务员：评价工人的表现并调整工作任务。

塑料模型机操作员：监控仪表以确保机器在合适的频率工作。

【应用科技】

旅行社：运用网络搜索引擎获得和客户要求相关的信息，规划行程和预订机票。

会计/金融分析师：准备每月的债务报表，包括审查财务报表。

催料员/采购员：通过计算机检索用于投标和放置购物订单所需的表格。

产业培训专家：利用计算机和视频技术来增加培训的真实性并节省时间。

指令执行员：操作铲车并确保它在合适的运行条件下工作。

【基本技能】

牙科保健员：阅读专业指南来了解与新技术和设备相关的问题。

销售代表/酒店服务员：评估客户的需要以提高销售量或扩大客源。

验光师：通过测定客户面部特征来计算有关数据。

执法人员：准备事故和犯罪案件的书面报告。

承包商：在给转包商的信件中描述合同中要求履行的责任。

【思考技能】

催料员/采购员：在招标中根据各个供应商的信息来决定中标者。

办公室主管：通过设立进度的优先顺序来解决时间冲突。

售货员/推销员：向欠款客户索要欠款并判断信贷展期。

承包商：对于未达到承重负荷就破裂的物品，分析破裂的原因并想出解决办法。

旅行社：对不满意旅行经历的客户给予赔偿。

【个人品格】

验光师：回应客户要求，表达对客户要求的理解，对客户友好、礼貌。

销售代表/酒店服务员：自我肯定并与会晤的人建立关系网。

电话销售代表：对客户的公司和业务表现出关注和兴趣。

质量监督员：独立研究以评估质量是否符合规范要求。

计算机操作员：承担安排和完成几个部门运行的工作责任。

二、大学生技能的获得

不同的职业需要不同的知识、能力条件，许多职位都要求任职者拥有大学文凭或者受过专业的技能培训，和技术、医学与自然科学相关的职位则需要任职者学习并完成具有一定专业内容和技能的课程，如企业中数控机床的操作与维护最好由数控机床专业的学生来负责，烹饪专业的学生最合适成为一名厨师。

虽然就业市场上常常对理工科毕业生有更大的需求，因为他们的课程设置为他们提供了与具体岗位直接相关的技能，但仍有不少雇主愿意招聘文科毕业生。

文科包括社会学、哲学、历史、语言、心理学、艺术及任何与人文学科相关的学科。文科专业学生就业的法宝是什么呢？答案是具备较高水平的可转换技能，因为这些可转换技能让他们能够胜任比较宽泛的职位。文科专业大学生可获得哪些技能呢？攻读文科能使你着重培养以下技能：

- 交流技能：进行高效地倾听，书写论文和报告，向他人和小组证明你的观点的重要性，化解争论和差异，自我推销。
- 处理问题或批判性思维技能：具有分析思维、抽象思维和发散性思维，能够举一反三、预想结果和创造性地解决问题，说服他人为团队的最大利益工作，整合观点。
- 人际关系技能：倾听，理解口头和非口头的交流，妥协，和同事交流，给他人建议，帮助他人处理问题，流畅地表达观点，和他人合作完成工作及处理问题，与不同背景的人合作，尊重差异，辅导或教授他人。
- 组织技能：评估需求，组织表演和社交活动，设计程序，协调活动，授予责任，评估项目，安排项目流程，管理项目时间。
- 研究技能：搜索计算机数据库和已发表的参考资料，确认主题，分析数据，调查问题，记录数据，书写报告和学期论文。当前，许多岗位需要从业者能够快速浏览和筛选与你的工作相关的有用信息。
- 阅读技能：有高水平的阅读理解能力，撰写清晰、简练、逻辑性好、通俗易懂的文件材料。

掌握计算机技能，对当前的许多岗位来说都是必要的，作为一个在校大学生，就要充分利用学校现有的计算机设备，掌握运用计算机的能力，熟练运用网络，精通在线搜索。

这些能力对目前的就业市场来说都是必需的。如果还能进修一些与商务或企业管理之类的课程，并掌握其中的应用技能，你在21世纪人才市场上的表现一定会更加从容不迫。

非技术类或文科专业的学生拥有十分广泛的就业领域，例如，经济学专业毕业的学生可以从事企业管理、经济学研究、新闻记者、营销策划、经济分析、高校教师等多种职业，而对于某一职业如新闻记者，它可以接收经济学、新闻、中文、哲学、历史学等许多专业的学生。他们宽阔的知识面和所具备的可转换技能为其在从事许多领域的岗位工作奠定了坚实的基础。

三、大学生能力提升的途径

（一）勤工俭学

勤工俭学是指一边求学读书，一边工作、劳动。大学生可以利用课余时间及双休日，走出校门，走向社会，勤工俭学。

勤工俭学的内容多种多样，比如家教、促销、企划、宣传、电脑设计、公关、礼仪、网页制作等。这些工作大多与你所学专业没有关系或关系不大，但是你能通过这些工作获得一些基本能力，如与人交往的能力、运用计算机的能力、策划能力、动手能力等，而那些和专业知识密切相关的工作能让你在实践中进一步强化所学知识、积累工作经验。

勤工俭学有利于大学生开发智力，培养创造力，学到某些课堂上学不到的知识。通过勤工俭学，大学生可以广泛地接触社会、接触实际，丰富思想教育的内容，培养热爱劳动、热爱科学、爱护公物、遵守纪律、艰苦奋斗的良好品德。

勤工俭学不仅帮助大学生掌握系统的理论知识、提高实践能力、顺利完成学业，而且使他们把握勤工俭学过程中的契机，培养创新意识，凝聚创造能力，为将来就业、创业打下良好的基础，成为社会主义现代化建设的栋梁之材。

（二）社团活动

高校学生社团是中国高等学校的学生在自愿的基础上自发组织而成、按照章程自主开展活动的学生群众组织。

学生社团的活动以保证完成学生的学习任务和不影响学校正常教学秩序为前提，以有益于学生的健康成长和有利于学校各项工作的进行为原则。学生社团组织活动的目的是活跃学校的学习氛围，提高学生自我管理的能力，丰富学生的课余生活。学生社团利用学生的课余时间开展各种形式的活动，让大学生习以交流思想、切磋技艺、互相启迪、增进友谊。

在大学校园中，有一半以上的学生参加了大学生社团。学生社团的形式多种多样，如关于学术问题、社会问题的讨论研究会，文学艺术、体育、音乐、美术等方面的活动小组，有文艺社、棋艺社、摄影社、美术社、歌唱队、话剧团、篮球队、足球队、数学社、物理社、化学社等。学生可以根据自己的喜好和特长选择适合的社团参加活动，或是丰富自己的课余生活，或是培养自己的兴趣特长，或是加深和拓宽自己的专业知识。如果学生表现出色成为社团的骨干，就可以进一步锻炼自己的人际交往能力，培养自己的组织管理能力。需要指出的是，招聘单位在录用应届大学生的时候对社团的骨干分子也是比较青睐的。

（三）校园竞赛

大学校园是一个青年学子施展才华的大舞台，校园里时常举办的各类竞赛，成为大学生展现自我风采、培养个人能力的绝好契机。

比如“挑战杯”竞赛。“挑战杯”竞赛是全国大学生系列科技学术竞赛的简称，是由共青团中央、中国科协、教育部和全国学联共同主办的全国性的大学生课外学术实践竞赛，“挑战杯”竞赛在中国共有两个并列项目，一个是“挑战杯”中国大学生创业计划竞赛，另一个则是“挑战杯”全国大学生课外学术科技作品竞赛。这两个项目的全国竞赛交叉轮流开展，每个项目每两年举办一届。

“挑战杯”中国大学生创业计划竞赛项目“创业之星”是国内第一套紧密围绕教育部创业教育课程的要求而开发的全程模拟创业实训平台。“创业之星”运用先进的计算机软件与网络技术，结合严密和精心设计的商业模拟管理模型及企业决策博弈理论，全面模拟了真实企业的创业、运营、管理过程。学生在虚拟商业社会中完成企业注册、创建、运营、管理等所有决策。这种实训课程，可以促使大学生有效地将所学知识转化为实际动手的能力，提升学生的综合素质，增强学生的就业与创业能力。

（四）社会实践

社会实践即假期实习或校外实习。大学生参加社会实践可以了解社会、认识国情、增长才干、奉献社会，锻炼毅力和培养品格。

社会实践与专业知识关系密切。它要求学生将平时所学和社会问题、社会现象相结合，提出新问题，通过实践分析问题、研究问题，最终解决问题。整个社会实践的过程需要花费一定的时间和精力，并需要一定的专业知识作支撑。一次成功的社会实践会让学生各方面的能力都得到发展。提出问题时，学生必须有专业知识功底，参阅大量的资料，才能有一个好的构思与设想。在实践阶段，学生必须和实践单位联系，寻求帮助，具备与人沟通、交往的技巧及团队合作、协调、自理的能力。写实践报告时，学生必须具备表达能力、文字功底和研究能力。

对于在校大学生而言，社会实践具有加深对本专业的了解、确认适合的职业、为向职场过渡做准备、增强就业竞争优势等多方面的意义。

（五）担任学生干部

学生干部是在学生群体中担任某些职务，负责某些特定职责，协助学校进行管理工作的一种特殊学生身份。学生干部按照不同类别分为班（包括团支部）干部、学生会（包括校院系各级学生会）干部、学生科技协会（包括校院各级科协）干部、大自委（包括勤工助学组织）干部、社团（包括各种公益性组织）干部等。任何一个职位都为学生发挥自身才干提供了机会。

当学生干部能展示和锻炼多种能力素质。首先是思想品德的提高。学生干部作为学生基层组织各种活动和工作的组织者和领导者，必须具有较高的政治觉悟和思想品质，严于律己、以身作则，把学生紧紧地吸引和团结在自己的周围，同时树立为人民服务的奉献精神，具备勤恳踏实的工作作风、为他人着想的合作精神，这一点是开展工作的前提。其次是专业水平。学生干部要有较高的专业素质和合理的知识结构。学习成绩好的干部更容易赢得同学的尊敬和爱戴，更容易建立起自己的威信，对同学实行有效地领导。专业水平不仅只表现在本专业学科的学习成绩方面，还应包括一定的马克思主义的基本原理，以及与本职工作有关的自然、社会科学知识等。再次是综合能力的提高。综合能力包括沟通能力、分析能力、决策能力、组织能力、协调能力、应变能力、创新能力等。第四，心理素质的培养。良好的心理素质是学生干部对同学实行有效领导的又一重要因素。良好的心理素质要求学生干部在工作中表现出主动精神和独立自主精神，勇于为自己的决定和行动承担责任；对工作中出现的挫折和干扰有坚强的自制力，善于控制自己的情绪，保持高度的自信心。最后，团队观念的养成。学生干部个体的素质固然十分重要，但如果集体素质不平衡，就会导致群体领导层的内耗。各位学生干部在性格、气质、能力上应该彼此取长补短、优化组合，从而形成集体的合力。

当然，担任学生干部不能仅看中干部头衔的光环，更要注意对自我的锻炼。即使你没有机会担任学生干部，只要你愿意承担责任，愿意为社会、为集体奉献你的智慧和劳动，你就可以获得多种能力素质的提高。

四、当前最有前景的职业及其对技能的要求

对于大学生来说，在就业时，首先需要了解的是，何种职业需要何种能力？就算你没有这样的工作经历，你也可以在应聘时描述这些技能以证明你拥有完成这份工作的能力，就能将你所拥有的技能和雇主想要的技能联系在一起了。切记，在非技术类或非科学类职业中，你的态度及在大学学到的可转换技能就是你最大的资本，即从业时最重要的技能。

下面列举了一些当前最有前景的职业及其对技能的要求。

（一）商务策划师：才智时代的“职场新贵”

技能要求：有良好的策划专业知识和市场运作知识，同时必须掌握经济学、管理学、系统工程等知识，具备以为判断力、创意力和执行力为主体的策划力及集智慧、研究、策划以为一体的综合能力。

相关专业：市场营销、财务管理、广告学、工商管理、人力资源管理等专业。

（二）会展策划师：“撒钱产业”的人才掣肘

技能要求：掌握基本展位布置、展架设计能力，熟悉会展的基本流程，能独立完成设计，了解基本的设计和施工方法，对品牌和客户有深刻的理解能力，具有独特的创意能力及团队合作精神。

相关专业：室内设计、现代服务技术会展、会展策划与管理、会展管理等专业。

（三）景观设计师：城市设计的黄金职业

技能要求：首先，需要有一定的美术功底；其次，具备专业知识，包括城市规划、生态学、环境艺术、园林工程学、植物学等学科的知识。另外，具有团队合作精神和创新理念也是一名景观设计师必不可少的技能。

相关专业：景观设计、城市规划与设计、艺术设计、资源环境与城市规划管理、风景

园林、环境艺术、室内装潢、园林艺术、建筑学等专业。

（四）信用管理师：诚信交易的秘密武器

技能要求：最重要的是诚实守信；其次，必须掌握财务管理、市场营销、企业管理、电子技术、商法等多门学科的丰富知识，甚至还要掌握心理学知识；再次，实践力、观察力、分析力、洞察力和判断力是信用管理师必备的五“力”；最后，要有过硬的心理素质。

相关专业：信用管理专业。

（五）房地产策划师：演绎楼盘变宝地的神话

技能要求：房地产策划至少横跨了文化、建筑、营销、广告等专业领域，因此房地产策划师必须是一个通才。

相关专业：房地产管理、建筑类、广告学、市场营销等专业。

（六）健康管理师：为身体构筑防火墙

技能要求：首先，具备较为全面的医学知识，最好具有医学专业背景；其次，必须具备广博的保健知识，能够从饮食、锻炼等日常生活的各个方面给予指导。另外，还应该具备采集和管理个人或群体健康信息的能力。

相关专业：医学类专业、药学类专业。

（七）公共营养师：指导你健康地“吃”

技能要求：身体健康，具有较好的语言与文字表达能力、综合分析能力和人际沟通能力；具备熟练、准确的计算能力；具备正常的色、味、嗅辨别能力。

相关专业：医学、药学、卫生学、护理学、营养学、食品科学等专业。

（八）企业文化师：打造企业的核心竞争力

技能要求：首先，具备良好的语言表达能力；其次，要有亲和力；再次，要有一定的策划能力及善于应变的处事能力。

相关专业：人力资源管理专业、行政管理专业。

实践环节设计

对照职业基本能力要求，你最突出的能力有哪些？你理想中的工作最急需的能力是什么？对照工作急需的能力，你最欠缺的能力是什么？应该如何提升这些欠缺的能力？

第三节　如何选择合适的职业？

命运不是机会，而是选择。

——威廉·詹宁斯·布赖恩

引导案例

高中毕业以后，桑德拉一直不知道该做点什么，她的很多同学进入了大学，但是桑德拉对继续接受教育并不感兴趣，她厌倦了“两点一线式”的生活并希望能够接触“真实的世界”。由于高中时她在商务课上表现良好，她对行政助理一职有浓厚的兴趣。通过朋友的帮助，桑德拉写好了一份简历并开始在网上寻找合适的工作。

网上有许多行政助理的职位，但是桑德拉并不知道自己对哪一种商务更感兴趣，于是她向高中的咨询师求助。咨询师告诉她要想明确自己的职业或工作选择，就要确定自身的兴趣、价值观与目标。一旦她知道了自己是“谁”，她才能去探索哪种商务工作最适合她。于是她去了当地社区大学的职业咨询处。职业咨询师给桑德拉做了几个测评，他们发现桑德拉对法律领域感兴趣。于是，桑德拉到网上搜索，但她很快发现她所感兴趣的工作需要特别的技能。她面临着一个选择：回到学校或是去别的领域工作。桑德拉认为她是真的喜欢法律这个领域，所以她同时选择了两者。桑德拉开始寻找一般的办公室的职位并参加了社区大学的法律秘书证书培训项目，她找到了一份泛美公司的接待员职位。桑德拉很快就了解了业务并发现自己有充足的时间去学校学习。两年之后，桑德拉领取了她的法律秘书资格证书。

问题：社会职业五花八门，不同的职业对从业员工的要求和条件也不尽相同，我们该如何进行职业选择？

一、职业选择理论

职业选择是个人对于自己就业的种类、方向的挑选和确定，它是人们真正进入社会生活领域的重要行为，是人生的关键环节。“男怕入错行，女怕嫁错郎”这句俗语道出了职业选择对人生的重要性。现代社会，男女平等，无论是谁，找错对象和入错行业都会贻误一生。所以，精彩人生既要“找对人”，又要“入对行”。

在20世纪80年代以前，大学生的工作由国家统一分配，并终身不变。现今的社会与过去已经大不相同，你不能够指望坐等一份职业，也不能够再指望谋得一份工作就万事无忧。人才市场的需求快速变化着。曾经有段时间，导游的需求量很大，然而，目前导游开始供过于求，尽管社会仍对导游有所需求，他们仍面临因经济原因而失业的命运。如果你仅仅将你的职业理想建立于当今的趋势之上，那么在你获得了那些抢手领域所必备的知识时，那些领域也可能已经变得不再那么抢手了。这种跟风的做法将大大降低你找到一个可以成为职业的工作机会的可能性，而你所学和掌握的很可能是那些你根本不感兴趣的某个领域的技能与训练。不为变化做准备的人总是被改变牵着鼻子走，他们的决定受到影响，他们常常因为被动地去做自己不喜欢的工作而灰心丧气。他们也许从未意识到他们必须花费时间与精力去考虑如何选择职业，他们所做的工作可能并不是最适合他们的。例如，一个孩子有艺术方面的天赋，可是他的父亲希望他子承父业，要他找一份经商的工作；仅仅为了得到奖学金，一个有文学特长的学生选修了工程专业。

每个人都可能同时喜欢好几个职业，怎样找到最适合自己个性的职业呢？很多心理学家和职业指导专家对职业选择的问题进行了专门研究，提出了自己的理论。这里介绍几种具有代表性的职业选择理论。

（一）帕森斯的特质因素理论（人—职匹配理论）

帕森斯的特质因素理论又称人职匹配理论。1909 年美国波士顿大学教授弗兰克·帕森斯在其著作《选择一个职业》中提出了人与职业相匹配是职业选择的焦点的观点。

特质因素理论基本思想是：个体差异是普遍存在的，每一个个体都有自己独特的人格特质；与之相对应，每一种职业也有自己独特的要求，一个人的能力、性格、气质、兴趣同所从事职业的工作性质和条件要求越接近，工作效率就越高，个人成功的可能性也越大，反之则工作效率就越低、职业成功的可能性就越小；每个人在进行职业决策时，要根据自己的个性特征来选择与之相对应的职业种类，进行合理的人职匹配。

帕森斯的特质因素理论的意义在于：强调个人所具有的特质与职业所需要的素质与技能（因素）之间的协调和匹配。为了对个体的特质进行深入详细的了解与掌握，特质—因素论十分重视人才测评的作用，可以说，特质—因素论首先提出了在职业决策中进行人—职匹配的思想，故这一理论奠定了人才测评理论的基础，推动了人才测评在职业选择与就业指导中的运用和发展。

（二）霍兰德的“人格类型—职业匹配”理论

约翰·霍兰德是美国约翰·霍普金斯大学的心理学教授，美国著名的职业指导专家。他于 1959 年提出了具有广泛社会影响的人业互择理论。所谓人业互择，主要指劳动者与职业的相互选择或适应。霍兰德认为，只有同一类型的劳动者与职业互相结合，才能达到适应和适宜状态，劳动者的才能与积极性才会得以很好发挥。

根据霍兰德的人格类型—职业匹配理论，在职业决策中最理想的是个体能够找到与其人格类型相重合的职业环境。一个人在与其人格类型相一致的环境中工作，容易得到乐趣和内在满足，最有可能充分发挥自己的才能。因此，在职业选拔与职业指导中，首先就要通过一定的测评手段与方法来确定个体的人格类型，然后寻找到与之相匹配的职业。

（三）佛隆的择业动机理论

美国心理学家佛隆通过对个体择业行为的研究发现，人总是渴求满足一定的需要并设法达到一定的目标。这个目标在尚未实现时，表现为一种期望，这时目标反过来对个人的动机又是一种激发的力量，而这个激发力量的大小，取决于目标价值（效价）和期望概率（期望值）的乘积。

期望理论用公式表示为 M=V×E。公式中，M 为动机强度，是指调动一个人的积极性，激发人内部潜力的强度。V 表示目标价值（效价），这是一个心理学概念，是指达到目标对于满足他个人需要的价值。同样的目标，在不同人的心目中，往往会有不同的效价，这主要是由各人的理想、信念、价值观不同造成的，同时也与人的文化水平、道德观念、知识能力、兴趣爱好以及个性特点有关。效价越高，激励力量就越大。某一客体，如金钱、地位、汽车等，如果个体不喜欢、不愿意获取，目标效价就低，对人的行为的拉动力量就小。E 是期望值，是人们根据过去经验判断自己达到某种目标的可能性大小，即能够达到目标的概率。目标价值大小直接反映人的需要动机强弱，期望概率反映人实现需要和动机的信心强弱。如果个体相信通过努力肯定会取得优秀成绩，期望值就高。这个公式说明：假如一个人把某种目标的价值看得很大，能实现的概率（期望值）也很高，那么这个目标激发动机的力量越强烈。

佛隆将这一期望理论用来解释个人的职业选择行为，将其具体化为择业动机理论。择业动机理论说明人们对职业的选择是由人的主观因素和职业本身的客观因素决定的，最重要的主观因素就是职业价值观，它决定了人们的职业期望，影响着人们对职业方向和职业目标的选择，决定着人们就业后的工作态度和劳动绩效水平，从而决定了人们的职业发展情况。一个人选择与确定职业的过程都是由主导动机即价值观所支配的。各种择业动机（价值观）之间存在矛盾。在职业定向过程中，是选择待遇高的职业，还是选择最能发挥自己特长的职业，只有通过动机斗争才能过渡到行为。一个为生理性职业需要所控制的人，他的择业动机（价值观）是获得满足生理的物质需要，在职业选择上必然把待遇的高低作为选择职业的标准。佛隆的理论可以帮助求职者权衡各种动机的轻重缓急，反复比较利弊得失，评定其社会价值，确定主导择业动机（价值观），使之顺利地导向行为。

总之，运用职业选择理论不仅会帮助你预知你自身及对职业的选择必然出现的变化，还能帮助你熟悉你所处的工作的世界，让你做出和“你是谁”一致的职业选择，使你成为职场的佼佼者。

二、个人评价与职业选择

根据职业选择理论，实现合理的人职匹配，第一步是评价求职者的生理和心理特点（特性）。我们可以通过科学认知的方法和手段，对自己的性格、气质、工作风格、兴趣爱好、价值观念、学识、技能、智商、情商、思维方式、能力等进行全面的认识和评价，清楚自己的优势与特长、劣势与不足。即要弄清楚我想干什么、我能干什么、我应该干什么，只有这样，才能避免职业选择的盲目性。

将个人评价作为职业选择的第一步，有一个非常重要的原因：一旦你知道了你是谁，你有怎样的喜好与才华，你就可以在浩如烟海的职场信息中找到有用的内容。你几乎不可避免地从新闻、广播、网络与电视节目中获取着影响你的行为及职业选择的信息，事实上这些已成为你的负担。浏览网页、查看分类广告、阅读就业信息及趋势会使你感到困惑与沮丧，且常常使你对自己在这个难以捉摸的就业市场能做什么感到迷茫。准确地了解自己是控制和洞察不断涌来的信息流的最好办法。这样一来，当你在上网、听广播、阅读信息、看电视和亲身体验时，就会根据你的感觉、你的性格与喜好及你的价值观和能力来筛选信息。最终，你能够排除那些不适合你的信息，并把那些真正对你有帮助的信息融入你的职业选择中。如果你能够参加诸如社团活动、志愿者活动、公益活动、职业培训、兼职工作之类的活动会更好，因为参加的集体活动越多，你就越能了解自我、开阔眼界。

就业市场是不断变化的，当进行自我分析时，应从你具有优势的方面出发，寻找那些可以引入职业生涯规划的工作。对于多数人而言，职业生涯并非是简单的、线性的过程，能按照既定的选择，到达具体的目的地，从此过上美好的生活。恰恰相反，职业生涯是一个随着对自身的改变及周围世界加深了解而不断地做出自我纠正的循环过程。这就意味着没有一个绝对“正确且合适”的职业，我们可以在许多职业中得到同等的快乐、成功和满足。所以，我们寻找的并不是一个唯一正确的职业，而是在寻找一系列的职业选项和备选方案，它们能体现我们的个性、背景、所处的人生阶段及变化中的外部世界。

下面，我们将从价值观、性格、兴趣、气质等方面来探讨人职匹配。

（一）职业价值观与职业选择

当一些人致力于寻找快速致富的途径时，另外一些人在潜心学习，是什么激励他们这样做呢？又是什么原因让一些已经在某个领域花费了大量心血并颇有成就的人中途转行？最有可能的答案就是价值观。价值观是一种无形的力量，在整个人生中，它能左右你的决策；价值观是坚定的信仰，在面对抉择时，它会影响你的思想。如果你重视生活的满意度，你就会花时间弄清楚你的价值观，从而做出与价值观相符的职业选择。

职业价值观是人生目标和人生态度在职业选择方面的具体表现，也就是一个人对职业的认识和态度及他对职业目标的追求和向往。它是人们判断职业的价值和意义、衡量职业重要性的标准，主要体现在个人职业选择的信念和态度上。

求职者在考虑就业的各种可能性或是对自己该做什么感到茫然时，他们常常对如何做出职业选择感到困惑。这时，最终左右人们的选择的，就是职业价值观。比如，你发现经济回报、帮助他人、安全性是你的主流价值观，那么你可以考虑成为一个社会工作者、演员或老师。你可以做好这三个职业，甚至可以三者兼顾。

由于个人在身心条件、年龄阅历、教育状况、家庭背景、兴趣爱好等方面存在差异，人们对各种职业有着不同的主观评价。从社会来讲，由于社会分工的发展和生产力水平的相对落后，各种职业在劳动性质的内容、劳动难度和强度、劳动条件和待遇及所有制形式和稳定性等诸多问题上，都存在着差别。再加上传统的思想观念的影响，各类职业在人们心目中的声望地位便也有好坏、高低之分，这些评价都影响了人的职业价值观。

职业专家通过大量的调查，从人们的理想、信念和世界观的角度把职业价值观分为九大类：

1. 自由型（非工资工作者型）

特点：不受别人指使，不愿受人干涉，凭自己的能力拥有自己的小“城堡”，想充分施展本领。

相应的职业类型：室内装饰设计师、摄影师、音乐教师、作家、演员、记者、诗人、作曲家、编剧、雕刻家、漫画家等。

2. 经济型（经理型）

特点：他们断然认为世界上的各种关系都建立在金钱的基础上，包括人与人之间的关系，甚至父母与子女之间的爱也带有金钱的烙印。这种类型的人确信，金钱可以买到世界上所有的幸福。

相应的职业类型：各种职业中都有经济型的人，商人居多。

3. 支配型（独断专行型）

特点：相当于组织的领导，无视他人的想法，为所欲为，且以此为乐。

相应的职业类型：进货员、商品批发员、旅馆经理、饭店经理、广告宣传员、调度员、律师、政治家、零售商等。

4. 小康型

特点：追求虚荣，具有很强的优越感。很渴望能有社会地位和名誉，希望常常受到众人尊敬。欲望得不到满足时，由于过于强烈的自我意识，有时反而很自卑。

相应的职业类型：记账员、会计、银行出纳、法庭速记员、成本估算员、税务员、核算员、办公室职员、统计员、计算机操作员等。

5. 自我实现型

特点：不关心平常的幸福，一心一意想发挥个性，追求真理。不考虑收入、地位及他人对自己的看法，尽力挖掘自己的潜力，施展自己的本领，并视此为有意义的生活。

相应的职业类型：药剂师、科学报刊编辑、实验员、科研人员等。

6. 志愿型

特点：富有同情心，把他人的痛苦视为自己的痛苦，不愿做哗众取宠的事，以默默地帮助不幸的人为快乐。

相应的职业类型：社会学者、导游、福利机构工作者、咨询人员、社会工作者、护士等。

7. 技术型

特点：性格沉稳，做事组织严密、井井有条，并且对未来抱有平常心。

相应的职业类型：木匠、农民、工程师、飞机机械师、野生动物专家、自动化技师、机械工、电工、火车司机、公共汽车司机、机械制图员等。

8. 合作型

特点：人际关系较好，认为朋友是最大的财富。

相应的职业类型：公关人员、推销人员、秘书等。

9. 享受型

特点：喜欢安逸的生活，不愿从事任何具有挑战性的工作。

相应的职业类型：无固定职业类型。

（二）性格与职业选择

东方古语云：“积行成习，积习成性，积性成命。”西方也有名言：“播下一个行为，收获一种习惯；播下一种习惯，收获一种性格；播下一种性格，收获一种命运。”可见中西方对性格形成的看法基本一致，那么什么是性格？性格是一种在对现实的稳定的态度和习惯化了的行为方式中所表现出来的人格特征。人的性格不是与生俱来的，是由包括先天的遗传和后天的家庭教养、学校教育、社会文化等环境影响的双重因素决定的。性格直接影响着人对外界的认知过程、调节机制和行为方式。

心理学家对性格进行了多年研究，他们发现性格结构相当复杂，要对性格进行测试比较困难。1921 年，瑞士心理学家荣格发表了他经典的心理学类型学说。他在书中设计了一套性格差异理论，他相信性格差异同时会决定并限制一个人的判断。他把这种差异分为内向型/外向型，直觉型/感受型和思考型/感觉型。荣格把感知和判断列为大脑的两大基本功能，前者帮助我们从外部世界获取信息，后者则使我们以特定的方式做出决定。它们在大脑活动中的作用受到个人生活方式和精力来源的限制，从而对人的外部行为和态度产生各不相同的影响。正是在这个意义上，性格被视为一种与生俱来的天性。

20 世纪 40 年代，美国一对母女在荣格的心理学类型理论的基础上提出了一套个性测验模型。伊莎贝尔·迈尔斯和凯瑟琳·布里格斯把这套理论模型以她们的名字命名，叫作 Myers-Briggs 类型指标，简称 MBTI。这种理论可以帮助解释为什么不同的人对不同的事物感兴趣、擅长不同的工作，并且有时人与人之间不能互相理解。MBTI 人格共有四个维度，每个维度有两个方向，共计八个方面，分别是：内向 I、外向 E；感觉 S、直觉 N；思考 T、情感 F；判断 J、知觉 P。每个人的性格都落足于四种维度每一种的中点的这一边或那一边，我们把每种维度的两端称作“偏好”。例如，如果你落在外向的那一边，那么就可以说你具有外向的偏好；如果你落在内向的那一边，那么就可以说你具有内向的偏好。四个维度，两两组合，共有十六种类型，以各个维度的字母表示类型。四个维度在每个人身上会有不同的比重，不同的比重会导致不同的表现。

研究者认为，MBTI 性格类型与职业之间存在一定的匹配关系。例如 SJ 型性格的人，适合充当保护者、管理员、监护人的角色。美国的总统中有 20 位是 SJ 行为风格的人。再者，NT 类型的人被认为是思想家、科学家的摇篮，达尔文、牛顿、爱迪生、瓦特、爱因斯坦、比尔盖茨等都是 NT 类型的人的杰出代表。值得注意的是，性格与职业成就之间也不存在绝对的对应关系，性格类型与职业匹配只能为取得职业成就提供更好的心理基础。大学生的性格具有很大的可塑性，长期的职业磨砺也有可能改变其性格，使其性格朝着有利于职业成功的方向发展。

（三）职业兴趣与职业选择

兴趣是人们活动的巨大推动力，是推动人们寻求知识、从事活动的重要心理因素。我们每个人都有类似的体会：当我们对某种事物有兴趣的时候，往往会长时间对它着迷，并且乐此不疲，甚至感觉不到时间的流逝。这是兴趣使我们的注意力长期保持在认知对象上的结果，正如孔子所言“知之者不如乐之者，乐之者不如好之者。”

职业兴趣是一个人对待工作的态度、对工作的适应能力，表现为有从事相关工作的愿望和兴趣。拥有职业兴趣将增加个人的工作满意度、职业稳定性和职业成就感。

良好而稳定的兴趣使人从事各种实践活动时，具有高度的自觉性和积极性。个人根据稳定的兴趣选择某种职业时，兴趣就会变成个人积极性，促使一个人在职业生活中有所成就。反之，如果你对所从事的职业不感兴趣，你就很难发挥积极性，难以从职业生活中得到心理上的满足，不易获得工作上的成就。所以，在职业选择中，要注意寻找切实的职业兴趣。

霍兰德根据劳动者的职业兴趣和择业倾向，将劳动者划分为六种基本类型，并指出了相应的六种职业类型，每一种职业类型适合于若干特定的职业。具体如下：

- 实际型（Realistic）：具有不善言辞、做事保守、较为谦虚的人格特征，喜欢有规则的具体劳动和需要基本操作技能的工作，缺乏社交能力，不适应社会性质的职业。其典型的职业包括技能性职业（如技工、修理工、农民等）和技术性职业（如制图员、机械装配工等）。
- 研究型（Investigative）：具有聪明、理性、好奇、精确、善于批评等人格特征，喜欢智力的、抽象的、分析的、独立的定向任务类的研究性质的职业，但缺乏领导才能。其典型的职业包括科学研究人员、教师、工程师等。
- 艺术型（Artistic）：具有善于想象、冲动、直觉、无秩序、情绪化、理想化、有创意、不重实际等人格特征，喜欢艺术性质的职业和环境，不善于从事事务工作。其典型的职业包括艺术方面的职业（如演员、导演、艺术设计师、雕刻家等）、音乐方面的（如歌唱家、作曲家、乐队指挥等）与文学方面的职业（如诗人、小说家、剧作家等）。

- ❖ 社会型（Social）：具有合作、友善、乐于助人、负责、圆滑、善社交、善言谈、洞察力强等人格特征，喜欢社会交往、关心社会问题，有教导别人的能力。其典型的职业包括教育工作者（如教师、教育行政工作人员等）与社会工作者（如咨询人员、公关人员等）。
- ❖ 企业型（Enterprising）：具有爱冒险、有野心人格特征，喜欢从事企业性质的职业。典型的职业包括政府官员、企业领导、销售人员等。
- ❖ 常规型（Conventional）：具有顺从、谨慎、保守、实际、稳重、有效率等人格特征，喜欢有系统、条理的工作任务。其典型的职业包括秘书、办公室人员、计事员、会计、行政助理、图书馆员、出纳员、税务员、统计员、交通管理员等。

本章小结

对大学生而言，“入对行”是实现自己对社会的贡献和个人社会价值的前提和条件。专业或职业与个人的适配能开发个深厚的潜力和无穷的智慧，给人带来工作的快乐和精彩的人生。

“对行”最好途径是：首先，要知道你是“谁”、你的兴趣爱好、你的技能特长、你的气质特征，还要清楚自己的需要和所求；其次，你要通晓职位的内容和需要的技能；然后，将这些信息和职场资讯相吻合。这样你就在选择的职业上有了明显的优势，因为你对这个职业拥有兴趣，它承载着你的生活理想，是你人生价值得以实现的载体。。因而你会热情投入、全身心地拼搏，即使所选择的职业领域竞争激烈，你都会一往无前、不屈不挠，最终脱颖而出。

问题与思考

1. 职业与工作的区别是什么？
2. 以你的大学毕业证书及所拥有的职业技能证书，有哪些职业或工作可以供你选择？
3. 盘点当前最有前景的职业及其对技能的要求。
4. 大学生可以通过哪些途径培养、发展自己的能力？

第二章

职业意识

年轻人所需要的不仅仅是学习书本上的知识，也不仅仅是聆听他人的种种教导，更需要一种敬业、负责的职业精神。

——阿尔伯特·哈伯德（《致加西亚的信》的作者）

引　言

当今社会，要求现代职业人是有理想、有抱负、有能力的高素质人才，换句话说，现代职场需要的人才是既会“做人”又会“做事”的员工。“做人”，应有良好的职业道德，诚实守信、勤恳负责、乐于奉献，成为上司的好下属和同事的好伙伴；“做事”，要有扎实的专业技能和强烈的事业心和责任感，善于沟通、敬业乐业、敢于竞争，即要有职业意识。

所谓职业意识，就是指人们在特定的社会环境和职业氛围中，通过教育培养和职业岗位实践形成的，对即将从事的和正在从事的职业的认识、看法及其在从业中表现出的情感、态度、意志和品质。它反映一个人对于职业的根本看法和态度，是职业认知与职业行为的结合。职业意识包括责任意识、敬业意识、诚信意识、竞争意识等。

通过学习本章内容，可以帮助每个即将步入职场的大学生，具体了解职业意识的内涵及其重要意义，以及职业意识养成的方法和途径，引导大学生通过理论学习和实践探索，努力培养正确的认识、积极的情感、坚强的意志和良好的行为，不断强化自身的职业意识，为自己从一个普通的“社会人”转变为一个有价值的“职业人”奠定坚实的基础。

第一节 责任意识

责任具有至高无上的价值，它是一种伟大的品格，在所有价值中它处于最高的位置。

——爱默生

引导案例

2012 年 5 月 29 日中午，杭州长运客运二公司员工吴斌驾驶客车从无锡返回杭州的途中，在沪宜高速被一个来历不明的金属片砸碎前窗玻璃后刺入腹部导致肝脏破裂，面对肝脏破裂及肋骨多处骨折，肺、肠挫伤的危急关头，吴斌强忍剧痛换挡刹车，将车缓缓停好，拉上手刹，开启双跳灯，以一名职业驾驶员的高度敬业精神，完成了一系列完整的安全停车动作，确保了 24 名乘客安然无恙，并提醒车内乘客安全疏散和报警。吴斌随后被送到中国人民解放军无锡 101 医院抢救。2012 年 6 月 1 日凌晨 3 点 45 分，吴斌因伤势过重抢救无效去世，年仅 48 岁。

事发之后，全国各大媒体、广大群众纷纷对吴斌的感人事迹进行报道和评论：

“异物袭来的时候，吴师傅首先的反应是把车平稳地停了下来，或许这只是他一个下意识的职业动作，但是支配他做出这个动作的，一定是长期养成的职业责任感，也正是这样一种职业责任感，这样一个下意识的动作，换来了一车乘客的安全。”

“在关键时刻，吴斌首先选择的是确保车上 24 名乘客的安全，在那一刻，客运司机的职责就是保证乘客安全这一职业理念，已经渗入到他的骨血，坚强司机吴斌用自己的生命完成了这一职责，体现了一名专业驾驶员的素养。”……

一、责任意识的含义

（一）责任

责任一词在不同语境中具有不同的含义。在现代汉语中，“责任”有三个相互联系的基本词义：一是根据不同社会角色的权利和义务，一个人分内应做的事，如岗位责任；二是特定人对特定事项的发生、发展、变化及其成果负有积极的助长义务，如担保责任、举证责任；三是由于没有做好分内的事情（没能履行角色义务）或没有履行助长义务，而应承担的不利后果或强制性义务，如违约责任、侵权责任、赔付责任等。

从本质上说，责任是一种与生俱来的使命，它伴随着每一个生命的始终。一般来说，任何人在人生的不同时期都肩负着特定的责任。责任随着人的社会角色不同而不同。例如，教师的责任是教书育人，医生的责任是治病救人，法官的责任是秉公执法，公交车司机的责任是保证乘客安全抵达目的地等。

（二）责任意识

责任意识，是指一个人在生活或工作中对待他人、家庭、组织和社会是否负责，以及负责的程度，是不同社会角色的权利、责任、义务在人脑中的主观映像。

对于一般公民来说，责任意识就是个体对所承担的角色的自我意识及自觉程度，即认清本身的社会角色和社会对他的需求，尽心履行责任和义务。它包含两方面的内容：一个人既要对自己的行为后果承担责任，又要对他人和社会负责。

二、责任意识的作用

在职场中，一个人有无责任意识、责任意识的强弱，不仅会影响他个人的工作绩效的高低和职位能否升迁，而且还直接影响他所在单位的目标任务能否完成。在上海交通大学公布的2005年用人单位最看重的毕业生的20项素质中，排在第一位的就是责任意识。在世界500强企业中，责任意识是最为关键的理念和价值观，同时也是员工们的第一准则。在IBM，每个人坚信和践行的价值观念之一就是："永远保持诚信的品德，永远具有强烈的责任意识"；在微软，责任贯穿于员工的全部行动中；在惠普，没有责任理念的员工将被开除……责任，作为一种内在的精神和重要的准则，任何时候都会被企业奉为生命之源，因为伴随着责任的是企业的荣誉、存亡。在我国创办了阿里巴巴商业网站的马云，可谓网络时代的商界精英，是50年来刊登在美国《福布斯》杂志封面上的唯一位来自中国大陆的企业家。他说："所有到我这里来的员工必须认同我的核心价值观，这个核心价值观就是一种责任。责任意味着成功，成功来源于责任。"

（一）责任意识能够激发出个人潜能

每个人都具有巨大的潜能，但并非都能发挥出来。这固然有多方面的原因，但其中不可忽视的因素就是人的责任意识。责任意识能够让人具有最佳的精神状态，精力旺盛地投入工作中。在责任内在力量的驱使下，人们崇高的使命感和归属感常常油然而生。一个有强烈责任感的人，对待工作必然是尽心尽力、一丝不苟，遇到困难也决不轻言放弃。例如，本章引导案例中提到的杭州公交司机吴斌，在肝脏突然被刺破、肋骨骨折的危急时刻，表现出已超越常人的本能的反应。一般人受了这么重的撞击，本能的反应就是捂着肚子关注自己的伤势，而他却强忍剧痛先稳稳把车行驶了两三百米后，慢慢停在高速公路上，同时打开双跳灯，随后才因伤势过重而失去知觉。正是日积月累的责任意识化为瞬间的职业反应，从而确保了车上24名乘客的生命安全。就这样，一个普通的公交车司机，用1分16秒的时间，完美地诠释了什么是责任与担当。

（二）责任意识能够促进个人进步和成功

一个人有了责任意识，就会对自己负责，对工作负责，愿意主动承担责任。任何工作都意味着责任。职位越高，权力越大，它所担负的工作责任就越重。比尔·盖茨对他的员工说："人可以不伟大，但不可以没有责任心。"德国大众汽车公司有句格言："没有人能够想当然地保有一份好工作，必须靠自己的责任感获取一份好工作。"

【案例】

小俊和张鸣大学毕业后同时进入一家企业做广告设计工作。刚开始两人的表现没有太大差别，但三个月后，小俊给人留下了工作主动积极的好印象，张明却给人留下了推诿、逃避工作的坏印象。在这种情况下，老板总是把重要的、难度大的工作交给小俊去做，小俊也从不推辞；而把一些无关紧要的工作交给张鸣。小俊因此常常忙得不可开交，张鸣却总是无事可做。"小俊真是大傻瓜!"张鸣常在背地里嘲笑小俊，"你瞧我，活干得少，责任承担的少，日子过得逍遥，工资也不比他少!"可是半年后，小俊晋升为主管，而张鸣却被辞退了。

可见，责任感是无价的，它使一名员工在组织中得到信任和尊重，得到重用和提升，既展现出个人价值，又创造社会价值。主动承担更多的责任，是许多成功者的必备素质。

（三）责任心关系到安全事故是否发生

在现实社会中，那些责任意识强的员工，对工作认真负责、一丝不苟，一旦发现安全隐患或突发险情，就会立即采取有效措施，避免许多重特大安全事故的发生，如引导案例中被誉为"平民英雄"的吴斌。相反，一个责任意识淡漠、缺乏起码的工作责任感的人，由于不愿意、也不可能全身心地投入工作，非但不能完成基本的工作任务，甚至还有可能给工作带来巨大的损失。

【案例】

2014 年 4 月 16 日，韩国载有 470 多人的"岁月号"客轮在海上发生浸水事故，事故造成 304 人遇难（包括失踪者）、142 人受伤。据韩国媒体报道，"岁月"号船长和船员在没有及时疏散乘客的情况下，乘坐最先到达事发地点的救生船逃离客轮，导致大量乘客错过最佳逃生时间。后来经过核实，"岁月"号 15 名核心船员全部获救，船长李俊锡在逃生后隐瞒自己的身份，在附近的一家医院休息，其间还晾干被浸湿的纸币。“岁月号”客轮的船长及船员在危机发生之时，指挥不力，弃船上乘客的生命财产安全于不顾，临危逃脱，酿成惨剧。当然他们也都受到了法律制裁。

三、职场员工的责任意识的养成

在激烈的就业竞争中，大学生走出象牙塔，融入社会，步入职场，有的在职场中表现出了良好的职业素养，但也不乏一些职业意识淡漠、工作责任心差、受实用主义和功利主义倾向的影响而频频毁约和跳槽的大学生；还有一些受极端个人主义思潮的影响，在工作中过分注重个人奋斗、个人发展，对他人、对集体、对单位漠不关心的员工。事实证明，这些在职场中缺乏起码的责任心、道德感的员工在职业发展的道路上也往往会处处碰壁、步履维艰。因此，对即将步入职场的大学生加强责任意识教育刻不容缓。

人的职业意识不是与生俱来的，它需要在远大理想和目标追求的指引下，通过教育、学习和实践，按照客观要求逐步建立和稳固起来。它需要个体用自觉的习惯意识去维护。只有在责任意识的驱动下，履行社会赋予自身的责任，才能形成真正的责任行为。一个具有良好的责任意识的员工，至少应做到以下几个方面。

（一）认真做好本职工作就是对工作负责的最好体现

一个职业人责任感的主要表现就是要做好本职工。为了所在单位的发展，也为了自己的职业前程，我们必须踏踏实实地做好本职工作。对于一个尽职尽责的人来说，卓越是唯一的工作标准，不论工作报酬怎样，他都会时刻高标准、严要求，在工作中精益求精，并努力将每一份工作做到尽善尽美。例如，一个雇主十年来雇用同一个保姆。有一天她第一次跟雇主请假一周。回家之后雇主发现她给厨房的垃圾桶认真地套上了七层垃圾袋，这让雇主十分感动。

事实上，那些在事业中卓有成效的人，无论从事的是平凡普通的工作还是所谓高大上的工作，无不用高度的责任心和近乎完美的标准来对待自己的工作，与其说是努力和天分造就了他们的成功，倒不如说是强烈的责任心促成了他们的成功。

另外，做好本职工作，还应体现在不断提升自己的业务能力和水平上。对于任何一个组织来说，员工的业务能力和水平都是衡量这个公司是否优秀的重要指标之一。因此，员工有责任去不断提升自己的业务能力和水平，这既是员工获得晋升和加薪机会的必要保证，也能够使企业获得更好的发展。

（二）时刻维护组织的利益和形象

用人单位主要是各种社会组织，如企事业单位、国家机关、民办企业、个体经济组织、社会团体等。它们为社会提供了多种多样的就业岗位，绝大多数劳动者都需要成为某一社会组织的一员。

时刻维护组织的利益和形象，是一个员工最基本的责任。良好形象和声誉是组织宝贵的无形资产，这笔无形资产使得它比同类其他组织具有更高的声誉、更强的竞争力和更辉煌的发展前景。组织的发展可以产生经济利益和社会效益，为社会做了贡献，也为员工的经济待遇和职业发展奠定了基础。只有组织得到持续发展，员工的利益才能有坚实的保证。因此，每个员工都应该确立组织利益高于一切的观念。同时，员工的形象在某种程度上来说就是企业形象的缩影，员工的一言一行无不影响着他所在组织的形象。所以，每个员工都必须从自身做起，塑造良好的自我形象，在任何时候都不能做有损组织形象的事情，抵制一切有损组织形象和利益的言论和行为。例如，某些知名的公众人物的错误言论和低俗行为，不仅会使自己的职业生涯跌入谷底，还有损自己所在的单位在社会上的形象。

（三）严格遵守组织的规章制度

俗话说：没有规矩，无以成方圆。任何组织的科学管理都离不开规章制度。规章制度使员工明白自己应该担负的责任和义务，对员工的言行起导向作用，也是组织能够有效运行的最基本法则。因此，作为一个有责任感的员工，恪守组织的规章制度是基本责任。

（四）正视工作中的失误，勇于承担责任

“人非圣贤，孰能无过”，尤其是初入职场的年轻人，更是难免会有工作失误。那么，从一个人对待失误的态度就可以清楚地看出他的责任感。一个缺乏责任感的人，总爱把工作成绩归于自己，而把工作失误推给别人或客观条件。这种做法必然损害组织利益，也有损自身形象。在任何组织中，上司或同事都不会认同这种人。上司会认为这种人不堪大任；同事不愿意与这种推脱责任的人共事。相反，一个有责任感、能够正视自己的失误（哪怕是客观条件造成的失误）并及时改正、设法补救的人，很容易得到上司的信赖和同事的认可。

【案例】

杰克和约翰新到一家船运公司工作，被分为工作搭档，然而一件事却改变了两个人的命运。一次，杰克和约翰负责装卸一件昂贵的古董。当杰克把古董递给约翰的时候，约翰却没接住，古董掉在地上摔碎了。两人大惊失色，不知道怎么办才好，因此互相埋怨。

休息的时候，约翰趁杰克不注意，偷偷来到老板办公室对老板说：“这不是我的错，是杰克不小心摔坏的。”随后，老板把杰克叫到了办公室，问他到底是怎么回事？杰克就把事情的原委告诉了老板，最后杰克说：“这件

事情是我们的失职，我愿意承担责任。”

后来，老板把他们叫到办公室说：“其实，古董的主人看见了你俩在递接古董时的动作，并跟我说了他看见的事实。我也看到了问题出现后你们两个人的表现。我决定，杰克留下继续工作，用你赚的钱来偿还客户。约翰，明天你不用来上班了。”

在任何一家公司，责任感都是员工生存的根基。因此能否做到不推卸责任、勇于承担责任，是优秀员工与一般员工的区别所在。

第二节　敬业意识

人一生中最至高无上的追求就是对责任与奉献的追求。同样，求业中的员工最大也是最基本的追求就是对于敬业精神的追求，因为这能够让其成为企业最需要的人。

——彼得·德鲁克（世界管理学大师）

引导案例

在英特尔中国软件实验室里有一位工程师，他是该实验室中唯一一位没有大学学历的人。当初，他进入该实验室的敲门砖是他自己设计的一套软件程序。由于学历不高，这位毛头小伙只能从一名普通程序员做起。但是，令整个实验室惊讶的是，实验室中工作效率最高的人竟然是这个学历最低的人。难得的是，他还主动学习高级软件的开发知识，经常利用休息时间参加英特尔公司主办的各种内部软件开发课程。他的不懈努力和刻苦钻研精神引起了英特尔公司软件与解决方案部全球副总裁兼英特尔亚太研发中心总经理、中国产品开发总经理王汉文的注意。一年之后，英特尔中国软件实验室要以高薪引进高水平的软件工程师时，王汉文第一个想到的就是这个低学历的程序员，因为他比那些高学历的程序员更敬业。用王汉文的话来说就是：“他以扎实的业绩、过硬的专业技术水平和高度务实的敬业精神赢得了企业的认可，也为自己迎来了更好的发展机会。”

一、敬业的内涵及实质

（一）何为敬业？

南宋哲学家、教育家朱熹说：“敬业者，专心致志以事其业也。”我们现在所说的敬业，仍然沿用朱熹的基本释义，就是敬重并专心于自己的学业或职业，做到认真、专注和负责。其具体表现为忠于职守、尽职尽责、认真负责、一丝不苟、善始善终等。

一个人是否有所作为，不在于他做什么，而在于他是否尽心尽力把所做的事做好。干一行，爱一行，精一行，是敬业的表现。工作中不以位卑而消沉，不以责小而松懈，不以薪少而放任，是敬业的展示。阿尔伯特·哈伯德说：“一个人即使没有一流的能力，但只要你拥有敬业的精神，你同样会获得人们的尊重；即使你的能力无人能比，假设没有基本的职业道德，就一定会遭到社会的遗弃。”积极敬业地工作，是个人立足职场的根本，更是事业成功的保障。敬业，会使你获得你想要的丰厚的薪水、更高的职位、更完美的人生！

（二）敬业的三种境界——乐业、勤业、精业

敬业就是专心致力于自己从事的事业。敬业有三种境界，即乐业、勤业和精业。

乐业就是喜欢并乐于从事自己的职业。乐业的人具有浓厚而稳定的职业兴趣，兴趣促使自己对工作乐此不疲地积极探索、刻苦钻研、认真负责和力求完美。乐业是敬业的思想基础，是敬业的初级形态。

勤业是敬业者的行为表现。出于对本职工作的热爱，敬业者就会自觉自愿地把主要的精力和尽可能多的时间投入工作，勤勤恳恳，孜孜不倦。勤业者大都以勤勉、刻苦、顽强的态度对待工作，因此，古往今来凡在学业或事业上出类拔萃、卓有成就者，大多为勤业之人。

精业就是以一丝不苟的工作态度对待职业活动，不断提高业务水平和工作绩效，达到熟练、精通，精益求精。勤业是精业的前提，古语“业精于勤而荒于嬉”就含有此意。

【案例】

小华毕业于北京大学，回想起四年大学生活，他印象最深的就是毕业前的最后一课。那天，老师给他们讲了一个出租车司机的故事。

一天，一位男士站在路边伸手拦车，出租车停了下来，他忽然想起一件事，又与同伴说了几句才上车，本以为司机会生气、有怨言，没想到司机仍用一张笑脸面对他。上车后，他告诉司机去松山机场。这位乘客在A协会的生产力中心工作，与朋友吃完饭后想回自己的公司，公司就坐落在松山机场附近的外贸协会二馆，因为楼太小不显眼，知道的人很少。所以他每次都说去机场，免得费力解释半天。

但这次，他刚说完，司机就紧接着说道：“你是不是去A协会二馆？”这位乘客非常吃惊，因为从来没人这么具体而准确地说出他真正要去的地方。他连忙问司机是怎么知道的。

司机说："第一，你最后上车时跟朋友只是一般性的道别，一点都没有送行的感觉；第二，你没有任何行李，连仅供一天使用的小行李都没有，而你这个时间才去机场，就算搭乘最快的班机，都没有可能在当天赶回来，所以你真正去的地方不可能是机场；第三，你手里拿的是一本普通的英文杂志，并且被你随意卷折过，一看就不是重要的公文之类的东西，而是供你自己消磨时间用的。一个把英文杂志作为普通阅读物的人既然不是去机场，就一定是去 A 协会啦，机场附近就只有 A 协会一家单位的人才会这样读英语杂志嘛。"司机边说边从后车镜里望着这位乘客并向其微笑。

乘客非常吃惊司机竟能在短短的瞬间捕捉到这么多东西，有如此自信。一路聊下去，发现这位司机果真有自信的资本。

这位司机平均每个月都会比其他出租车司机多赚几千元钱。他每天的行车路线都是根据季节、天气、日期详细计划好的。周一至周五的早晨，他会先到某个中上等的住宅区等客，那里乘出租车上班的人相对比较多。到九点钟左右，他又会跑到大酒店附近，这个时间，大约早餐刚吃完，出差的人要出去办事了，游玩的人也要出去了，而这些人大都来自外地，对环境陌生，所以乘出租车是他们最多也是最好的选择。他把中午又分成两部分，午饭前，他跑公司云集的大写字楼，这个时间会有不少人外出吃饭，又因中午休息时间较短，这些人中的大多数会为快捷方便而选择乘出租车；午饭后，他去餐厅较集中的街区，因为吃完饭的人又赶着返回公司上班。

下午 3 点左右，他则选择到银行附近。就算刨去一半存钱的人，也还有一半取钱的人，这些取钱的人因带了比平时多的钱，也大多不会再去挤公交车，而会选择较安全的出租车，所以载客的比率也相对较高。下午五点，市区开始塞车了，他便去机场、火车站或郊区。晚饭后，他又回去生意红火的大酒楼，接送那些吃晚饭的人，自己稍事休息，再去休闲娱乐场所门口等客。

"怎么样，我够职业水准吧？"司机讲完自己的做法后不无得意地问那位乘客。

这是个典型的乐业、勤业和精业的出租车司机。他所说的"职业水准"就是"爱岗敬业"的代名词。我们每个人都有一份职业，但是真能拿出"职业水准"的能有几人？这位出租车司机最可贵的地方就是能在平凡的岗位上做出不俗的成绩，在业务领域内苦心钻研，总结经验、精益求精。他还用自己的实际行动告诉人们：真正的职业水准，不仅要可行，而且要尽力而行，在为社会提供服务、创造价值的同时也对自身和所在单位创造最大的效益和回报。

现实中，很多年轻人并不是因为没有才华和能力而找不到工作，而是因为缺乏敬业精神。

在职场中，只要我们能够拥有比别人更多的敬业精神，将工作做到足够出色、足够高效，就会赢得人们的赞誉和尊敬。当你因敬业精神而被周围人称赞时，也就等于拥有了职业生涯中最大的财富。敬业的好口碑将成为你在职场上不断晋升的助推器，将让你拥有一个更加美好的职业人生。

（三）敬业的实质

敬业的实质就是热爱本职，忠于职守。

热爱本职是社会各行各业对从业人员工作态度的普遍要求。它要求从业者努力培养对所从事的职业活动的责任感和荣誉感；珍视自己在社会分工中所扮演的角色；应当为自己掌握了一种谋生手段，获得了经济来源，而且有了被社会承认、能够履行社会职责的正式身份而自豪。

忠于职守是在热爱本职的基础上对职业精神的升华。它要求员工乐于从事本职工作，以一种恭敬严肃的态度对待工作、履行岗位职责，做到一丝不苟、恪尽职守、尽职尽责，甚至在紧要场合以身殉职。忠于职守包含着奉献精神，在客观情况需要时，它能够使从业者不顾个人安危地牺牲自我，为维护国家和集体利益“鞠躬尽瘁、死而后已”。

世界上最严格的工作标准并不是单位的规定、老板的要求，而是自己制定的标准。如果你能够发自内心地热爱自己所从事的职业，对自己的期望就会比老板对你的期望更高，这样就完全不需要担心自己会失去这份工作。同样，如果你能够勤奋敬业、忠于职守，不论有没有老板的监督都能做到认真、谨慎、努力地工作，尽力达到自己内心所设立的高标准，那么你也肯定能够得到老板的赏识、青睐而得到晋升加薪的机会。

【案例】

一天夜里，已经很晚了，一对年老的夫妻走进一家旅馆，他们想要一个房间。前台侍者回答说：“对不起，我们旅馆已经客满了，一间空房也没有了。”看着这对夫妻疲惫的神情，侍者不忍心深夜让这两位老人出门另找住宿，而且在这样一个小城，恐怕其他的旅店也早已客满打烊了，这两位疲惫不堪的老人可能会在深夜流落街头。于是好心的侍者将这两位老人引领到一个房间，说：“也许它不是最好的，但现在我只能做到这样了。”老人见眼前其实是一间整洁又干净的屋子，就愉快地住了下来。

第二天，当他们来到前台结账时，侍者却对他们说：“不用了，因为我只不过是把自己的屋子借给你们住了一晚，祝你们旅途愉快!”原来侍者自己一晚没睡，他就在前台值了一个通宵的夜班。两位老人十分感动。老头儿说：“孩子，你是我见到过的最好的旅店经营人。你会得到报答的。”侍者笑了笑，说“这算不了什么”。他送老人出了门，转身接着忙自己的事，把这件事情忘了个一干二净。

没想到有一天，侍者收到了一封信，打开一看，里面有一张去纽约的单程机票并有简短附言，聘请他去做另一份工作。他乘飞机来到纽约，按信中所标明的路线来到一个地方，抬眼一看，一座金碧辉煌的大酒店耸立在他的眼前。原来，几个月前的那个深夜，他接待的是一个有着亿万资产的富翁和他的妻子。富翁为这个侍者买下了一座大酒店，深信他会经营管理好这个大酒店。这就是全球赫赫有名的希尔顿饭店首任经理的传奇故事。

二、强化敬业意识

（一）以主人翁的精神对待职业活动

国家兴亡，匹夫有责。同样，企业兴亡，员工有责。企业的命运和每个员工的工作质量、工作态度息息相关，因此，每个人都须认清自己的位置，以主人翁的精神来对待职业活动，树立“企兴我荣，企衰我耻”的责任感。主人翁精神是敬业意识的重要因素，这种精神可以从两个方面体现出来：第一，要把自己当成组织的主人；第二，要把组织的事当成自己的事。

【案例】

沈阳铁路局吉林工务段铁路巡道工刘学臣，20 多年兢兢业业做好本职工作，每天只身徒步巡走 15 公里铁道线，弯腰巡检 1 000 多次，26 年用脚丈量铁路 11 万多公里。他发现的轻伤、重伤钢轨 100 多根，伤损鱼尾板有近千块，防治各类事故近 50 起，并将一次可能车毁人亡的危险及时化解，保证了铁路大动脉的安全畅通。

也许有人会问是什么力量在支撑着他如此敬业。答案很简单，就是他对自己工作发自内心的热爱，因为“爱岗”所以敬业。工作对于他而言，已经超越了谋生的层次，而是升华为实现自我价值的途径。

可见，一个从业者一旦有了主人翁的意识，就能够把个人价值的实现与职业价值联系在一起，对所从事的职业产生强烈的责任感，进而产生积极而高效地投入工作的动力。

（二）在职业活动中强化敬业意识

1．要把敬业变成一种良好的职业习惯

在当今社会，一个人是否具备敬业精神，是衡量员工能否胜任一份工作的首要标准，因为它不仅关系到企业的生存与发展，也关系到员工的切身利益。一个勤奋敬业的人也许不能马上受到上司的赏识，但至少可以获得他人的尊敬，并会从中受益一生。如果我们每个人每时每刻在职场上、在每件事情上都能保持这种精神，那么我们就能慢慢地将此养成一种习惯，拥有敬业意识。

【案例】

麦当劳快餐连锁店新总裁查理·贝尔年仅 43 岁，他是麦当劳的首位澳大利亚籍老板。1976 年，年仅 15 岁的贝尔无奈之中走进了一家麦当劳店，他想打工挣点零用钱，也没想过以后在这里会有什么前途。结果他被录用了，工作是打扫厕所。虽然这活又脏又累，但贝尔十分负责，做得十分认真。

贝尔是个勤劳的孩子，常常扫完厕所，就去擦地板；擦完地板，又去帮着翻正在烘烤的汉堡包。不管什么事，他都认真负责地去做。他的表现令麦当劳打入澳大利亚餐饮市场的奠基人彼得·里奇心中暗暗欢喜。没多久，里奇说服贝尔签了员工培训协议，把贝尔引向正规职业培训。培训结束后，里奇又把贝尔放在店内各个岗位上轮岗。虽然只是做钟点工，但悟性出众、肯于钻研又能吃苦耐劳的贝尔不负里奇的一片苦心，经过几年锻炼，全面掌握了麦当劳的生产、服务、管理等一系列工作。19 岁那年，贝尔获得提升，成为澳大利亚最年轻的麦当劳店经理。

由此可见，一个人工作敬业，表面看是为了老板，其实更是为了员工自己。因为敬业的人能从工作中学到比别人更多的经验，而这些经验便是他向上发展的垫脚石，就算你以后换了单位，从事不同的行业，你的敬业精神也必定会为你带来帮助。当敬业精神成为你的一个良好习惯后，它或许不能立即为你带来可观的收入，但可以为你奠定一个坚实的基础，帮助你实现事业上的成功。虽然许多人的能力并不突出，但是因为他们养成了敬业的习惯，他们身上的潜力便会被逐渐挖掘出来，从而得以提高他的办事效率，增强自身实力，使自己成为一名优秀员工。

2．谨防和克服工作中出现的不敬业的陋习

职场中，有人养成了良好的敬业习惯，也有人缺乏对职业岗位的认同和敬畏之心，进而做出了一系列缺乏敬业意识的行为。根据相关的调查研究，员工缺乏敬业意识的表现主要有：三心二意、敷衍了事；不求有功、但求无过；明哲保身、逃避责任；怨天尤人、不

思进取等。这些行为经过长时间的强化，久而久之，习以为常，也会变成一种习惯——一种顽固不化的职业陋习。

实践证明，养成上述不敬业的职业陋习的人，长此以往，很可能会陷入一个恶性怪圈：思想狭隘守旧、工作绩效不佳、难于晋级加薪及不敬业程度进一步加深。另一方面，由于不敬业者浪费资源、贻误工作、影响绩效，也必然给组织带来损害，这些人自然也会成为组织裁员的对象。

3. 在工作中努力实践敬业三境界

敬业的第一境界就是乐业。就是首先要培养对自己职业的兴趣，要乐于从事自己的职业，即热爱这个职业，这是敬业最重要的一个前提，只有这样，工作再苦再累、再难再险，都会乐在其中，即所谓“痛并快乐着”。敬业的第二境界是勤业，勤业并不是机械地重复自己每天的工作，而是要有意识地锻炼自己用眼睛观察问题、用耳朵倾听建议、用头脑思考判断、用心学习知识和技能，不断总结经验教训，以提高工作效率、创造更大价值。敬业的第三境界是精业，它要求员工对本职工作精益求精，胜不骄、败不馁，戒骄戒躁，练就一流的业务能力，力争成为行业领域的行家里手、业务骨干；同时，随着社会的发展和科技的进步，精业还要求员工动态地维持其一流的业务水平，即不断学习新知识和新技术，与时俱进，使自己的业务能力更上一层楼，真正做到精于此业。

实践环节设计

职场素质测试——测测你的敬业程度

这个测试是用来测试你的个人敬业指数的，请在以下三个选项中，选择适合自己的一项。

1. 不参与有损本公司名誉的行动，即使这种行动并不违反规定。

   A. 不同意　　B. 有点同意、有点不同意　　C. 同意

2. 将对本公司有利的意见或方法都提出来，不管能否得到相应的报酬。

   A. 不同意　　B. 有点同意、有点不同意　　C. 同意

3. 不泄露对竞争者有利的信息。

   A. 不同意　　B. 有点同意、有点不同意　　C. 同意

4. 注意自己和同事们的健康。

   A. 不同意　　B. 有点同意、有点不同意　　C. 同意

5. 接受更繁重的任务和更大的责任。

   A. 不同意　　B. 有点同意、有点不同意　　C. 同意

6. 不拿公司的“一针一线”。

   A. 不同意　　B. 有点同意、有点不同意　　C. 同意

7. 在规定的休息时间之后，立即返回工作场所。

A. 不同意　B. 有点同意、有点不同意　C. 同意

8. 看到别人违反公司规定，立即向公司领导反映。

A. 不同意　B. 有点同意、有点不同意　C. 同意

9. 凡与职务有关的事情，注意保密。

A. 不同意　B. 有点同意、有点不同意　C. 同意

10. 不到下班时间，不离开工作岗位。

A. 不同意　B. 有点同意、有点不同意　C. 同意

11. 在工作时间以外边不做有损于本公司名誉的事情。

A. 不同意　B. 有点同意、有点不同意　C. 同意

12. 只为本公司工作，不兼任其他公司的工作。

A. 不同意　B. 有点同意、有点不同意　C. 同意

13. 对外界人士说有利于本公司的话。

A. 不同意　B. 有点同意、有点不同意　C. 同意

14. 在促进商业利益的团体和场合积极表现。

A. 不同意　B. 有点同意、有点不同意　C. 同意

15. 把本公司的目标放在与工作无关的个人目标之上。

A. 不同意　B. 有点同意、有点不同意　C. 同意

16. 为了完成工作，在工作时间以外自行加班加点。

A. 不同意　B. 有点同意、有点不同意　C. 同意

17. 不论在工作中或在工作以外，避免采取任何削弱本公司竞争地位的行动。

A. 不同意　B. 有点同意、有点不同意　C. 同意

18. 对凡是支持本行业和本企业的人，均投赞成票。

A. 不同意　B. 有点同意、有点不同意　C. 同意

19. 为了工作绩效，尽力做到劳逸结合。

A. 不同意　B. 有点同意、有点不同意　C. 同意

20. 在工作日的任何时间内及工作开始以前，绝对不喝烈性酒。

A. 不同意　B. 有点同意、有点不同意　C. 同意

21. 用业余的时间研究与工作有关的信息。

A. 不同意　B. 有点同意、有点不同意　C. 同意

22. 购买本公司的产品或服务，不购买竞争者的产品或服务。

A. 不同意　B. 有点同意、有点不同意　C. 同意

23. 保证本人的家庭成员也采取有利于本公司的行动。

A. 不同意　　B. 有点同意、有点不同意　　C. 同意

答案与评析：

不同意的有 6 个以上：敬业程度较低，你得好好反思自己的工作态度了。

不同意的有 3～5 个：敬业程度中等，属于无功亦无过的类型，好好努力，你会有更大的发展空间。

不同意的有 0～2 个：敬业程度高，你的工作精神值得敬佩，是员工的表率，坚持下去，定会大有所为。

第三节　诚信意识

没有谁必须成为富人或成为伟人，也没有谁必须要成为一个聪明的人，但是每一个人必须要做一个诚实守信的人。

——本杰明·鲁迪亚德

引导案例

2000 年，中国一家刚创办的网络公司迎来了一个非常难得的大客户，来者拿着策划书，问这位刚刚创业的年轻经理："请问这个项目要多久可以完成？"经理回答："六个月。"客户脸上露出了为难的表情，接着问道："四个月行吗？我们给你加 50% 的报酬。"经理不假思索地摇头拒绝道："对不起，我们做不到。"的确，按照当时的技术水平，四个月是很难完成的任务，所以这位经理忍痛舍弃了唾手可得的巨大利益，诚实地拒绝了这桩大业务。

结果，客户听后开怀大笑，立刻在合同书上签下了名字。他对经理说："对您诚实的拒绝我感到非常满意，因为这反映出您是一个很诚实和稳重的人，而在您领导下开发的产品的质量一定是有保证的。在今天这个商业社会中，我们看中的不是单纯的速度，而是让人有足够安全感的诚实。"

两年后，这个小网络公司的这位诚实经理一跃成为"中国十大创业新锐"，他的公司在短短的三年之内，从一个小网络公司成为全球最大的中文搜索引擎公司——百度公司，而当年那位诚实的经理就是毕业于北京大学信息管理系的百度公司 CEO——李彦宏。

由此可见，诚信不是智慧，而是一种品德，然而这种品德却可以带来效益，因为它能产生一种在当今社会越来越稀缺的心理感受，那就是安全感。一家刚刚创业的新公司能够

为重量级客户提供安全感，单是这份诚恳和务实就显示出了它的不俗之处。

一、诚信理念的内涵

（一）“诚”和“信”

“诚”，即真诚、诚实；“信”，即讲信用、守承诺。“诚”为信之基础，它侧重于“内诚于心”，体现了内在的个人道德修养。“信”则侧重于“外信于人”，体现为外在的人际关系。“诚”更多的是指在各种社会活动中（如人际交往、商业活动等）真实无欺地提供相关信息；“信”更多的是指对自己承诺的事情承担责任。

（二）诚信

“诚”和“信”组成“诚信”一词，成为道德范畴的一个重要理念。诚信是指个人的内在品质，也是人的行为规范。它要求人们具有诚实的品德和境界，尊重事实，不自欺，不欺人；要求人们在社会交往中言行一致、信守诺言、履行自己应该承担的责任。它是处理人际关系的基本伦理原则和道德规范，也是行为主体所应具有的基本德行和品行。我国的公民基本道德规范、职业道德规范以及“八荣八耻”中都提到了“诚实守信”。可见，诚信是一种社会道德规范，是政府机关、企事业单位和个人都要遵守的基本行为准则。

二、诚信的价值

诚实守信是中华民族的传统美德。在我国传统道德中，诚实守信被看作是“立身之本”“进德修业之本”“举政之本”。特别是在我国全面进入加快社会主义市场经济建设的背景下，强化个人、企业和社会的诚信意识，践行诚信品格，具有重要的现实意义。

（一）对个人的价值

对个人而言，诚信是一种人格力量，可以提升人的职业素养。诚信是一个人的立身之本，是职业道德的重要内容，是一个从业者不可缺少的职业素养。“人而无信，不知其可也”（《论语·为政》）。从古至今，我国人民一直以诚信为德之重，而德乃立身之本。

在职业活动中，每个人都应以诚待人、信誉至上。只有这样才能得到他人、组织和社会的认可和信任，才能融入社会、发挥才智、建功立业。诚信促使从业者在工作中恪守职业道德、爱岗敬业、忠于职守、诚于职责、奉献社会。

在企业里，诚信的员工是一个企业得以良好发展的最宝贵的财富。如果你对客户诚信，就将赢得更多的客户，获得更多的利润；如果你对同事诚信，就会得到信任和帮助，建立起和谐可靠的共事关系；如果你对老板诚信，就会得到老板的青睐和重用，赢得更多的发展机会。任何一个好的公司都不是把员工的能力放在第一位的。对一个老板来说，一个不诚实的员工即使再才华横溢，也无法对其加以重用；而如果你能力不够，却一心忠诚于公司，重信誉，为公司谋发展，那么老板一定会非常信任你，愿意给你很多锻炼的机会，从而提高你的能力。相反，一个人如果缺乏诚信意识、弄虚作假、欺上瞒下，可能会赢得一时的利益，但这只是短期行为，一旦他失去了利用价值，就算他再能力过人，也很可能会被逐出门外。因为缺乏诚信的员工对任何公司来说，是很大的潜在隐患。这样的人根本无法得到他人和组织的信赖，也很难在日常生活和职业活动中立足和发展。

【案例】

曾经有一位叫弗兰克的意大利移民，经过多年努力开办了一家小银行。但有一天，他的银行遭到抢劫，因此破产。当他为偿还那笔巨额存款而一切从头开始的时候，人们劝他："这事你没有责任。"可是他并不这样认为。经过 39 年艰辛的努力，在寄出最后一笔"债款"时，他说："现在我终于无债一身轻了。"

美国心理学家、作家艾琳·卡瑟曾说："诚实是力量的一种象征，他显示着一个人的高度自重和内心的安全感与尊严感。"此时的弗兰克用自己的诚信捍卫了自己的尊严。相反，下面案例中的大学生李某却因为诚信的缺失而失去了自己的工作。

【案例】

李某大学毕业后应聘到一家单位，这家单位效益很好，获得这份工作对于来自偏远山区的李某来说实属不易。工作不久，他的领导委托他购买了价值 2 500 元的办公用品。开发票的时候，在商店老板的劝说下，李某将发票金额多写了 200 元。没想到的是，这批办公用品不符合单位要求，在退货时，李某与商店老板发生争执。最后，这位领导亲自与商店老板理论后，商店终于同意退货，但只能退 2 500 元，与票面金额差 200 元。真相暴露后，这位领导语重心长地教育了李某，虽说因金额小李某并没触犯法律，但却被单位辞退了。

（二）对企业的价值

对企业而言，诚信有助于降低经营成本、提升企业品牌形象、增强企业的凝聚力。"人无信而不立，企业无信而不存"。诚信不仅是一个人或一个企业的"金字招牌"，在当今市场经济的大潮下，它还蕴藏着巨大的经济价值和社会价值，也正因为如此，很多企业都将诚信视为宝贵财富，不但将其列在价值观的第一位，同时也付出百分之百的努力去捍卫它。据权威部门测算，我国企业每年因诚信问题而增加的成本占其总成本的15%。如果企业具有健全的诚信制度和信用体系，就能减少企业之间交易的中间环节和交易成本，节省时间，提高经济效益。

品牌标志着一个企业的信誉，是企业的无形资产。品牌是由企业依靠诚信、优质产品和服务塑造起来的。反过来，品牌又为企业的发展开拓了广阔的市场。前面所述的李彦宏创办百度公司的故事就说明了这一点。当年海尔公司张瑞敏砸毁76台有质量问题的冰箱，之后狠抓冰箱质量，最终以产品质量取胜，成为我国第一个出口免检的企业，成功地占领了海外市场。不讲诚信、失信于消费者的企业，为了盲目追求利润最大化，往往以假充真、以次充好、不择手段，最后只能是自己砸了自己的牌子。如南京冠生园和石家庄三鹿集团股份有限公司都因售卖问题产品而宣告破产。

企业文化是在长期的经营活动中形成的体现企业员工的价值观念、思维方式和行为规范的意识氛围。诚信作为企业文化的主流意识，被内化为员工的思想品质和行为习惯，具有强大的凝聚力，对于推动企业文化建设、加强企业内部团结、形成强大的凝聚力具有不可低估的作用。

（三）对社会的价值

对社会而言，诚信有助于社会秩序的良性运行和持续发展。当前我国在发展市场经济过程中正陷入一场诚信危机中。所谓社会诚信危机，是指由于社会交往中信用缺失而导致的一系列不信任、不确定和不安全的心理状况和行为方式。这种信用危机涉及面之广、表现形式之多样令人触目惊心，制假贩假、偷税漏税、骗汇骗保、恶意透支、虚开票据、伪造票证、财务造假、商业欺诈、虚假广告、缺斤短两等现象相当严重。假成果、假学历、假文凭、假证件、假新闻、假演唱等屡见不鲜。

一个社会通行的道德标准常常因为每个成员行为的互相暗示而加强或削弱。普遍的守信行为会形成一种良性的社会信用氛围，使人们在任何社会活动中都有一种安全感；而反复的违约事件则会逐渐形成一种不讲信用的社会风气。

【案例】

在美国纽约哈德逊河畔，离美国第18届总统格兰特的陵墓不到100米处，有一座孩子的坟墓。在墓旁的一块木牌上，记载着这样一个故事：1797年7月15日，一个年仅5岁的孩子不幸坠崖身亡，孩子的父母悲痛欲绝，便在落崖处给孩子修建了一座坟墓。后因家道衰落，这位父亲不得不转让这片土地，他对新主人提出了一个特殊要求：把孩子坟墓作为土地的一部分永远保留。新主人同意了这个条件，并把它写进了契约。100 年过去后，这片土地辗转被卖了许多次，但孩子的坟墓仍然留在那里。

1897 年，这块土地被选为总统格兰特的陵园，而孩子的坟墓依然被完整地保留了下来，成了格兰特陵墓的邻居。又一个 100 年过去了，1997 年 7 月，格兰特陵墓建成 100 周年时，当时的纽约市长来到这里，在缅怀格兰特总统的同时，重新修整了孩子的坟墓，并亲自撰写了孩子墓地的故事，让它世世代代流传下去。

那份延续了 200 年的契约揭示了一个简单的道理：承诺了，就一定要做到；一个社会的道德风尚，是靠整个社会（国家、企业、个人）从日常生活的点滴做起的。正是这种契约精神，孕育了西方人的“诚信”观念，这种观念已经深入四方人的骨髓，变成了一种社会风气。

然后，在中国市场经济发展的今天，许多人更崇尚的是要“小聪明”而非诚信。正是因为这种崇尚“小聪明”的社会风气，使得人与人之间的信用链条断裂，最明显的表现就是彼此防范、戒备、缺乏应有的安全感。

三、加强诚信修养

诚信修养是通过个体修养，把诚信规范由他律转化为自律，从而培养成优良的诚信品德的一种自主活动。

（一）大学生的诚信情况现状

家庭、学校和社会的多种途径的中华民族传统美德教育，特别是近年来“八荣八耻”荣辱观以及社会主义核心价值观的宣传教育，使得大学生普遍树立起了诚信意识，在学习生活、人际交往、集体活动和社会实践中，他们的大多数都能做到诚实守信。

但是也不排除有少数大学生存在诚信缺失的问题。例如，有的人表里不一、人前人后判若两人，表现在口口声声标榜自己是个遵纪守法、爱护公物、懂文明、讲礼貌的大学生的同时，生活中路见师长却视若无睹，乱丢垃圾，在课桌、寝室、厕所乱写乱画，食堂里吃饭时剩饭剩菜等；在学习中少数人平时不努力，紧要关头弄虚作假，考试作弊、抄袭作业、论文剽窃他人成果等；一些接受助学贷款的学生，在有了偿还能力后恶意拖欠贷款，迟迟不还；还有的大学生在诚信道德修养上实行双重标准，一方面对别人的不诚信行为口诛笔伐、深恶痛绝，另一方面自己却又不身体力行，甚至还屡有失信行为。

（二）加强诚信修养的途径

1. 认真学习马克思主义理论，提高修养的自觉性

马克思主义的人性观认为人性的善恶并非先天的，也不是一成不变的，而是由一定的社会关系决定的。换言之，人的本性具有可塑性。认真学习马克思主义理论，就能使我们提高诚信修养的自觉性，增强获得诚信品质的信心。

2. 在实践中践行诚信品质

大学生应该在基础文明建设中培养良好的日常行为习惯；在校园文化活动中提升自己的诚信意识；在学校和班集体活动中坚定诚信信念；在社会实践中磨炼自己的道德意志，升华道德情感。

3. 做到慎独

做到慎独，即在一个人独处、无外在监督的情况下，仍坚守自己的道德信念，自觉按照道德要求行事，不因为无人监督而产生有违道德规范的思想和行为。其要义在于反对社会生活中的双重人格和两面行为。慎独强调了个体内心信念的作用，体现了严于律己的道德自律精神，不管在人前人后，都能做到“勿以善小而不为，勿以恶小而为之”。

第四节　竞争意识

自我实现是一种永恒的追求，它可以带来更多的财富，但是它更多的好处是让你永不放弃。

——沃伦·巴菲特

引导案例

美国 Viacom 公司的董事长萨默·莱德斯特在六十三岁的时候做出建立一个大型娱乐项目的决定，并最终建立了一个庞大的商业娱乐帝国。一个六十三岁的老人，在大多数人看来是安享晚年的时候，却选择了让自己回到工作中来。他的工作日和休息日、个人生活与公司之间没有任何的界限，有时甚至一天工作 24 小时。

肯德基创始人桑德斯上校 65 岁开始创业，在被拒绝了 1 000 多次后，桑德斯上校终于凭借自己的坚韧使自己的形象遍布世界。

华德·迪士尼为了实现建立“地球最欢乐之地”的梦想，四处向银行融资，都遭到了拒绝，每家银行都认为他“疯”了。今天，全球每年有上百万游客在“迪士尼乐园”享受欢乐。

类似的例子不胜枚举。他们的工作热情从何而来？这些手握巨额“薪水”的最富有之人，不但每天工作，而且工作起来精力充沛、不惜时不惜力，他们这样做的动力是“薪水”

吗？萨默·莱德斯特说得好："实际上，钱从来不是我的动力。我的动力是对于我所做的事的热爱，我喜欢娱乐业，也喜欢我的公司。我有一种愿望，要实现生活中最高的价值，尽可能地实现。"他激励自己的名言是："不断地突破自我、实现自我，让自己的一生都过得精彩，让自己每一天的工作都充满热情。"

一、竞争和竞争意识

（一）竞争的含义

《辞海》对竞争的释义为互相争胜；《现代汉语词典》对竞争的解释是为了自己方面的利益而跟人争胜。

竞争是存在于大自然和人类社会的普遍现象。人类就是在竞争中求生存、求发展的，竞争推动了人类社会的进步。没有竞争的压力，就没有拼搏求胜的动力。在职业生涯中，一个人的职业素养的优劣是竞争胜败的决定因素。

竞争的结果就是优胜劣汰。在竞争中，希望与风险并存。面对一个又一个的竞争，任何人都不可能是永远的获胜者，因此要理性对待竞争，做到胜不骄、败不馁。

（二）培养竞争意识

竞争意识就是承认现实社会客观上处在竞争之中，要求人们任何时候都要有紧迫感，不能安于现状。美国富兰克林人寿保险公司前总经理贝克曾经这样告诫他的员工："我劝你们要永不满足，这个不满足的含义是指上进心的不满足。这个不满足在世界的历史中已经导致了很多真正的进步和改革。我希望你们绝不要满足。我希望你们永远迫切地感到不仅需要改进和提高自己，而且需要改进和提高你们周围的世界。"这样的告诫对于我们每一个职场人士来说，都是必需的、中肯的。

1. 竞争无时不在、无处不有

竞争是时代发展的永恒主题，当我们选择了发展，也就选择了竞争。所以，培养和提升竞争意识，是大学生自身发展和社会发展的需要。

在未来的工作中，每天都会有思维活跃、能力超强的新人或者经验丰富的业内资深人士，不断涌入你所在的职场，你其实每天都在与很多人竞争。因此，时刻拥有进取心、追求更高的目标、不断提升自己的价值和竞争优势，才能不被日益进步的社会和不断更新的工作所淘汰。诺贝尔文学奖获得者拉迪亚德·吉卜林说："弱肉强食如同天空一样古老而真实，信奉这个原理的狼就能生存，违背这个原理的狼就会死亡。这一原理就像缠绕在树干上的蔓草那样环环相扣。"

2. 竞争可以提高人的进取心和责任感，激发人的创造性和潜能

人生如逆水行舟，不进则退。不求上进，你必然要被别人所替代。在这个竞争异常激

烈的时代，如果没有危机意识，又缺乏竞争意识，是很难逃脱被淘汰的命运的。现实社会没有“世外桃源”，人人都会在不同时期置身于不同的竞争中，不在竞争中胜出，就会在竞争中落后。

可见，竞争是一种无形的动力，推动着参与竞争的人们不断进步。即使你现在已经取得了不错的成绩，也不能自我满足。只有不断超越，才能精益求精、不断进步。一个人如果从来不为更高的目标做准备的话，那么他永远都不能超越自己，也必将被淹没在竞争的大潮中。福特说：“一个人若自以为有很多的成就而止步不前的话，那么他的失败就在眼前。”

【案例】

黛安妮是美国一家大型时装企业的创始人。23 岁时，她用从父亲那里借来的 3 万美元开了一家时尚服装设计公司。之后，她将自己的公司发展成了一个庞大的时装企业，年均销售额达 200 万美元。接着，她又办起一家化妆品公司，还同其他公司合作，用她的名字做商标生产皮鞋、手提包、围巾和其他产品。黛安妮只用了 5 年时间就完成了这一切。

黛安妮认为，有一种不断前进的欲望在推动着她。“当我朝着一个目标努力时，这个目标又将我带到一个新的高度，使我踏上了一条通往开辟新生活的道路。”

可见，杰出人物从不满足于现有的状况，随着他们的进步、眼界的开阔，他们的进取心会逐渐增长。例如对比尔·盖茨来说，如果他仅希望开一家小公司赚点钱，那么他 20 岁时就实现了这个目标；如果他仅满足于成为世界上最有钱的人，那么他 32 岁时也已实现了这一目标。如果他没有超越自我的志向，他在年轻的时候就可以醉心于自己的伟大成就而举步不前了。

再次，竞争是市场经济发展的重要特征之一。市场经济是法治经济、契约经济，也是竞争经济。竞争是市场经济赖以生存和发展的永恒动力。美国管理大师唐纳·肯杜尔说：“自从做生意以来，我一直感谢生意上的竞争对手。这些人有的比我强，有的比我差；不论他们行与不行，都使我跑得更累，但也跑得更快。事实上，脚踏实地的竞争，足已保障一个企业的生存。由于竞争，我们的工厂更具现代化，员工受到更多的训练，生产规模随之扩大。”

二、努力提高竞争力

职场竞争乃至人生竞争，都要与 NBA 遵循同样的法则——要么卓越，要么出局。追求卓越，做到最好——最好的思想、最好的员工、最好的产品、最好的服务，才能打败竞争对手。管理大师易斯·B. 蓝博格的哲学是："不要退而求其次。安于平庸是最大的敌人，唯一的办法是追求卓越。"大学生只有不断超越自我、提高自己的实力，才能在职场中立于不败之地。

（一）培养危机意识

当今社会的就业形势是"能者上，平者让，庸者下"，竞聘上岗，优胜劣汰，在职人员稍有懈怠，随时都有失业的可能。职场员工如果缺乏这种忧患意识和危机感，不好好珍惜所拥有的一切，对工作敷衍了事、安于现状、不思进取，那么不但不可能加薪升职和有更好的发展和机会，而且连工作都可能无法保住。正所谓"今天工作不努力，明天努力找工作"。这个道理对于企业同样适用。

【案例】

美国施乐公司曾经是世界知名的大企业之一，该公司的辉煌源于 20 世纪最伟大的发明——静电复印技术。凭借这项伟大的发明，施乐公司从 1962 年起就跻身全球 500 强企业的行列，成为世界复印机行业的龙头老大。但是，就是这样一家实力雄厚的龙头企业，最后却被竞争对手无情地击败了。

施乐公司在复印机市场上凭借静电复印技术久居龙头老大的地位，慢慢地迷失了自己，失去了方向感，新产品的研发日趋缓慢，最终被其他企业超越。当计算机开始普及的时候，传统的复印机已经不能适应互联网时代的新型办公要求，然而此时的施乐公司还沉浸在自己已经逐渐逝去的辉煌中，一门心思地生产传统复印机。就在这个时候，日本佳能公司则不断努力开发出，迎合市场需求、颇受现代新型企业欢迎的中小型数码复印机。数字化时代的提前到来，使得还没做出反应的美国施乐公司遭遇了生存危机。2000 年，施乐牌复印机在美国市场已经失去了 1/3 的份额，而佳能公司则坐上了美国复印机市场的头把交椅。2000 年底，施乐公司以 5.5 亿美元的价格将施乐中国公司卖给了日本富士公司。在施乐公司走向衰落之时，公司 CEO 说的一段话耐人寻味。他说："施乐公司不是输给了日本企业，而是输给了自己。我们在辉煌中沉浸了太久，迷失了自己，不研发新产品，不看市场的变化方向，最后我们完败给日本企业。"

从美国施乐公司的故事中我们可以看出，职场竞争从来都是激烈无比的。危机意识的丢失对于企业来说无疑是一种致命的危险。同样，对于职场上的每一个人来说，没有危机意识和竞争意识，也会让自己迷失努力的方向，从而被别人轻松超越，直至被淘汰。

（二）提高职业素养

一个人的竞争能力不是单纯的争强好胜，它既要求个人有旺盛的竞争意识，更要有良好的职业素养。激烈的就业竞争主要是职业素养的竞争。因此，大学生在校期间就要确定职业目标，学好专业理论知识和技能，强化职业能力等显性职业素养。此外还要重视职业道德、职业意识、心理素质、沟通能力和团队精神等隐性职业素养的提升。因为在职场中，与显性职业素养相比，隐形职业素养能够在更广阔的行业领域，更加有效和持久地发挥作用。

（三）做到知己知彼

为了增强自己的竞争力，提高竞争取胜的把握，就必须做到知己知彼，既要了解自己的优势和劣势，又要了解对手和环境条件（时间、地点、政策、人际关系等）。

所以，在就业竞争中，每个人都应该根据个人的优势、劣势和用人单位的招聘要求去实现人职匹配，以求成功择业；在职场员工发展的竞争中，能否做到知己知彼，关系到工作绩效的高低和个人发展前景的好坏。在知己知彼基础上制定的职业生涯规划和职业发展目标，由于符合主客观情况而切实可行，具有较高的成功率。在与同行的竞争中，如果真正了解彼此的长处和短处，就会扬长避短、取长补短，从而保证自己在竞争中处于优势地位，提高成功的机会。

（四）正确处理竞争与合作的关系

随着社会分工越来越细，科学知识也在纵向深入发展，一个人已经不太可能成为百科全书式的人物，每个人都要借助他人的智慧来完成自己人生的超越。因此，团队合作就成了一种无法替代的现代工作方式与职业需求。于是，这个世界既充满了竞争与挑战，也充满了团结与合作。据统计，诺贝尔奖项中，因合作获奖的占三分之二以上。在诺贝尔奖设立的前 25 年，合作获奖的占 41%，而现在则跃居 80%。

可见，竞争与合作是相伴而行的。竞争离不开合作，竞争获得的胜利，通常是某一群体内部或多个群体之间通力合作的结果；合作也离不开竞争，竞争促进合作的广度和深度，合作又反过来增强竞争的实力。正是这种竞争中的合作和合作中的竞争，推动着人类社会不断发展和进步。因此，即将步入职场的大学生一定要协调好竞争与合作的关系，既要有竞争意识，还要有团队合作精神。

实践环节设计

职场素质测试 2——测测你的进取指数

以下的测试用于评估你的进取指数，做这些题时不能过多地思考，要根据第一印象在最符合自己特征的选项前画“√”。（设想你已经进入职场或根据你曾有过的兼职经历回答下列问题）

1. 我计划在两年内成为部门经理，如果实现不了，我会：

   A. 像以前一样努力工作，不会放弃这个目标。

   B. 有些失望，不知道该怎么办，工作再也提不起劲来。

   C. 对公司失望，能少干就少干，哪天烦了就辞职不干了。

2. 我比较同意这种职业观：

   A. 薪水只是短期目标，不应因为薪水多少而改变工作态度。

   B. 工作上不应该讨价还价，但多干的人应该得到更多的报酬。

   C. 即使做得再好，老板也未必给你涨工资。

3. 你做过个人总结吗？

   A. 经常做

   B. 偶尔做

   C. 没做过

4. 关于公司的年度目标，我个人认为：

   A. 适当，如果努力，完全可以实现。

   B. 不知道是否合适，也不知道能否实现。

   C. 太高了，根本就不可能实现。

5. 我对个人工作的任务：

   A. 非常清楚，并有详细的计划。

   B. 清楚，但没有什么计划。

   C. 不太清楚，过一天是一天。

6. 我对公司的各级目标的关心程度：

   A. 时常挂在心上，总担心实现不了。

   B. 我只关心我个人的任务能否完成，很少考虑公司的目标。

   C. 漠不关心，很少想到它。

7. 我没有完成上司分派的任务，事后我分析：

   A. 非常想完成，已经尽了最大的努力。

   B. 很想完成，但没有付出最大的努力。

   C. 有能力完成，但不情愿去做。

8. 有自己的短期目标（1～2年）吗？

   A. 有，计划在一两年内。

   B. 思考过，还没有制定出来。

   C. 没有，还没有想过。

答案与评析：

上面各道题中，选答案A得2分，选答案B得1分，选答案C得0分。

13～16分：你对目标很敏感、很清楚，做事有计划，工作很努力，进取心很强，是个优秀的员工。

8～12分：你对目标的敏感度属于中等，进取心不是很强，能把工作做好，但不是做得很好，是一个合格的员工。

8分以下：你对目标的敏感度相对较弱，不是太关心组织目标和个人发展目标，工作没有计划，绩效低下。你应该培养进取心和工作热情，要让自己的工作有目标、做事有计划。

实践环节设计

结合教材中职业意识养成的途径和方法的论述，以“强化职业意识 做合格的职场新人”为主题设计活动方案（见表2-1）。

表2-1 活动方案表

活动目的	
活动形式	
活动场景	
活动准备	
活动程序	
活动自评	
教师评价	

本章小结

在日益激烈的竞争时代，社会的竞争就是人才的竞争，人才的竞争最终取决于人才的职业素养的竞争，而健康的职业意识则是职业素养的核心部分，因为它可以统领职业生涯，对职业生涯起到调节和整合的作用。事实证明，职场中职业意识强的人在职场活动中会表现出较强的主观能动性，有助于职业兴趣的产生和职业抉择，有助于成功择业和提高职业满意度，有助于职业生涯的顺利发展；相反，缺少健康、积极的职业意识的人常常会表现出好高骛远、拈轻怕重、见利忘义、自私自利、推卸责任、不思进取等不利于职场发展甚至将影响整个人生发展的弱点。

专业学习是获得专业理论和专业知识的基本途径，专业实习是了解专业、了解职业及其相关职业岗位规范、培养职业意识、养成良好职业习惯的主要途径。高职院校的学生通过专业学习和实习，增强职业意识、遵守职业规范，这是做好本职工作、实现人生价值的重要前提。

问题与思考

1. 试举例说明具备责任意识和敬业意识的重要性。
2. 试述职场新人培养诚信意识和竞争意识的方法和途径。

第三章

职业道德

道德常常能弥补智慧的缺陷，而智慧永远填补不了道德的缺陷。

——但丁

引　言

职业活动是人类社会生活中最普遍、最基本的活动。我们一来到世上，就和职业活动产生了无法割舍的联系。小时候，我们喜欢扮演各种职业游戏；上学时，我们学习职业知识为未来打好基础；走出校门，我们投身于竞争激烈的职业社会，争取职业成功；甚至年老时，我们还会发挥职业余热。长期的职业活动促使人们不断地思考怎样与职业服务的对象打交道，怎样才能把职业工作做得更到位等一系列问题。久而久之，人们对职业活动的从业人员提出了一定的要求，要求从业者必须遵守一定的职业道德，承担相应的道德义务和责任。三百六十行，行行有规矩。行规需要行业从业人员共同遵守，违背这些行规，就可能在行业中无法立足。这些行规其实就是职业道德的通俗说法。随着社会分工的进一步细化和深化，人们对职业道德的要求越来越高，当下人们已经明确：要做事，先做人；要立功，先立德。那些拥有良好职业道德的人，才能在工作上严格要求自己、精益求精，最终赢得人们由衷的崇敬和信任，为事业的成功奠定坚实的基础。

第一节 职业道德概述

我们有力的道德就是通过奋斗取得物质上的成功；这种道德既适用于国家，也适用于个人。

——罗素

引导案例

船长的职业道德

1912 年 4 月 15 日，英国超豪华邮轮“泰坦尼克号”因在大西洋上航行时撞上冰山而不幸沉没，船上的 2 201 人中仅有 711 人获救。从碰撞到沉没的三个小时内，“泰坦尼克号”船长爱德华·史密斯沉着镇定，指挥人们有条不紊地撤退。最后时刻他拒绝登上救生船，和“泰坦尼克号”一起沉没在大洋之中。人们为了纪念他，在他的纪念碑上面刻着：“英雄的死亡，勇敢的一生”。

为什么史密斯船长有机会逃生却不走？这其实和西方航海传统有关。海上航行风险莫测，遭遇各种风险不足为奇，因此需要所有船员以船长为核心紧密团结，才能共同战胜困难、赢得生存。茫茫海洋上，船长就是主心骨，他的一举一动关系到大家的安危，责任重大。几千年的航海活动延续到近代，就形成了这样一条不成文的规则：当发生海难，船只沉没时，船长必须是最后一个离开船的人。这就是船长的职业道德。在卡梅隆导演的电影《泰坦尼克号》里，我们不但目睹了史密斯船长与船同存亡的壮举，而且看到这艘船的设计者托马斯·安德鲁斯也放弃了逃生机会、平静地等待死亡降临的震撼一幕。他们之所以这样做，一方面是由于他们的职业道德和操守，另一方面，他们自己也清楚，如果他们不顾乘客死活而先逃命的话，即使活下来，也会受万人谴责，生不如死。

之所以有“船长最后一个走”的职业规定，那是因为在遭遇事故时，没有人比船长更了解自己的船舶结构和人员，不管是组织疏散、维持秩序，还是寻求救援、联络接应，都需要船长这个最高领导坐镇指挥。其次，在“船长最后一个走”规定的约束下，船长不敢拿船舶安全当儿戏，航行时倍务必小心谨慎，依靠自己的智慧和经验，率领船员完成顺利远航。船长很清楚，自己肩负的责任最大，如果不好好开船，万一发生事故，自己生还的概率最小。为了自己，也为了船员，他必然全力以赴。最后试想一下，如果没有“船长最后一个走”的职业规定，那么还会有多少船长认真指挥开船？也许有的船长就会这样琢磨，万一发生事故翻船了，大不了我先逃就是了。当然，“船长最后一个走”不是说船长的生命不重要，而是强调船长要坚守岗位、将乘客的安全放在第一位。这不是一种道德强迫，而是这个职业的道德要求。在选择船长这个职业前，大家需要认真考虑。如果能接受这条规定，那就当个好船长；如果接受不了，那就选择其他职业。

据报道，2012 年，意大利邮轮“协和号”在吉利奥岛附近触礁搁浅，船长弗朗切斯科·斯凯蒂诺弃船逃跑。搁浅事故造成 17 人死亡，斯凯蒂诺逃跑时，船上依然有 300 多名乘客。最后，斯凯蒂诺因多项过失杀人罪被判入狱 15 年；因引发邮轮失事被判入狱 10 年；此外，他还为因触礁事件死难的 30 多名乘客和被其抛弃的 300 名乘客中的每一个人承担 8 年的监禁。因此，他总共应当被判处 2 697 年监禁。2014 年，韩国“岁月号”客轮在韩国全罗南道珍岛郡近海发生沉船事故，造成 295 人遇难、142 人受伤，9 人下落不明。69 岁的船长李俊锡作为此艘客轮的代理船长，在船只开始浸水时，不顾乘客安危，首先弃船逃生。韩国光州地方法院判李俊锡犯有遗弃致死致伤罪和违反船员法罪被判刑 36 年，他将在监狱里度过余生。可见，“船长最后一个走”的职业道德已经被人们广泛接受，并且影响到了职业法律的制定。

一、职业道德概述

恩格斯指出，在社会生活中，“实际上，每一个阶级，甚至每一个行业，都有各自的道德”。这里所说的每一个行业的道德就是职业道德。所谓职业道德，就是指从事一定职业的人在职业活动中应当遵循的具有职业特征的道德要求和行为准则。在现代社会中，职业道德通常以“准则”“守则”“条例”等形式表现，主要用于说明哪些行为是被允许的，属于道德的行为；哪些行为是不被允许的，属于不道德的行为。

从来源上看，职业道德随着劳动分工的出现而逐步形成，又随着分工的发展而不断发展。比如伴随着淘宝卖家、快递员、网模等新兴职业的出现，新的职业道德要求也随之产生。从形式上看，职业道德是一般社会道德的特殊形式，是社会道德的一个有特色的分支。党的十七大把社会道德分成社会公德、职业道德、家庭美德和个人品德四个部分。从内容上来看，各行各业形成了各具特色的职业道德。如不做假账是会计的职业道德，救死扶伤是医生的职业道德，诲人不倦是教师的职业道德，为官一任、造福一方是官员的职业道德，发生灾难时最后离船是船长的职业道德等。

职业道德是职业素养的重要组成部分。职业素养是从业者在职业活动中表现出来的综合能力与品质，包括了职业技能、职业价值观、职业习惯、职业形象、职业道德等。职业道德本身又涵盖了职业态度、职业荣誉、职业作风、职业良心、职业义务等内容。另外，需要注意的是，职业道德和职业法律既紧密联系又相互区分。两者虽然都是关于职业的具体要求和明确规范，在职业活动中都发挥着积极的作用，但是两者的作用方式有着显著的区别。职业法律是从事一定职业的人在履行本职工作的过程中必须遵循的法律规范。这是通过国家强制力来保障实施的行为规范，对职业活动具有更强的约束力。而职业道德主要依靠社会舆论、内心信念和传统习俗来维系，属于应当做但不是必须做的一种行为规范。现代社会，职业道德与职业法律之间的相互交融日益凸显，一些原有的职业道德上升转化为职业法律，从而获得了更大的普遍性和权威性，另一方面，职业法律也影响着职业道德的制定与完善。

即将踏入职场的大学生群体对职业道德的认识究竟处于何种程度？

2015 年 01 月 29 日光明日报报道，根据 75 所部属大学公布的 2014 大学生就业率分析报告指出，用人单位比较重视毕业生的个人能力、道德修养及面试表现，其次是学习成绩、实习经历、身体心理素质和性格特点等，对于性别、学校名气、学历层次等条件的重视程度有所降低。报告结果还显示，90%的用人单位对北京大学的毕业生表示“满意”或“很满意”，但认为大学毕业生在实践能力、时间管理能力、集体意识和纪律意识等方面仍有待提高。“集体意识”是目前大学生亟须提高的一个重要方面。

类似的统计情况还有：2007 年 12 月 10 日新华网报道，山东人才网对 200 家用人单位的人事主管的调查发现，用人单位的人事主管在挑选大学毕业生时，看重的因素依次是责任感、团队协作精神、进取心、灵活应变能力、表达能力、独立性、自信心、承受压力能力、待人接物能力、在专业领域的特殊才智等。有责任感的大学毕业生在求职时最受欢迎。很显然，用人单位非常看重大学毕业生的职业道德素质。

然而，相当一部分大学毕业生没有清楚地认识到用人单位对职业人才的职业道德要求。他们初次踏入职场，考虑的因素往往与用人单位的要求不一致甚至相差甚远。英才网联的调查显示，57%的 90 后大学毕业生找工作时首先考虑的是个性化的工作氛围，43%的 90 后大学毕业生择业时看重薪酬，38%的 90 后大学毕业生找工作时以符合息的兴趣爱好为主。大学毕业生择业时会首先考虑环境、报酬、兴趣等，但几乎没有人意识到职业道德在职场中的重要地位。

由此可见，用人单位对人才的要求和大学生的求职认识存在着偏差，这就需要大学生转变观念、调整发展方向。用人单位要求一个刚毕业的学生既有高学历，又有社会经验、工作能力还很强，这几乎是不可能的。所以用人单位主要关注大学生的职业态度、职业道德，看他是否工作认真负责、是否有敬业精神。只要具备这些特点，经过境培养，大学生都能成为人才。正如蒙牛创始人牛根生所言：“有德有才，破格重用；有德无才，培养使用；有才无德，限制录用；无德无才，坚决不用。”

二、社会主义职业道德的内容

职业道德具有时代性和历史继承性，在不同的历史时期有不同的职业道德要求。在历史上不同时期产生的一些带有道德蕴含的行规，可以看作是最早的职业道德的表现形式。在资本主义时代，机器大工业带来了社会分工的发展，促成了职业的大分化。职业的发展推动了职业道德的进步，职业道德的种类迅速增加并且在内容上逐渐定型，职业道德的调控作用也得到了强化，成为职业活动的有机组成部分，甚至上升到了制度和法律的层面。

社会主义制度的建立为职业道德的发展提供了更为广阔的空间，职业道德也由此进入了新的发展阶段。在社会主义条件下，职业成为体现人际平等、人格尊严和个人价值的重要舞台；尽管职业的分工还受到生产力发展水平的制约，但由于各种职业利益同社会的整体利益从根本上说具有一致性，因而从业者之间以及从业者与服务对象之间不存在根本的利益矛盾。职业和岗位的不同，只是分工的差别，而没有地位高低、贵贱之分。社会主义的职业道德体现了以为人民服务为核心、以集体主义为原则的社会主义道德要求，同时汲取了传统职业道德的优秀成分，体现了社会主义职业的基本特征，具有崭新的内涵，其基本要求是：爱岗敬业（乐业、勤业、精业）、诚实守信（诚信无欺、讲究质量、信守合同）、办事公道（客观公正、照章办事）、服务群众（热情周到、满足需要、技能高超）、奉献社会（尊重公众利益、讲究社会效益）。

（一）爱岗敬业

职业不仅是个人谋生的手段，也是从业者完成自身社会化的重要条件，是个人实现自我、成就事业的重要舞台。爱岗敬业所表达的最基本的道德要求是：干一行爱一行，爱一行钻一行；精益求精，尽职尽责；“以辛勤劳动为荣，以好逸恶劳为耻”。爱岗敬业不仅是社会对每个从业者的要求，更应当是每个从业者的自我约束。爱岗敬业的要求见表 3-1。

表 3-1　爱岗敬业的要求

内容	基本要求	更高要求
乐业	对工作抱有浓厚兴趣，倾注满腔热情	把工作看作是一种乐趣，看作是生活中不可缺少的内容，并在艰苦奋斗后，取得成就时，感到无比的兴奋和快乐
勤业	具有忠于职守的责任感、认真负责、心无旁骛、一丝不苟、刻苦勤奋	遇到困难不轻言放弃并不懈努力，具有战胜困难的工作精神
精业	对本职工作业务纯熟、精益求精，力求不断提高自己的技能，使工作成果尽善尽美	不断有所进步、有所发明、有所创造

（二）诚实守信

所谓诚实，就是忠诚老实、不讲假话。所谓守信，就是信守诺言、说话算数、讲信誉、重信用、履行自己应承担的义务。其基本要求见表 3-2。

表 3-2　诚实守信的基本要求

内容	基本要求	反对
诚信无欺	市场交易中，卖方要做到货真价实、明码标价、合理定价，提供真实的商品信息	反对和杜绝各种各样的欺骗服务对象的职业行为

续表

内容	基本要求	反对
讲究质量	把质量放在第一位，以质量求生存，以质量求发展	不以次充好，不生产、销售假冒伪劣产品
信守合同	签订合同时，诚心诚意、认真负责；履行合同时，一丝不苟、不折不扣。如遇困难或意外，应想办法克服。一旦不能履约，应承担相应的责任	不以欺诈、强迫等不平等方式签订合同，不随意违约、毁约

（三）办事公道

公道就是公平、正义。办事公道是指从业人员在职业活动中要做到公平、公正，不谋私利，不徇私情，不以权害公，不以私害民，不假公济私，恰如其分地对待人和事。办事公道是为人民服务必不可少的条件，是提高服务质量的基本保证。其基本要求见表 3-3。

表 3-3　办事公道的基本要求

内容	基本要求
客观公正	在办理事情、解决问题时，要客观地判断事实，重视证据，公正地对待所有当事人，不偏袒某一方，更不能作为某一方的代表去介入
照章办事	严格按照章程、制度办事，不打折扣，不徇私情；待人公平，以人为本，理解人、尊重人，不以好恶待人，不以貌取人，不以年龄看人

（四）服务群众

所谓服务群众就是在职业活动中一切从群众的利益出发，为群众着想，为群众办事，为群众提供高质量的服务。服务群众是为人民服务在职业活动中的最直接的体现。其基本求见表 3-4。

表 3-4　服务群众的基本要求

内容	基本要求
热情周到	为服务对象考虑周全、细致，不怕麻烦，使服务对象有“宾至如归”的感受
满足需要	心中装着群众，急群众所急，想群众所想，充分尊重群众的意愿，以群众的需要作为自己的工作需要，满足群众提出的合理、正当的要求
技能高超	勤学苦练，不断提高服务技能，使服务工作尽善尽美

（五）奉献社会

奉献社会，就是要求从业人员在自己的工作岗位上树立起奉献社会的职业理想，并通过兢兢业业地工作，自觉为社会和他人作贡献，尽到力所能及的责任。这是社会主义职业道德中最高层次的要求，体现了社会主义职业道德的最高目标指向。其基本求见表 3-5。

表 3-5 奉献社会的基本要求

内容	基本要求
尊重群众利益	反对形式主义、官僚主义、享乐主义和奢靡之风，充分维护群众的利益，倾听群众的呼声，将以人为本的理念融于社会管理的制度设计和执行中
讲究社会效益	公共生活中爱护公共设施，积极参加公益活动，倡导无私奉献精神

思考：当你逛商场、到饭店就餐、外出旅游时，服务人员的哪些行为让你感到愉快，哪些行为让你感到反感甚至愤怒？请把其中的经历记录下来并填入表 3-6 中。

表 3-6 服务感受及原因分析

感受	经历	原因分析
让我感到愉快的服务行为		
让我感到反感的服务行为		

第二节 敬业与忠诚

抱着一颗正直的心，专心致志干事业的人，他一定会完成许多事业。

——赫尔岑

引导案例

用人单位频被暑期兼职学生“炒鱿鱼”

不少大学生利用暑假做兼职，期待通过兼职积累经验、提升能力，并为未来的就业增加筹码。芝罘区一家快餐店招了两名暑期工，而两人的突然辞职，让快餐店陷入左右为难的境地。“说好干两个月，现在刚干满一个月就要辞职，这让我们去哪里再找员工顶替他们？”芝罘区一家快餐店的负责人张经理说，每年店里为了应对旅游旺季，都会招聘两名暑期工，今年 6 月招了两名学生，在店里为客人点单、上菜。当时招聘的时候说好必须要干满两个月，其中一名学生琳琳（化名）工作到第 12 天的时候，就说要结算工资，不再干了。“我当时和琳琳聊了很久，告诉她工作要有始有终、要懂得坚持，还告诉她必须干满一个月才能领到工资和奖金。”张经理说，聊过之后仿佛见了效果，两名学生都没再提过辞职的事。可是让人意想不到的是，7月25日，两个人领到第一笔工资后却突然双双提出了辞职。

“同学聚会要请假，身体不舒服要请假；路上堵车会迟到，等不到公交还会迟到。”张经理说，考虑到两人都是还未涉足社会的学生，平日里对这些细节从不会过多苛责。可这次两人突然一起辞职，是真的让自己郁闷了。

张经理告诉记者，当时想着给学生们一个锻炼的机会，还考虑到学生的沟通能力比多数打工者强才雇了两名学生。两人辞职后，到了饭点儿现有店员实在忙不过来，可一时又找不到合适的人顶替。

张经理说，许多学生做兼职是心血来潮，觉得自己得到锻炼了，就说走就走，完全不考虑用人单位的处境。“学生们需要锻炼的不只是‘吃苦’，需要提升的也不只是经验和能力，更重要的是还要增强责任感。”张经理说，不少同行都不愿意接纳兼职学生的原因大多在此，觉得找学生当暑期工是“自找麻烦”。

一、敬业的含义

敬业是社会主义职业道德的一项基本要求，是职场人士必须具备的一种最基本的职业道德。所谓敬业就是用一种严肃认真的态度对待自己的工作，勤勤恳恳、兢兢业业，忠于职守，尽职尽责。中国古代思想家历来提倡敬业精神，孔子称之为“执事敬”，朱熹解释敬业为“专心致志，以事其业。”敬业主要体现在两个方面：一个是敬业的精神，表现为满腔热忱、精益求精、忠心耿耿的工作使命感、职业责任感及崇高的事业心。另一个是敬业的行为，表现为埋头苦干、任劳任怨、一丝不苟地履行工作职责，完成工作任务。

为什么要敬业？近代著名思想家梁启超在《敬业与乐业》这篇文章中提问到：“业有什么可敬的？为什么该敬呢？”他总结了两点原因：首先，人不仅是为了生活而劳动，也是为劳动而生活。劳动、做事就是人的生命的一部分，因此敬业本来就是我们生命中的组成部分。可以说，人生来就需要敬业，生来就可以做到敬业。其次，无论何种职业都是神圣的。农民的精心耕作使土地获得丰收，体现了他的价值；工匠独具一格的灵巧手艺体现了他的价值；艺术家辛勤地创作完美的艺术作品，这是他的价值体现。敬业能够最大限度地实现每个职业的最大价值，使得职业没有高低、贵贱之分。

从个人角度来看，职业是个人获取生活来源、扩大社会关系和实现自身价值的重要途径。一个人的一生，大部分时间在工作，这是物质生活的需要，也是精神生活的需要。有了工作才有生活来源，如果一个人不敬业，那么就没有单位愿意聘用他，他就没有了衣食之源、生存之本。但工作并不仅仅是为了满足简单的物质需要，更重要的是为了满足在工作中实现自我、超越自我的精神需要。从社会角度来看，社会是建立在不同职业的人们努力创造的基础之上的，它的存在和发展离不开人们的职业活动。只有每个人都能做到爱岗敬业、尽职尽责、忠于职守，每个岗位上的事情都办得出色到位，社会才能更加和谐美好。

二、忠诚的价值

在一项对世界著名企业家的调查中，当问到“您认为员工应具备的品质是什么”时，这些企业家无一例外地选择了“忠诚”。

忠诚，广义上指对所发誓效忠的对象（国家、人民、事业、上级、朋友、爱人、亲人等）真心诚意、尽心尽力、没有二心。忠诚代表着诚信、守信和服从。忠诚与敬业往往是职场中最值得重视的美德，两者关系密切、融为一体。忠诚是敬业的基础和前提；敬业是忠诚的必然结果。美国 IBM 公司创始人托马斯·沃森对员工说过：“如果你是忠诚敬业的，你就会成功。只要热爱工作，就会提高工作效率，忠诚敬业和努力是融合在一起的，敬业是生命的润滑剂”。

拿破仑说过，不忠诚的士兵，没有资格当士兵。同样，不忠诚的员工，也没有资格当员工。每个企业的发展和壮大都是靠员工的忠诚来维持的，如果所有的员工对公司都不忠诚，那么这个公司的结局就是破产，那些不忠诚的员工自然也会失业。只有所有的员工对企业忠诚，才能发挥出团队力量，才能凝成一股绳，劲往一处使，推动企业走向成功。同样，一个职员，也只有具备了忠诚的品质，才能取得事业的成功。

忠诚意味着对国家、企业、老板、同事都要忠诚。你忠诚于国家，因为你热爱祖国，国家给了你安全和保障；你忠诚于企业，因为企业为社会创造财富，给你提供了发展的平台；你忠诚于老板，因为老板给你提供了就业的机会，你对老板心存感恩；你忠诚于同事，因为你发自内心地信任你的同事，和他们互助互爱。

在当今竞争激烈的年代，许多年轻人以玩世不恭的态度对待工作，他们频繁跳槽，觉得自己工作是在出卖劳动力；他们蔑视敬业精神、嘲讽忠诚，将其视为老板盘剥、愚弄下属的手段。员工对老板的忠诚，能够让老板拥有一种事业上的成就感，同时增强老板的自信心，使公司的凝聚力得到进一步的增强，从而使公司得以发展壮大。所以，很多老板在用人时不仅仅看重个人能力，更看重个人品德，尤其是品德中的忠诚。那种既忠诚又有很强工作能力的员工是每个老板都心仪的得力助手。

既忠诚又有能力的员工，不管到哪里都是老板喜欢的人，都能找到自己的位置。而那些三心二意、只想着个人得失的员工，就算他的能力无人能及，老板也不会委以重任。

美国钢铁大王安德鲁·卡耐基认为，一个企业是否能够发展，关键在于员工是否对企业忠诚。他之所以能够建立起自己的钢铁王国，是因为他重用了这样一些人：勇于也乐于承担责任、甚至为了维护整个企业的利益而敢于违背上司命令的人。因为他相信这样的人是忠诚的。

小贴士

《致加西亚的信》

1899 年的一个傍晚，出版家阿尔伯特·哈伯德与家人喝茶时受儿子的启发，创作了一篇名为《致加西亚的信》的文章，刊登在《菲士利人》杂志上，杂志很快就告罄。到 1915 年作者逝世为止，《致加西亚的信》的印数高达 40 000 000 册，创造了一本图书在一个作家的有生之年的销售量的历史记录。其后的 80 余年，该书被翻译成各种语言，传播到全世界。2000 年，这本书被美国《哈德森年鉴》和《出版商周刊》评为有史以来世界最畅销书的第 6 名。

这本书讲的是这样一个故事：美西战争发生后，美国必须立即跟古巴的起义军首领加西亚将军取得联系。加西亚将军在古巴丛林里——没有人知道确切的地点，所以无法写信或打电话给他。但美国总统必须尽快地获得他的合作。怎么办呢？有人对总统说："有一个名叫罗文的人，有办法找到加西亚，也只有他才能找到。"

他们把罗文找来，交给他一封写给加西亚的信。那个名叫罗文的人，拿了信，把它装在一个油布制的口袋里将口袋封好、吊在胸口，划着一艘小船，于四天之后的一个夜里在古巴上岸，消逝于丛林中。三个星期之后，罗文从古巴岛那一边出来，已徒步走过危机四伏的国家，把那封信交给了加西亚。

他送的不仅仅是一封信，而是美利坚的命运，整个民族的希望。

这个送信的传奇故事之所以在全世界广为流传，主要在于它倡导了一种伟大的精神：忠诚、敬业、勤奋。

《致加西亚的信》虽然是本薄薄的小册子，但是，一百多年来此书所推崇的关于敬业、忠诚、勤奋的思想观念，却已经在全球的许多地方产生了深远影响。

问题：如果你是罗文，你能把信送给加西亚吗？你怎样把信送给加西亚？

三、敬业的实现

敬业如此重要，然而现实中，很多人缺乏敬业精神。2011 年 10 月，全球专业咨询服务公司韬睿惠悦发布的 2011 年中国员工敬业度调研结果显示，相比美国市场的员工敬业度及全球高绩效企业的员工敬业度，中国员工整体的敬业度仍偏低。从调研结果来看，中国员工对薪酬福利的满意程度一直不高，更重要的是，他们常感觉被工作压力困扰，很少感受到工作所带来的成就感，并且他们觉得工作所需要的信息很难获得，而公司往往也不肯花力气去了解他们的想法和意见。

2013 年 11 月，美国著名调查咨询公司盖洛普发布了全球员工敬业度调查报告，结果显示：全世界仅有 13%的员工的工作状态称得上敬业，而 87%的员工在工作上并不怎么投入。中国员工的敬业度与2009年的调查相比有所提升，2009年的调查结果显示中国仅有2%的员工工作敬业，到2012年这一数字上升为6%，但仍然处于世界最差水平。调查还显示，无论工作者的教育背景或从业领域如何，中国各行各业的员工敬业程度都没有太大差别，都属于全世界最不敬业的员工，并且办公室的上班族中的敬业者比例的最小。

可见，在中国，员工的敬业度普遍不高已是不争的事实。要如何才能提高员工的敬业度？对此，员工至少要做到以下三点：

（一）首先要热爱自己的职业

爱岗与敬业的精神是相通的，是相互联系在一起的。爱岗是敬业的基础，敬业是爱岗的具体表现；不爱岗就很难做到敬业，不敬业也很难说是真正的爱岗。每个人都应该学会热爱自己的职业，并凭借这种热爱去发掘内心蕴藏的活力、热情和巨大的创造力。事实上，一个人对自己的工作越热爱，工作效率就越高。被誉为“世界上最伟大的推销员”的乔·吉拉德被问及如何成为一名好的推销员时脱口而出：“要热爱自己的职业”“不要把工作看成是别人强加给你的负担，虽然是打工，但多数情况下，我们都是在为自己工作。只要是你自己喜欢，就算你是挖地沟的，这又关别人什么事呢？”

（二）要时刻以公司利益为重

敬业要求员工随时以公司利益为重，将公司利益与个人利益结合起来，为公司努力工作。有的人刚入职场时会有一种错觉，以为自己做事是为了老板、为他人挣钱。所以，他们就有了这种想法：反正是为别人打工，能混则混。于是他们不把工作当回事，心里总想着“差不多就行”“混口饭吃”，甚至有些人还扯老板的后腿，背地里做些损害公司利益的事，没有任何职业道德。这表明，如果员工仅仅考虑个人利益，就容易变成为金钱而工作，就难以做到敬业。如果员工能够对公司负责，能够以公司利益为重，克服消极的“打工”意识和心态，为顾客提供高质量的产品和服务，才能真正做到积极主动、尽心投入、认真负责的敬业要求。

（三）要不断努力提高职业技能

平凡的职业也能依靠敬业做出不平凡的成绩。哪怕是普通的修鞋工作，不管是一个补丁还是换一个鞋底，敬业的鞋匠也会一针一线地精心缝补。敬业就是要求人们精益求精，把本职工作做到极致，发自内心地去追求更高、更完美的目标。正如美国黑人人权领袖马丁·路德·金曾经说过的：“如果一个人是清洁工，那么他也应该像米开朗琪罗绘画、像贝多芬谱曲、像莎士比亚写诗那样，以同样的心情来清扫街道。他的工作如此出色，以至于天空和大地的居民都会对他注目赞美：瞧，这儿有一位伟大的清洁工，他的活干得真是无与伦比！”

第三节　诚信与责任

诚实是力量的一种象征，它显示着一个人的高度自重和内心的安全感与尊严感。

——艾琳·卡瑟

引导案例

大学生求职过程中的失信行为

2013 年被称为“史上最难求职季”，但大学毕业生面试爽约率再创新高、求职简历普遍存在“注水”现象却揭示了毕业生求职中存在的普遍失信行为。前程无忧网站发布了一份关于“应届毕业生面试爽约”情况的调查结果。数据显示，毕业生面试爽约率再创新高。在招聘时，四分之三的雇主遭遇超过 25%爽约率，近二成的雇主面临着超过 75%的面试爽约率。雇主们表示，从去年开始，公司被“放鸽子”的次数越来越多。

高爽约率的成因复杂多样。“职位申请太多，答应的面试太多，安排不过来了”是毕业生和雇主都认同的面试爽约理由。海投、海申这种广撒网的求职仍然是 90 后大学毕业生求职的主要方式，但是对互联网越来越依赖的大学生在现实生活中的人际交往能力却呈现“退化”态势。此外，有的毕业生属于“骑驴找马”，不断申请面试、参加招聘会，主要是怕错过了更好的机会。甚至还有的毕业生发现地方不熟或路程较远，就干脆放弃了。

求职简历是毕业生奔走于各类招聘会和用工单位之间必不可少的“敲门砖”。但据记者调查发现，如今的大学生的求职简历普遍存在着“注水”的现象。为了争取录取机会，毕业生往往会在描述自己的在校生活、奖项荣誉、实习经历等内容时，不同程度地进行“虚拟”。毕业生们则表示“贴金”无可厚非，“适度夸大一些应该没什么问题吧！因为现在就业竞争那么激烈，别人都这么干，你不夸大很吃亏的。”

简历“注水”就像传染病，在大部分求职者中“传染”开来，让毕业生的就业诚信大打折扣。面对严峻的就业形势，大学生们个个希望自己能突出重围，因此，简历造假已成为一个“公开的秘密”。不少大学生认为，应聘者如果不把自己“夸大些”，就不会被用人单位重视，好单位是不会看上一个普通学生的。他们还认为其实大家的实力都差不多，但往往少一个“优秀”就会被用人单位遗弃。

一、诚信的定义

“诚”是“真实不欺”，“信”也是“真实不欺”。诚实侧重于对客观事实的反映是真实的，对自己内心的思想、情感的表达是真实的。守信侧重于对自己应承担、履行的责任和义务的忠实，毫无保留地实践自己的诺言。诚实和守信两者意思是相通的，是互相联系在一起的。诚实是守信的基础，守信是诚实的具体表现，不诚实很难做到守信，不守信也很难说是真正的诚实。

（一）诚实守信是做人的准则

诚实守信是从业者步入职业殿堂的“通行证”，也体现着从业者的道德操守和人格力量，是从业者在具体行业立足的基础。一个人要想在社会立足、干出一番事业，就必须具有诚实守信的品德。在职业活动中，缺失了诚信就会失去人们的信任、失去社会的支持、失去成长和发展的机遇。那些弄虚作假、欺上瞒下、欺骗国家与人民的人，最终都会受到应有的惩罚。诚实守信是一种社会公德，是社会对人的起码要求。

（二）诚实守信是做事的基本准则

诚实守信不仅是做人的准则，也是做事的基本准则。诚实是我们对自身的一种约束和要求，讲信誉、守信用是他人对我们的一种希望和要求。诚信也能出效益，信誉和形象是企业的无形资产。如果一个从业人员不能诚实守信、说话不算数，那么他所代表的社会团体或是经济实体就得不到人们的信任，无法与社会进行经济交往，或是失去对社会的号召力。

（三）诚实守信是公民道德建设的重点

目前我国的社会主义市场经济体制还不完善，职业领域出现了一些不健康的现象。突出的表现之一，就是一些企业及其从业人员缺乏诚信，扰乱了市场秩序，给社会主义市场经济的顺利发展造成了阻碍。市场经济是信用经济，一旦违背了诚实守信的原则，不仅使正常的职业关系遭到破坏、利益遭受损失，而且还会破坏社会公正、损害个人或团体的形象，从而导致个人和社会的双输结局。

二、诚信的价值

诚信的价值就在于它是人的立身之本。

中国古人认为，人之为人的根本有二：一是孝悌，二是诚信。《论语》说：“君子务本，本立而道生。孝悌也者，其为仁之本与！”又说：“自古皆有死，民无信不立。”古人的思想世界中，君子的社会地位乃是高于一般的民众的，但他们都是生活在一个共同的现实世界中，同样地受到社会伦理关系的约束，必须遵守相关的伦理道德规范。相对于家国天下这一伦理维度而言，古代纲常伦理自然而然地强调家庭伦理，由家庭自然而然地而推广到国家天下。因此，古人说：“君子一定会踏踏实实地培养为人的根本，只有根本确立起来了，君子谋求的‘道’才会产生。所以说，孝敬父母、友爱兄弟，才是君子为仁谋道的根本！”这就为家庭生活确立了道德伦理的规范和道德自觉。而当人的伦理实践走出家庭进入社会时，社会伦理维度自然就取代家庭伦理了。这就是对于整个社会的“民”而言了，故说：自古人皆有一死，老百姓如果没有诚信，则他就无以立足于天地之间了。这也就为社会生活确立了普遍有效的行为规范和道德意识。所以孔子总括说：“弟子入则孝，出则悌，谨而信，泛爱众而亲仁，行有余力，则以学文。”在魏晋时期，有一位叫卓恕的人，为仁笃信，言不食诺。有一次，他从南京回上虞老家，临行前与太傅诸葛恪相约某日再来拜会。等到那天，诸葛恪设宴等待，众宾客都以为卓恕不会来了，因为从上虞到南京相距千里之遥。然而，当大家在行将开席之时，卓恕如期而至，满座惊叹！当然，魏晋时人皆以信守诺言为美德，崇尚个人道德情操是那个时代的信条。诚信当然更是维系社会生活有效秩序的道德规范。

维护社会有效秩序除了依靠法律之外，还要依靠伦理道德。家庭生活有家庭伦理道德、社会公共生活有社会公共道德，职场生活则有职业道德。特别是当今时代，在市场经济的推动下，全球化社会逐渐形成，社会伦理道德也逐渐趋同，形成一体化的伦理规范和道德意识。这一点在职业道德方面的表现较为突出。正是因为有道德和法律的存在并发生作用，社会生活才能有条不紊地进行，人与人之间的交往活动才可以正常开展。试想一下，如果人和人之间都不存在诚实的品德、相互之间的信任，那么，人际交往的确定性就无以确保，整个社会运作的成本也会大大增加。

小贴士

国际在线消息称，国家发改委财政金融司司长田锦尘 2014 年 8 月 22 日在北京透露，每年中国企业因不诚信导致的经济损失高达 6 000 亿元人民币。“当前商业欺诈、制假售假、偷逃骗税、虚报贸易、学术不端等现象依然屡禁不止，重特大生产安全事故、食品药品安全事件也是时有发生，对经济社会发展造成不良影响，人民群众也是反应比较强烈。据有关方面统计，因为诚信缺失，我国企业每年的损失在 6 000 亿以上，同时诚信缺失问题也有损我国的国际形象。”

2014 年 6 月份中国首部《社会信用体系建设规划纲要》出台，该规划明确规定了到 2020 年要进行的 34 项重要任务，其中一项就是建设信用信息的平台。根据规划的内容，到 2017 年，我国将建成集合金融、工商登记、税收缴纳、社保缴费、交通违章等信用信息的统一平台。所有的市场主体都能通过这个平台共享市场主体的信用信息，而对于自然人的信息，现在公安部建立了以身份证号码为基础的信息平台。未来，引发质量安全事故、市场违规、恶意拖欠工程款等行为都将被列入不良记录黑名单。而工程建设企业信用体系建设平台于 2014 年 8 月 22 日也正式投入运营，全国 7 000 多家总承包一级的企业被纳入此平台，此平台将以统一代码为基础，对企业进行实名制信息登记和共享。将来，诚信企业将受到科技创新等方面的扶持，而信用记录差的企业将遭到限制或惩戒。

在职场生活中，每一个职业人不再单纯地是消费者，更是责任者，是诚信行为的实践主体。因此，职业道德的责任要求相对更加严格、标准更高。这种诚信要求，不仅仅只是体现在市场运营过程中，更集中地体现在企业生产、岗位工作、公务交往的过程中。例如有些人，在与客户或者同事交往的过程中，非常善于吸引客户、上司、同事的注意力，这本是一项优势。但是如果他只是“巧言令色”，没有真正诚心诚意的服务意识、实打实的经营行为、踏踏实实的待人之道，那么要不了多久大家都会看穿他的“伎俩”，那时就真的“鲜矣仁”了。

三、诚信的践履

诚信的践履关键在于遵守诚信的四大原则。

（一）崇尚正义

有一个典故叫作“子路无宿诺”，说的是子路是一个重信用、守诺言的人，答应的事不拖过夜，因此孔子说“子路无宿诺”，是对子路的高度评价。这里有一个故事说，一天，一位郑国大夫向鲁国进献旬绎这块土地，想以此获得鲁国对自己的庇护。通常，这类人都会去找鲁国国君，让鲁国国君给予自己安全的保障。但是这位大夫却说：“只要孔子学生子路能给自己作担保，自己就有足够的安全感！”在当时，子路因为讲信用深得各国诸侯的尊重。也就是说，子路的一句话，胜过一个国家的承诺。然而，子路拒绝了这位郑国大夫的要求。原来，子路从来都不会滥用他的信用。他说：“我可以为鲁国去打仗，在保卫国家的战争中献出自己的性命，却无法答应一个背叛自己国家的人的要求。”这个故事告诉我们，守信首先要符合正义的原则，我们在坚守信用、兑现承诺时，不能违背社会正义。所以，我们不要滥用自己的信用，更不能对那些背信弃义的人做出任何承诺。

（二）信誉至上

《二十四信》故事里有一个“韩康卖药”的故事；汉朝时候有一个人，姓韩名康，字伯休。在长安的集市里卖药，三十几年从来都是“不二价”，就是不说两样的价钱，老叟无欺。但是，有一次，一个女子来向他来买药，而且讨价还价，韩康不肯让价。那个女子生气了，说道：难道你是韩伯休吗？为什么不二价？韩康听了，叹了一口气说道：“我本来是为了要避开名声，才做这卖药的营生，现在连女子也晓得我了，我还怎么卖药呢？”于是，他就跑到霸陵山里隐居下来。那时候，朝廷实行“征举制”征聘贤能的人去做官，朝廷屡次征召韩康，他都不肯去。汉桓帝用了礼物去聘请他，他却在半路上逃走了。“韩康卖药”的故事说明了韩康从卖药时童叟无欺的诚信中获得了信誉，为了真正地保守信誉，不沽名钓誉，所以避世隐居，更不会用名誉博取功名利禄！在中国古代社会重视道德修养与践履的浓厚氛围中，这样为保护自身信誉不与权贵合作、不向权贵低头的故事还有很多。

说低一点，是抵御了诱惑，说高一点，就是舍生取义、为了信誉宁愿舍弃生命。当然，古人早就为这样的行为做好了旌表，那就是：杀身成仁、舍生取义。

（三）信守诺言

前面讲的“卓恕辞恪”的典故，就是信守诺言的故事。但是，这里要说的是，信守诺言首先是不要随意许诺，因为随意许诺是不负责任、自毁人格的事情。中国人都熟悉“一诺千金”这个成语，其实这个成语的背后有一个故事。

司马迁《史记·季布栾布列传》记载说：“得黄金百，不如得季布诺。”唐代·李白《叙旧赠江阳宰陆调》中有一句诗：“一诺许他人，千金双错刀。”据说，秦末，在楚地有一个叫季布的人，是项羽的部下，性情耿直，为人侠义好助。只要是他答应过的事情，无论有多大困难，他都会设法办到，因而受到大家的赞扬。楚汉相争时，季布曾几次向项羽献策，使刘邦的军队吃了败仗。刘邦当了皇帝后，想起这事，就气恨不已，下令通缉季布。这时敬慕季布为人的人，都在暗中帮助他。不久，季布经过化装，到山东一家姓朱的人家当佣工。朱家明知他是季布，仍然收留了他。后来，朱家又到洛阳去找刘邦的老朋友汝阴侯夏侯婴说情。刘邦在夏侯婴的劝说下撤销了对季布的通缉令，还封季布做了郎中，不久又改封其做河东太守。季布的一个同乡曹邱生，专爱结交有权势的官员，借以炫耀和抬高自己，季布一向看不起他。听说季布做了大官，曹邱生就马上去见季布。季布听说曹邱生要来，就虎着脸，准备数落几句，让他下不了台。谁知曹邱生一进厅堂，不管季布的脸色多么阴沉、话语多么难听，立即对着季布又是打躬，又是作揖，要与季布拉家常叙旧，并吹捧说：“我听到楚地到处流传着‘得黄金千两，不如得季布一诺’这样的话，您怎么能够有这样的好名声传扬在梁、楚两地的呢？我们既是同乡，我又到处宣扬你的好名声，你为什么不愿见到我呢？”季布听了曹邱生的这番话，心里顿时高兴起来，留他住了几个月，将他看作贵客。临走时，季布还送给他一笔厚礼。后来，曹邱生又继续替季布到处宣扬好名声，季布的名声也就越来越大了。这就是“一诺千金”的由来，可见人们对信守诺言多么看重！

（四）遵守法制

“戴胄守法”典故，讲的是遵守法制、诚信为官的故事。初唐时，有一个做大理寺少卿官的人叫戴胄。那些候的官员多半是假冒着祖父辈的福荫而取得做官的资格，唐太宗李世民于是下了一道敕令，叫那些假冒的人先自己出来自首，倘若不自首而被查出后就会被处死。但是，没有几个人主动自首。后来有一个人假冒顶替的事情被发现了，唐太宗就要把那个人处死。这时戴胄正担任大理寺少卿，掌管司法，他就根据法律，要求把假冒的人处以流配的罪名。李世民就说，你要自己守法律，难道就叫我失信于民？戴胄答道，敕令是出于皇上一时的喜怒，法律可是国家昭信于天下的规则，所以还是遵从法律为是。唐太宗认为他说的非常在理，就答应了他的要求。后人评点说：戴胄为卿，守法诚悫，奏请改流，昭布大信。

当代社会生活更是无处不要求人们遵守法制。比如为官应当恪尽职守、为民服务，可是却偏偏有那么一些贪官污吏禁不住金钱、美色、权力的诱惑，轻则贪污腐败，重则出卖国家利权，更有甚者背叛民族和国家，坠入万劫不复的罪恶深渊，沦为被世人唾弃的阶下之囚。

（五）拒绝诱惑

文天祥在元朝高官厚禄的诱惑面前，不食周粟，引颈就义，谱就了传诵千古的“正气歌”，留下了“人生自古谁无死，留取丹心照汗青”的千古佳句。何等高贵的风骨！然而，历史上总不乏那些贪生怕死、贪求富贵利禄之辈，从根本上而言，莫不是禁不住威逼利诱，铸成千古罪过。但立足于职业道德讲诚信践履，要拒绝诱惑，根本上是要我们从自身的道德修养与法律意识上树立起自觉的是非、善恶的观念，尤其是是非观念。如果不能坚守这些观念，往往就会在不经意间丧失职业道德，甚至触犯法律。如某些企业、个人为了降低生产成本、获取更多的利益，竟然违背职业道德，甚至无视国家法律禁令，在食品、产品中添加违禁成分，直接、间接地危害消费者的生命健康，如石家庄三鹿三聚氰胺奶粉事件。这种行为的起因是禁不住高额的利益诱惑而丧失职业操守、违背国家法律，最终得到刑事处罚。

四、责任的自觉

从上述对诚信的定义、价值与践履的阐述中，我们可以发现，职业道德中的诚信取决于职业实践主体的内在自觉与外在遵守。但这种内在自觉与外在遵守，需要实践主体自我理性对道德规范和法律制度的认知与实行方面的责任意识，也就是对责任意识的自觉。

（一）责任与责任意识

所谓责任，一般理解为实践主体应该担当的行为后果，因此，责任意识也就是实践主体承担行为后果的自觉意识。进一步讲，所谓的责任意识，就是清楚明了地知道什么是责任，并自觉、认真地履行社会职责和参加社会活动过程中的责任，把责任转化到行动中去的心理特征。有责任意识，再危险的工作也能减少风险；没有责任意识，再安全的岗位也会出现险情。责任意识强，再大的困难也可以克服；责任意识差，很小的问题也可能酿成大祸。有责任意识的人，受人尊敬、招人喜爱、让人放心。所以在这里，责任的自觉指的就是责任意识的自觉。

责任意识的自觉必须建立在对责任的认知和对责任行为的后果的了解基础上。当我们去做一件事请、做一项决定时，对应不应该这样做、怎么做、为什么这样做等问题必须事先有考虑、有准备，这种准备和考虑就是为可能出现的后果做出的。如果出现了这样或那样的后果，怎么办？这就涉及责任担当的问题。能够自觉地承担行为后果是有责任的行为，不主动或逃避承担行为后果就是不负责任的行为。

例如，2014 年 8 月 2 日，昆山市中荣金属制品有限公司发生的铝粉尘爆炸重大事故，被认定为是一起生产安全责任事故。直接责任原因是：事故车间除尘系统较长时间未按规定清理导致，铝粉尘集聚；除尘系统风机开启后，打磨过程中产生的高温颗粒在集尘桶上方形成粉尘云；而且集尘桶锈蚀破损，桶内铝粉受潮，发生氧化放热反应，达到粉尘云的引燃温度，引发除尘系统及车间的系列爆炸；没有泄爆装置，爆炸产生的高温气体和燃烧物瞬间经除尘管道从各吸尘口喷出，导致全车间的所有工位操作人员直接受到爆炸冲击，造成群死群伤。管理责任原因是：中荣公司无视国家法律，违法违规组织项目建设和生产；苏州市、昆山市和昆山开发区对安全生产重视不够，安全监管责任未落实，对中荣公司违反国家安全生产法律法规、长期存在安全隐患等问题失察；负有安全生产监督管理责任的有关部门未认真履行职责，审批把关不严、监督检查不到位、专项治理工作不深入、不落实；江苏省淮安市建筑设计研究院、南京工业大学、江苏莱博环境检测技术有限公司和昆山菱正机电环保设备有限公司等单位，违法违规进行建筑设计、安全评价、粉尘检测、除尘系统改造。这些责任原因酿成了一场严重的安全生产责任事故。在事故中，生产、管理、设计、安监等相关方面分担事故后果的责任，依照有关法律法规，对事故责任人员及责任单位予以处理：将涉嫌犯罪的责任人移送司法机关，对其他责任人给予党纪、政纪处分。

（二）责任意识如何自觉？

一般认为，责任意识是理性精神和道德修养。对于需要人类共同面对的幸福和灾难，我们每一个人都要承担责任。2008 年“5·12”汶川大地震发生时，举国上下伸出援助之手，就是出于这样的责任意识的自觉。记得当时有一个插曲，某高校一位在校大学生因为与四川网友发生了不愉快，竟然诅咒四川遭受地震是活该。此举遭到整个社会的一致谴责，特别是某位知名主持人指出，天灾不知会降落在谁的头上，不是他们，就是你们或者我们，落在他们头上了，他们就是替我们大家在遭受苦难，所以不要幸灾乐祸，而应该要有同情心和怜悯心，要有责任意识，去尽自己所能去帮助他们。

因此，责任意识是一种自觉意识，也是一种传统美德。我国自古以来就重视责任意识的培养，如顾炎武“天下兴亡，匹夫有责”的主张，强调的是热爱祖国的责任；孟母“择邻而居”，历尽艰辛、承担起教育子女的责任；晋代王祥“卧冰求鱼”，恪尽孝道、为人子的责任意识……一个人，只有尽到对父母的责任，才能是好子女；只有尽到对国家的责任，才能是好公民；只有尽到对下属的责任，才能是好领导；只有尽到对企业的责任，才能是好员工。只有每个人都认真地承担起自己应该承担的责任，社会才能和谐运转、持续发展。因此，只有能够承担责任、善于承担责任、勇于承担责任的人才是可以信赖的。

可见，决定一个人成功的重要因素不是智商、领导力、沟通技巧等，而是责任——一种努力行动，使事情的结果变得更积极的意识。近年来，大学生就业调查揭示出：企业、社会对大学生的责任意识要求越来越高。在这也从另一个侧面反映出责任意识在大学生培养工作中的重要地位。

人类文明发展要求人要具有沿袭文明、发展文明的责任意识；关心国家政治生活的责任意识；承担生活角色的责任意识。我们都很重视这种责任意识，却忽略这种责任意识的形成。一种良好意识的形成不是一朝一夕的事，故而有人主张责任意识的培养必须从孩子抓起，在孩子还不能领会成年人的意旨时，就通过代价意识培养孩子的责任意识，通过这种培养让孩子形成责任意识的条件反射，从而形成责任意识的思维定式，其实质就是形成一种关于责任意识的直觉思维，就如孟子所讲的“恻隐之心怦然而动”。

实践环节设计

责任心测试

活动步骤：

（1）4个人一组，两人相向站着，另外两人相向蹲着，站着和蹲着的人在一排；

（2）站着的两个人进行猜拳，胜者一方蹲着的人去刮对面蹲着人的鼻子；

（3）输者一方轮换位置，即站着的人蹲下，蹲着的人站起来；

（4）继续开始下一局。

游戏点评：

（1）如何看待责任？

（2）当别人失败的时候，有没有抱怨？

（3）两个人有没有同心协力对付外界的压力？

本章小结

职场生活是社会生活的一部分，人们生活在其中，自然就要受到来自职场伦理规范的约束，尤其是来自特殊的工作岗位的特殊的职业伦理要求，因此，就会面临具体的职业道德的要求。这些要求不仅有某一特殊岗位的道德规范，也有工作单位的纪律规章、具体岗位的具体的行为规范。这些要求在职业道德层面呈现为爱岗敬业、办事公道、服务群众、诚实守信等道德规范。

问题与思考

1. 请简述职业道德的内容？
2. 结合个人理解，谈谈对敬业与忠诚、诚信与责任的认识。
3. 为什么说诚信乃立身之本？

第四章

职场礼仪

美德是精神上的一种宝藏，但是使他们生出光彩的则是良好的礼仪。

——英国约翰·洛克

引　言

懂得职场礼仪是每个人立足社会的基本前提之一。然而当前有些大学生的礼仪修养存在着严重缺失，具体表现在追求奇装异服，举止怪异；追求绝对“自我”，缺乏与他人融洽相处与合作的能力；在人际交往中莽撞、冷漠、自私，不尊敬师长，缺乏基本的交往礼仪；不会问候，不懂谦让；强烈要求别人尊重自己，却不知尊重别人……

礼仪是一个人修身养性、持家立业的基础，而职场礼仪从某种意义上讲，比智慧和学识都重要。

一个人在职业场合的言谈举止、衣着服饰已经不再是纯粹的个人行为，而是与所在工作单位的利益发生着直接和密切的联系。在职场中，我们不仅需要职业技能，更需要懂得职场礼仪。

职场礼仪体现一个人的职业素养，影响其职场事业的发展。大学生应及早学习并掌握职场礼仪，为自己未来事业及生活成功奠定基础。

第一节　仪容礼仪

人的一切都应该是美的，面貌、衣裳、心灵、思想。

——契科夫

引导案例

有位心理学家曾经做过这样的实验：一位是身穿笔挺军服的军官，一位是戴金丝边眼镜的学者，一位是装扮优雅的女郎，一位是神态疲惫的中年妇女，一位是留着怪异长发、穿着邋遢的男子，这些人分别到路边拦车。结果，美女、军官、学者的搭车成功率最高，中年妇女次之，而那位邋遢的男子搭车的成功率最低，司机见到他不仅不停，车还猛踩油门……

问题：这个实验说明了什么？如果你不想失去任何的成功机会，首先要注意什么？

形象是职场事业成功的一个助推器，对于那些追求职场晋升和成功的职场新人来说，为自己建立一个值得上司、同事、客户信任与依赖的职场形象是首要的事，至少，要让自己看上去像个成功者。

一、仪容要求

在人际交往中，每个人的仪容都会引起对方的特别关注，影响到对方对自己的整体评价。仪容修饰的基本要点就是干净、整洁、端庄、大方。

（一）干净、整洁

干净、整洁是对职业人士最基本的要求。职场人员在生活里应勤刷牙、勤洗头、勤洗脸、勤洗澡、勤剪指甲、勤换内外衣；同时在职场工作中注意保持服饰的整洁，保证袜子无破损、鞋面无污迹、鞋跟完好，皮带和皮包外观无磨损；保持面部干净，剃净胡须，鼻毛，特别注意眼角、嘴角、耳朵内部是否有残留物，后肩周围是否有头皮屑，身体各部位是否有异味，如口腔异味、腋下异味、体肤异味。

（二）端庄、大方

职场人员注意体现职场人士端庄、大方的气质。男士忌梳夸张的发型，不留长发、大鬓角，不涂抹过多的定型产品；女士应前发不遮眼、后发不过肩，忌穿“透、露、薄”的服装，忌染颜色夸张的发色；女士的发卡应朴实无华，发箍应以黑色与藏青色为主，忌浓妆艳抹，淡妆更为妥当，不要在公共场合化妆，不喷浓烈，刺鼻的香水。

二、举止礼仪

在日常交往中，人们不仅“听其言”，也“观其行”。一个人的“站、坐、蹲、走”等肢体语言无声地体现出一个人受教养的程度，是一个人素质修养的外在表现。因此，与人交往中，你的举止尤为重要，可以说学礼仪从学习如何“站”开始。

（一）站姿

站姿是我们在日常生活中最常见、最普通的姿势，也是在正式和非正式场合第一个引人注意的姿势。人们常说“立如松”，意思是说人的站立姿势要像青松一样端正挺拔。

1. 标准的站姿

（1）昂头挺胸，头要正，颈要挺直，双肩展开向下沉。

（2）收复，立腰，提臀。

（3）两腿向中间并拢，膝盖放直，重心靠近前脚掌。

（4）站立时要保持微笑。

（5）男士可以适当把两脚分开一些，两脚之间的距离尽量和肩膀的宽度一致，如图4-1所示。

（6）女士要把四根手指并拢，呈虎口式张开，右手搭在左手上，拇指互相交叉，脚跟互靠，脚尖分开，呈V字形结构站立。

（7）女性站立时脚也可以呈丁字状，下颌微收，双手交叉着放在肚脐附近，如图4-2所示。

图4-1　男士的站姿

图4-2　女士的站姿

2. 不合适的站姿

（1）正式场合站立时，不可双手插在裤袋里，这样显得过于随意。

（2）不可双手交叉抱在胸前，这种姿势容易给人留下傲慢的印象。

（3）不可歪倚、斜靠，这样会给人，十分慵懒的感觉。

（4）男性不可双腿大叉，两腿之间的距离以与本人的肩宽一致为宜。

（5）女性不可双膝分开。

（二）坐姿

坐姿是静态的，但也有美与丑、优雅与粗俗之分。良好的坐姿可以给人以庄重、优雅的印象。坐姿的基本要求是“坐如钟”，指人的坐姿像座钟般端直，这里的端直指上身的端直。优美的坐姿让人觉得安详、舒适、端正、大方。

1. 标准的坐姿（图 4-3）

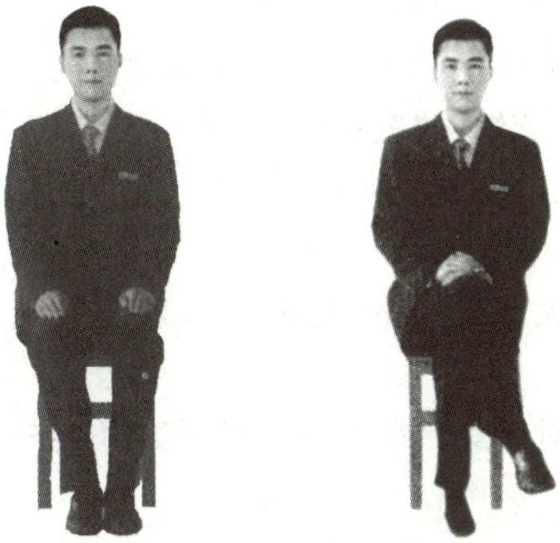

男士的坐姿

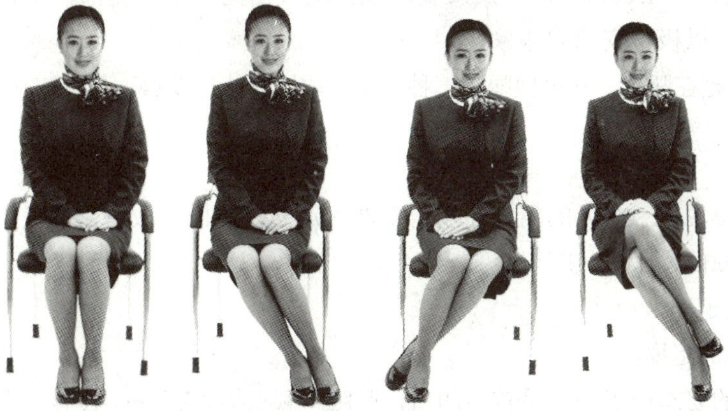

女士的坐姿

图 4-3　正确的坐姿

（1）入座时要轻、稳、缓。走到座位前，转身后轻稳地坐下。女子入座时，若是裙装，应用手将裙子稍稍拢一下，不要坐下后再拉拽衣裙，以显得端庄、文雅。在正式场合，一般从椅子的左边入座，离座时也要从椅子左边离开。女士入座时要娴雅、文静、柔美。如果椅子位置不合适，需要挪动椅子时，应当先把椅子移至欲就座处，然后入座，不要坐在椅子上移动位置。

（2）神态从容自如（嘴唇微闭，下颌微收，面容平和自然）。

（3）双肩平正放松，两臂自然弯曲放在腿上，亦可放在椅子或是沙发的扶手上，以自然得体为宜，掌心向下。

（4）坐在椅子上时，要立腰、挺胸、上体自然挺直。

（5）坐在椅子口时，双膝自然并拢，双腿正放或侧放，双脚并拢或交叠呈小“V”字形。男士的两膝之间可分开一拳左右的距离，脚态可取小八字步或脚稍分开以显自然洒脱之美，但不可尽情打开腿脚，那样会显得粗俗和傲慢。

（6）坐在椅子上时，应至少坐满椅子的2/3、宽座沙发的1/2。落座后在10分钟左右的时间内不要靠椅背。时间久了，可轻靠椅背。

（7）谈话时应根据交谈者的方位，将上体双膝侧转向交谈者，上身仍保持挺直，不要出现自卑、恭维、讨好的姿态。讲究礼仪要尊重别人但不能失去自尊。

（8）离座时要自然稳当，右脚先向后收半步，然后站起。

2. 不合适的坐姿

（1）男士双腿叉开过大。双腿如果叉开过大，不论大腿叉开还是小腿叉开，都非常不雅。

（2）女士双膝分开。对于女士来讲，任何坐姿都不能分开双膝。特别是身穿裙装的女士更不能忽略这一点。

（3）双腿直伸出去。这样既不雅，也给人一种满不在乎的感觉。

（4）抖腿。坐在别人面前，反反复复地抖动或摇晃自己的腿部，不仅会让人心烦意乱，而且也给人以极不安稳的印象。

（5）双手抱在腿上。双手抱腿是一种惬意、放松的休息姿势，但在工作中不可以这样。

（三）走姿

走姿可以体现出一个人的精神面貌，女性的走姿以轻松、敏捷、健美为好，男性的走姿要求协调、稳健、庄重、刚毅。

1. 正确的走姿

（1）男性的走姿

男性走路的姿态应当是：昂首，闭口，两眼平视前方，挺胸，收腹，上身不动，两肩不摇，两臂在身体两侧自然摆动，两腿有节奏地交替向前迈进，步态稳健有力，显示出男性刚强、雄健、英武、豪迈的阳刚之美。

（2）女性的走姿

女性走路的姿势应当是：头部端正，不宜抬得过高，两眼直视前方，上身自然挺直收腹，两手前后小幅度摆动，两腿并拢，碎步前行，走成直线，步态要自如、匀称、轻盈，显示出女性庄重、文雅的阴柔之美。

2．不适合的走姿

（1）身体乱摇乱摆，晃肩、扭臀；方向不定，到处张望。

（2）“外八字”或“内八字”迈步。

（3）步子太快或太慢；重心向后，脚步拖拉。

（4）多人行走时，勾肩搭背，大呼小叫。

（5）行走时弓腰驼背。

（6）行走时只摆小臂。

（7）脚蹭地皮行走。

（四）蹲姿

蹲姿是人在捡拾物品、集体拍照、帮助他人、提供服务等情况下所呈现的腿部弯曲、身体高度下降的一种姿态。正确、恰当的蹲姿能够体现一个人良好的修养和风度，不恰当的蹲姿则会有损个人形象。

1．正确的蹲姿

（1）直腰下蹲：上身端正，一只脚后撤半步，身体重心落在位于后侧的腿上，平缓屈腿，臀部下移，双膝一高一低，如图 4-4 所示。

（2）直腰起立：下蹲取物或工作完毕后，挺直腰部，平稳起立、收步。

图 4-4　正确的蹲姿

2．蹲姿的注意事项

- 下蹲时，应与他人保持一定距离，且不可过快、过猛。
- 下蹲时，应尽量侧身相向，切勿正面面对他人或背对他人。
- 下蹲时，一定要避免“走光”，特别是女士。
- 下蹲的姿势应当优雅，切忌弯腰撅臀，或者两脚平行、两腿分开、弯腰半蹲（即“蹲厕式蹲姿”），否则极其不雅。
- 不可蹲在椅子上，也不可在公共场合蹲着休息。

三、职场服饰、形象礼仪

服饰显示着一个人的个性、身份、角色、涵养、阅历及其心理状态等。在人际交往中，着装直接影响到别人对你的第一印象，关系到别人对你个人形象的评价，同时也关系到你所代表的企业的形象。越是成功的人，越注意自己的社会形象。李嘉诚之子李泽楷的公司里有四个副总裁专门负责公司形象和他的个人形象。什么场合穿什么服装，表现什么样的风格，都有专门的人员为其策划。大多数人忽视了的最基本的职业素养——职业化形象。一个成功的职业化形象，展示出的是自信、尊严、能力，这不但能使个人得到同事和领导的尊重，也能成功地向公众传达了公司的价值，是保证公司成功的关键之一。

（一）男士正式场合的着装原则

1. 三色原则

三色原则是在国外经典商务礼仪规范中被强调的着装原则，国内著名的礼仪专家也多次强调过这一原则。简单说来，就是男士身上的色系不应超过 3 种，很接近的色彩视为同一种。

2. 有领原则

有领原则说的是，正装必须是有领的，无领的服装，如 T 恤、运动衫等不能成为正装。男士正装中的有领服装通常是有领衬衫。

3. 纽扣原则

绝大部分情况下，正装应当是纽扣式的服装，拉链服装通常不能视为正装，某些比较庄重的夹克事实上也不能视为正装。

4. 皮带原则

男士的长裤必须是系皮带的，有弹性松紧的运动裤不能视为正装，牛仔裤自然也不是。即便是西裤，如果不系腰带就能很合身，那也说明这条西裤腰围不适合你。

5. 皮鞋原则

正装离不开皮鞋，运动鞋、布鞋、拖鞋是不能作为正装的。最为经典的正装皮鞋是系带式的。

（二）男士西服礼仪规范

交际场合最常见、最受欢迎的西装是一种国际性服饰。在商务交往中，即使是西装的穿着、搭配方法上出现了小小的错误，也很有可能为此而造成商务活动的失败。

1. 男士西服的穿着规范

（1）西服颜色应以灰、深蓝、黑色为主，以毛纺面料为宜。

（2）西装要合体，上衣应长过臀部，袖子刚过腕部，西裤应刚盖过脚面，达到皮鞋后跟部，如图 4-5 所示。

图 4-5　合体的西装

（3）西装要配好衬衫。每套西装一般需有两三件衬衫搭配。衬衫的领子不可过紧或过松，袖口应该长出西装 1～2 cm。系领带时穿的衬衫要贴身，不系领带时穿的衬衫可宽松一点。和西装一起穿的衬衫，应当是长袖的、以纯棉、纯毛制品为主的正装衬衫。也可以酌情选择以棉、毛为主要成分的混纺衬衫；正装衬衫必须色彩单一，白色衬衫是最好的选择。另外，也可以考虑蓝色、灰色、棕色、黑色等颜色的衬衫；正装衬衫最好没有任何图案。在普通商务活动中也可以穿着较细的竖条纹衬衫但不要将其和竖条纹的西装搭配。印花衬衫，格子衬衫，以及带有人物、动物、植物、文字、建筑物等图案的衬衫，都不是正装衬衫。

（4）西装款式不同，相应的穿着方法也不同。对于双排扣西装，要将扣子全扣上；对于单排两粒扣西装，只扣上边一粒或都不扣；对于单排三粒扣西装，只扣中间一粒或都不扣；对于单排一粒扣西装，扣不扣均可。

（5）为保证西装不变形，上衣口袋只作为装饰、上衣胸前口袋可饰以西装手帕；裤兜也不能装物，以保持裤型美观。

（6）穿西装一定要穿皮鞋，且要将皮鞋上油擦亮，不可穿布鞋、旅游鞋。

（7）穿西装要系领带。领带颜色要与衬衫相协调，通常选用以红、蓝、黄为主的花色领带。领带稍长于腰带为宜。领带夹毅是西装的重要饰品，现在国外已很少使用，如要固定领带，可将其第二层放入领带后面的标牌内。若西装内穿毛背心，要将领带放在背心里面。在非正式场合，穿西装也可不系领带，但一定要解开衬衫的第一粒扣子。

2．男士穿西装常犯的错误（图 4-6）

（1）一件西服的外袋通常是合了缝的（即暗袋），千万不要随意将其拆开，它可保持西装的形状，使之不易变形。

（2）衬衫一定要干净、挺括，不能出现脏领口、脏袖口。

（3）系好领带后，领带尖不能触到皮带上，否则会给人一种不精神的感觉。

（4）如果系了领带，绝不可以穿平底便鞋。

（5）一定要剪掉西服袖口的商标。

（6）腰部不能装手机、打火机、钥匙等。

（7）穿西装尤其是深色西装时不要穿白色袜子。

（8）衬衫领开口、皮带袢和裤子前开口的外侧线不能歪斜，应在一条线上。

图 4-6　西装的错误穿法

（三）女士职业着装礼仪

女性的职业装既要端庄，又不能过于古板；既要生动，又不能过于另类；既要成熟，又不能过于性感。

1．套裙

现代职业女性流行穿套裙，主要包括一件女式西装上衣、一条半截式的裙子。在正式场合，女士须穿着套裙制服，这样会显得精明、干练、成熟。套裙应该由高档面料缝制，上衣和裙子采用同一质地、同一色彩的素色面料。上衣要平整、贴身，最短可以齐腰，袖长要盖住手腕。裙子要以窄裙为主，并且裙长要到膝盖或者过膝，最长则不要超过小腿的中部。具体细节如图 4-7 所示。

2．色彩

女性职业装的色彩应当以冷色调为主，以体现着装者的典雅、端庄。女性职业装的色彩搭配原则如下：

（1）基础色彩是黑白两色，搭配一些含灰量较多的色彩，另外点缀一些小面积的艳丽色彩。

（2）作为内装的搭配，在配色方面建议以搭配素雅色彩为主。中灰色是最好配色的基础色，不过要注意搭配的色彩不能有“怯”的感觉。

（3）白衬衫可以说是职业装的最佳搭档，以高雅、清晰的风格成为白领丽人的必备单品。它的魅力在于以不变应万变的百搭风格。利用不同色系的腰带或丝巾，可以使平淡的着装平添一种青春亮丽的亲和感。

3．饰品

在女士着装方面，饰品搭配的好，可以起到画龙点睛的作用。而饰品的佩戴首先应符合以下几个原则：

（1）数量原则：全身上下的饰品数量不能超过 3 件，否则会显得过于凌乱；

（2）色彩原则：饰品的佩戴要讲究风格的统一，各种饰品要尽可能做到同质同色，这样才能给人端庄大方的感觉。如果色彩过于丰富，则会让人眼花缭乱；

（3）身份原则：职场人士所佩戴的首饰要符合自己的职业身份。过于昂贵、过于耀眼的首饰是不适合出现在商务场合的，因为职场并不是我们炫富的地方。

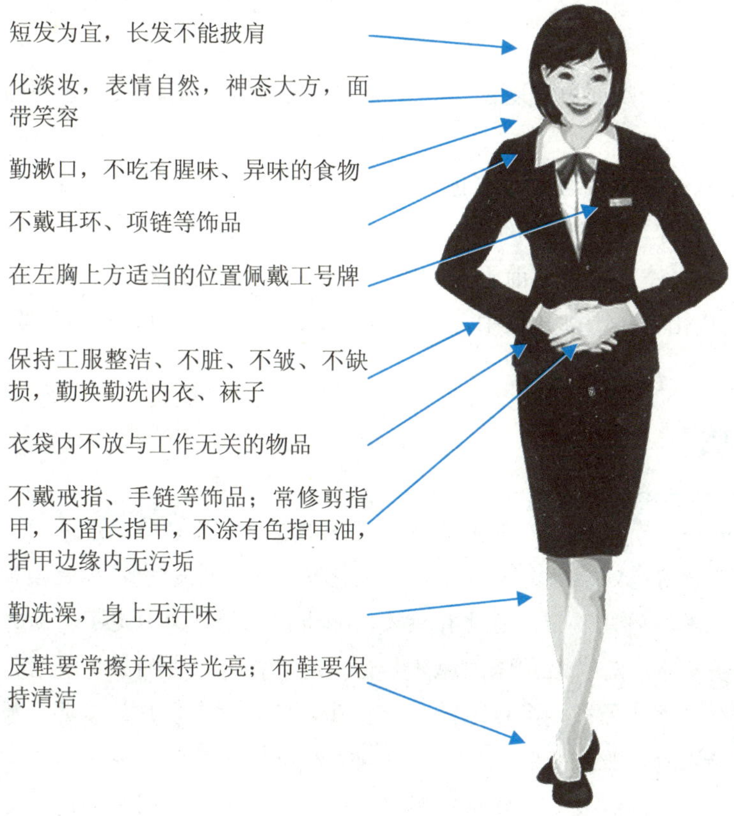
短发为宜，长发不能披肩
化淡妆，表情自然，神态大方，面带笑容
勤漱口，不吃有腥味、异味的食物
不戴耳环、项链等饰品
在左胸上方适当的位置佩戴工号牌
保持工服整洁、不脏、不皱、不缺损，勤换勤洗内衣、袜子
衣袋内不放与工作无关的物品
不戴戒指、手链等饰品；常修剪指甲，不留长指甲，不涂有色指甲油，指甲边缘内无污垢
勤洗澡，身上无汗味
皮鞋要常擦并保持光亮；布鞋要保持清洁

图 4-7　女士职业着装礼仪

4．鞋袜

与套裙配套的鞋子，宜为皮鞋，且以黑色为主，袜子的颜色以肉色、黑色、浅灰、浅棕为最佳，最好是单色。女士穿着鞋袜，要注意以下几点：

（1）鞋、袜、裙之间的颜色要协调。鞋、裙的色彩必须深于或略同于袜子的色彩，并且鞋、袜的图案与装饰均不宜过多。

（2）要讲究鞋、袜的款式。鞋子宜为高跟、半高跟的船式皮鞋或盖式皮鞋，袜子应为长筒袜和连筒袜。

（3）不可当众脱下鞋袜，也不可以让鞋袜处于半脱状态，不可让袜口暴露在外，或不穿袜子，这些都是公认的既缺乏服饰品味又没有礼貌的表现。

5. 不合适的着装

（1）暴露。在职场，不适合穿暴露的衣服，吊带、短裙、露背、露脐、深开领等服装都不适合穿到办公室。在办公室，要保证上不露肩膀锁骨、中不露肚脐腰身、下不露大腿。

（2）时髦。现代女性喜欢彰显个性、追求时尚。但在办公室，切忌过分时髦，浓妆艳抹、彩色头发、各色指甲、大片的配饰（包括夸张的耳环、戒指、项链等）等都不适合出现在职场。

（3）随意。时髦的反面就是随意了，家居服、运动服、牛仔服、休闲服等都不适合出现在职场。

（4）不穿丝袜或穿半截丝袜。在正式场合不穿丝袜会给人轻浮之感。应该根据衣服选择肉色或是黑色丝袜，忌穿半截丝袜、彩色丝袜和带花边的丝袜。

（5）露趾。办公室穿鞋讲究前不露脚趾、后不露脚跟，穿露趾鞋是职场大忌。

（6）穿黑色皮裙。在国际礼仪中，穿着黑色皮裙意味着从事“特殊”职业。

【案例】

一个外商考察团来某企业考察投资事宜，企业领导高度重视，亲自挑选了庆典公司的几位穿着紧身上衣、黑色皮裙的漂亮女模特来做接待工作。但上午和考察团见了面，还没有座谈，外商就找借口匆匆走了，工作人员被搞得一头雾水。后来经翻译沟通才知道，通过接待人员的服饰着装，他们认为这是个工作及管理制度极不严谨的企业，完全没有合作的必要。原来，该企业接待人员在服饰着装上，犯了大忌。根据服饰礼仪的要求，工作场合女性穿着紧、薄的服装是工作极度不严谨的表现；另外，国际公认的是，只有从事“特殊”职业的人才穿黑色的皮裙……

实践环节设计

1. 站姿训练

将十位学生分成五组，两人一组，背靠背站立。将两人的后脑、双肩、臀部、小腿肚、脚后跟紧靠在一起，并且在两人的肩部、小腿部相靠的地方，各夹放一张名片。要确保名片不能滑落，可以配上优美的音乐，以减轻疲劳。哪组保持的最久，哪组就被评为最优雅规范站姿组合。

2. 坐姿训练

请五位同学入座，在每人头顶上放一本书。要求他们上身正直，颈部挺直，双目平视前方，面带微笑，并且要保证书本不会滑落。训练时间为 10～20 分钟，可配上轻缓的音乐在五位学生中，评出一位坐姿最规范者。

3. 请全班学生课后根据自身特点设计自己的职场发型、职场正装服饰，然后在音乐声中举行一次“我的职场形象”全班模特大走秀，评选出“最佳职场形象”奖项。

第二节　办公礼仪

人无礼则不生，事无礼则不成，国无礼则不守。

——孔子

引导案例

【案例 1】小张大学毕业后，成了某贸易公司的职员，工作时间是朝九晚五。公司位于市中心的繁华地段，那里的交通一直比较拥堵。周一上午，时间已过 9:15，小张身穿牛仔裤、脚蹬运动鞋、顶着一头乱发气喘吁吁地跑进办公室，刚一落座就从包里掏出面包、牛奶、茶叶蛋等吃起来。为了尽快开始工作，小张边吃边打开电脑。正在这时，部门主管过来询问上周安排的项目的工作进度，小张赶紧将食品包装推到桌子一角，手忙脚乱地翻找着文件。主管见状不禁摇头，随即委婉地对小张提出了批评。

【案例 2】小李是 A 公司新录用的一位员工，她入职后很快就成为同事们“敬而远之”的对象。她只要对哪位上司有意见，马上就会有不少这位上司的小道消息、绯闻和大家“分享”；她看不惯哪个同事，又会跟其他同事逐个“我只告诉你，他……”。而她一旦这个月取得不错的业绩，就会对业绩差的同事逐一表达“关心”，指出他人的不足……很快她就变成了“人见人烦、花见花谢”的人。

问题：为什么小张会受到批评？为什么小李让人“敬而远之”？

一、办公基本礼仪

职场人士的工作环境都比较固定，无论是在自己的工作岗位上还是在公共办公区域抑或是在公共设备的使用上，我们都要遵守一定的礼仪规范，这既能反映出个人的礼仪修养，也能折射出企业文化和管理水平。

（一）办公室礼仪

许多上班族的工作地点主要是在单位的办公室，办公室既是办公场所也是公共场所。在办公室开展各项活动时遵循礼仪规范不仅可以构建单位良好的软环境，将工作变成享受，也可以最好地展示个人形象、企业形象。办公室礼仪包括办公环境设施礼仪和办公室言行举止礼仪。

1. 办公室环境礼仪

办公室内桌椅、文件柜、茶具的摆放应以方便、安全、高效为原则，要经常开窗换气以保持办公场所空气清新。保持地面清洁，经常清理废弃物，不宜长期堆在室内放积压物品。

要保持办公桌及办公用品干净整洁，定期擦拭。需分类摆放办公用品，做到整齐有序，不能摆放太多物品，不要把与工作无关的私人物品摆放在办公桌上，一般只摆放目前正在用的、常用的工作资料和必备的办公用品。因进餐或去洗手间而暂时离开座位时，应将桌面文件覆盖、收好，设置电脑屏保，注意保密。如果条件许可，可以摆放盆栽以美化环境。下班时要整理办公桌，一律将文件或资料放在抽屉或文件柜中并做好文件分类归档工作。办公桌虽小，却是一面镜子，整洁的办公桌可以反映出你的干练个性和工作的高效率。

2. 办公室言行举止礼仪

（1）仪表仪态大方，符合办公场所要求

一旦进入办公场所，我们应时刻注意自身的仪表仪态，保持得体整洁的着装、规范严谨的举止和良好的工作姿态。在办公桌前就座时，动作要自然轻缓，坐姿要端正优美，绝不能趴在桌上或斜躺于座椅上，也不要当众打哈欠、伸懒腰、跷二郎腿。如果觉得精神不振，可以到室外或走廊里走一走，适当调节一下情绪。在办公区域走路时身体要挺直、步幅要适中，从而给人庄重、积极、自信的印象，切不可慌慌张张，给人不可信任的感觉。

（2）遵守劳动纪律，准时出勤

严格遵守单位的工作时间规定，准时上班，按时下班上班时，一般以提前 10 分钟进入办公室为宜，路遇同事时应主动微笑问候。进入办公室后应开窗透气，调整好室内的温度、亮度，准备好当日办公所需的资料、用品和茶水。如遇雨雪天气应先将泥污水渍清理干净再进入办公室。下班时，以到点完成工作为宜，切忌未到时间就坐等下班。离开时应整理好办公用品及资料，以便次日继续使用，关闭所有办公设备，确认无误后方可离开。下班时应向上司、同事致意，千万不要不打招呼就自行离开。如果有特殊情况可能导致缺勤或迟到，应提前跟主管联系以便主管安排工作。

（3）公私分明，言行规范

规范的职场言行要求我们在办公期间严格区分公事和私事，遵守工作规范，恪守职业操守。这要求我们不在办公时间阅读与工作无关的书籍或资料，不在办公时间上网聊天、玩游戏、看影视剧、听音乐、炒股、网购，不用办公室电话拨打私人电话，尽量少接听私人电话，不在办公时间约朋友到办公室拜访，不用办公设备处理个人事宜。

在职场，我们与人交流时要时刻注重文明礼貌。与人交谈要音量适中、称呼文雅，多使用谦语、敬语，讲普通话；在办公区域不宜吸烟、大声喧哗、打扮化妆、吃零食、打瞌睡，出入时要轻手轻脚，与同事交流问题应起身走近同事不要影响他人，要注意保持办公环境的安静；没事不要在办公室来回走动，以免影响他人工作；需出入他人办公室时，切记进入前要轻叩房门，未经允许绝不要贸然进入；如借用公用或他人物品，使用后应及时放还原处或送还；未经许可，不得翻阅不属于自己负责的文件；如需在办公时间离开办公室一段时间，应向主管告知去向、原因、用时、联系方式，若主管不在应向同事交代清楚，离开之前，还须将离开时间内可能要发生的事情（如某一约定的客人来访）向他人交代清楚，必要时可委托同事代为处理。

（二）办公场所公共区域礼仪

1. 楼道电梯

在楼道或电梯遇到同事或他人应主动微笑、点头致意，可略做寒暄。上下班时电梯里人多拥挤，先进入者应主动往里走以便为后来者腾出空间；后进入者应视情况而行，不要强行挤入。当电梯显示超载时，最后进入的人应主动退出电梯，如果最后进入的是年长者，年轻人应主动让出。进入电梯后应主动为他人按电梯楼层键或开关键，如要请他人代为按键应使用礼貌用语。在电梯内不宜接打电话、大声喧哗，不宜谈论单位或部门的内部事务。

2. 茶水间、洗手间

在公用茶水间、洗手间应正确、节约使用设备，避免浪费，随时注意保持环境卫生。人多时应礼貌谦让，遇到同事时不要装作没看见或低头不理，应主动跟对方打招呼，稍做寒暄。不要在洗手间、茶水间长时间扎堆聊天，尤其不要在那里议论公事或同事、上司，不要议论他人隐私、成为是非的制造和传播者以免影响同事间的关系。

3. 会议室

会议室往往由多部门共用，为使工作能顺利进行，安排会议时应事先与管理人员进行预约，使用完后要带走有关资料，关闭设备，恢复会议室的整洁，按时交还钥匙。

（三）使用公共设备礼仪

在当今职场，打印机、复印机、传真机、电脑都是我们完成工作必备的现代化办公工具。但受条件所限，许多单位的这些办公设备都是公用的，从而产生了相应的职场礼仪规范。

第一，这些办公设备都是为了完成工作而配备的，不可用来打印、复印、传真私人材料。第二，使用中应遵循先后有序的原则。一般是先到者先用，并礼貌地请排在后面的同事等一会。但如果你手头的资料很多，而轮候在你后面的同事赶时间或只有一两页的资料要打印、复印或发送，应让他先处理，当然后者应该表示感谢。第三，要有公德心，如遇纸张用完，应及时添加；如遇机器故障，应处理好再离开。如不会处理，可请别人帮忙，千万不要一声不吭、一走了之，将问题留给下一位同事，造成他人使用不便。第四，注意保密，使用完后要将原件带走，以免丢失资料、泄密。

小贴士1

公司食堂用餐礼仪

如今许多大型公司都有专门的食堂为员工提供午餐，而公司食堂也被认为是最考验人的办公室外的职场场合之一。由于就餐时间集中，往往人多拥挤。员工在公司规定的时间段内可自行选择就餐时间，但不可过早或过迟。就餐时应自觉按先后次序排队购买饭菜，以吃饱为度，不要超量购买饭菜，以免吃不完造成浪费。取用餐具时要轻拿轻放，就餐后应及时将餐具、剩饭剩菜等分别放到指定位置，保持就餐地点的干净整洁。在就餐高峰时段，同事间要互相礼让关照，用餐结束后及时离座让位，不要在食堂长时间闲聊。

小贴士2

办公室用餐礼仪

有些公司没有统一的餐厅，员工往往会在办公室用午餐。但办公室毕竟不是餐馆，因此，有一些特别事项需要注意：首先，在办公室用餐时，要控制时间，尽快用餐。其次，不要将有强烈气味或吃起来声音很响的食品带到办公室，以免影响他人。再次，进餐完毕后要即时清理餐具、打扫卫生、开窗通风。

二、职场人际关系礼仪

良好的人际关系可以帮助我们顺利开展工作，有助于我们的事业发展。要想避免在职场人际关系方面出差错、闹笑话，对职场人际关系礼仪的了解、掌握是必不可少的。

人际关系礼仪是职场日常工作礼仪中的重要组成部分，主要体现在与上司、同事、下级相处的礼仪这三个方面。

（一）与上司相处的礼仪

很多职员尤其是新晋职员不知如何与上司相处，但在工作中又无法避免与上司相处，因此，掌握与上司相处的基本礼仪就显得尤为重要了。

1. 尊重上司，维护上司权威，不越级越位

职场是一个注重等级的场所，作为下属应该牢记等级差别，切不可忘乎所以、越过上下级界限。该由上司管的事，不要主动插手；在该上司说话的场合，不要抢着说。在工作上，该请示的请示，该汇报的汇报，不要越位。工作上与上司产生分歧时，不要当众与上

司争辩；上司对你的工作提出批评时，要专注地倾听、虚心地接受，不要表现得心不在焉。即使你觉得上司的批评有不当之处也不要当面顶撞上司，应该避免与上司正面冲突，事后可以言辞礼貌、委婉地向上司表明自己的看法，与上司沟通解决问题，切不可因此对上司满腹牢骚。

遇到上司出错时，如果只是不起眼的小错，不妨“装聋作哑”。如果是需要纠正的明显失当，可以用眼神、手势暗示或写小纸条、低声耳语的方式提醒，千万不可当众纠正上司的错误，过度表现自己，让上司没面子。

在职场，如果你越过自己的直属主管向高层或老板汇报工作，那无疑是在告诉大家你与上司之间存在问题，别人也会认为你不尊重上司，这是职场大忌。

2. 注重礼节，牢记下属身份，把握好与上司间的距离

见到上司时下属应面带微笑，热情大方地主动上前打招呼，如果距离远或者上司正与其他人谈话，则应微笑点头示意。下属对上司的称呼要分清场合，在正式场合需要使用正式称呼，不要使用简称。与上司握手时一定要等上司先伸手再热情回应，握手的时间和力度都应由上司掌握。当上司出现在你面前，而你正忙于其他工作时，应暂停工作并起立；如果正与客户商谈，那么也应对上司的出现做出反应，置之不理或让上司久等，都是不礼貌的表现。无论在公司内外，只要上司在场，下属离开时都应向上司致意。

与上司相处时要时刻牢记自己身为下属的身份，保持适当的距离。即使你比上司年长、资历老，抑或是上司原来曾是你的下属，上司也不会接受你倚老卖老地随意指点。同时，下属也不要期望在工作岗位上与上司成为知心朋友，即便你跟上司年龄相仿、私底下是同学，那也并不意味着你在职场可以对他毫不避讳地直呼其名、称兄道弟、随意开玩笑、不分场合的勾肩搭背。身为下属还应注意尊重上司的私人空间，不要牵扯到上司的私人生活中，以免带来不必要的麻烦。

3. 注意仪态，遵守汇报的礼仪

向上司汇报工作时，应该依约准时到达，过早或迟到都不礼貌。进入上司办公室前，应先轻轻敲门，非请勿入。进入后非请勿坐，应做到举止得体、文雅大方、彬彬有礼。汇报前一定要提前准备好汇报的内容和措辞，否则汇报时容易内容残缺不全、条理不清、词不达意，那是对上司的不尊重，非常失礼。汇报时应力求用词准确、语句简练，避免使用口头禅，还要注意语速适中、音量适度。汇报时间不宜过长，一般应控制在半小时以内。如果汇报过程中下属的手机响起，应该按掉，不要接听。如果对方再次来电，可以侧转身体后小声接听，向对方致歉并告知对方此时自己不方便接听电话，稍后会回电。如果汇报过程中，上司接到重要来电，下属应用眼神向上司示意然后回避。汇报结束后应注意礼貌离场。

（二）与同事相处的礼仪

在同一职场工作的同事，彼此相处得如何，直接关系到大家的工作、事业的进步与发展。如果同事之间彼此尊重、以礼相待、关系融洽，就能共同营造和谐的工作氛围，有益

于大家的共同成长。处理好同事关系，在礼仪方面应注意以下几点：

1. 平等相待，互相尊重

相互尊重是处理任何一种人际关系的基础，同事关系也不例外。同事关系是以工作为纽带的，一旦失礼，隔阂难以愈合。所以处理同事间的关系，最重要的是尊重对方。

（1）尊重同事的人格

每个人都有自己独特的生活方式和性格，在公司里我们会遇到不同的同事，虽然大家的出身、经历有所不同，工作风格也多有不同，但在人格上是平等的。我们不能用同一把尺子衡量每一个人，苛求别人。给同事乱起绰号，拿别人的事情当笑料，讽刺挖苦别人的长相、口音、衣着、习惯、爱好、背景，或将自己的观念、想法强加于人都是极不礼貌的行为。

（2）尊重同事的工作成果

当同事展示自己的工作成果时，要意识到这是他人付出时间、心血、智慧的劳动成果，要懂得欣赏其中的闪光点。如果轻易出言否定会伤害对方的自尊心，会很不礼貌。即使你觉得不够好，也不应直接说出来，你应该委婉地表达，先肯定其优点再指出其不足，这样更容易让人接受。

（3）尊重同事间的距离感

对正在办公的同事，无论他在看什么写什么，只要他不主动跟你聊，最好不要刻意追问，刨根问底。

对于同事的东西，如果同事不在或未经允许不能擅自动用。如果必须要用，最好有第三者在场或留下便条致歉。向同事借用任何东西都应该尽快归还，要保持东西完好，将其摆放在原来的位置，同时不忘以口头或文字的方式表达谢意。

每个人都有不愿为人所知的隐私，对于同事的私事、秘密，不要窥探，更不要背后议论、传播同事的隐私。如有人找同事谈话，不要“旁听”“偷听”。不要留意同事的信件的发信人地址，不要去揣摩同事的电话，同事与异性的谈话时更不要去凑热闹。总之，即使是关系密切的同事也没有必要变得“亲密无间”，保持适当的礼仪距离有助于减少同事间的无礼之为。

2. 友好相处，礼貌相待

尽管同事之间每天都见面，但上班见面时仍应主动问候对方或点头微笑致意。办公期间中途离开办公室应主动告知其他同事，下班时也应向同事道别。

平时与同事交流时要使用“您”“请”“劳驾”“多谢”等文明用语，不要心不在焉、爱理不理的。尤其应尊重公司里的前辈、老员工，遇事多虚心请教，交谈时尽量使用敬语和礼貌用语。

开会或讨论问题时，应认真倾听同事的发言和意见，有分歧时就事论事，不盛气凌人，不随意打断他人讲话进行纠正、补充，不急于反驳，不质问对方，不在同事面前说狠话、过头话，不当众炫耀自己或故意贬低别人抬高自己。

休息闲谈时，同事之间可以开开玩笑，但要注意对象和场合，对长者、前辈和不太熟的同事都不适合开玩笑。闲谈时说话音调宜低不宜高，忌讲粗话、低俗的笑话。如果谈话中出现了不同意见，不必太当真，可以开个玩笑并转移话题，不要因为闲谈伤了同事之间的和气。闲谈还应把握尺度、适可而止，绝不能耽误了正常工作。

3．诚心帮助，真诚关心

当同事工作表现出色时，应予以肯定、祝贺；当同事工作不顺利时，应予以关心、帮助。但在协作过程中，不可越俎代庖，以免造成误会，令对方不快。

由于个人生活与专业工作常难以决然划分，同事偶尔会谈到家庭琐事，不妨也留神倾听或主动关心同事的近况，让他感觉到你是在关心，而非打探。如遇同事受伤、生病住院，可邀集其他人一起前去慰问以示关心，还可向对方介绍单位最近发生的事情，让他安心养病。如同事请求帮助时，应尽己所能、真诚相助。

4．把握与异性同事相处的分寸

对年长的异性同事应保持礼貌，男性青年与年长的女性同事交谈，要避开有关年龄、婚姻及个人隐私的话题。女性青年不要因年龄悬殊而对年长男性同事撒娇，以免出现信息误导，让人产生非分之想。年龄相当的异性同事之间也要保持适当的距离，即使在工作中配合默契、共同话题很多的异性同事，也不宜经常单独在一起，尤其是下班后。工作时间如果单独相处、交流，应敞开办公室的门，以免引起他人的误解。

5．不要把公事以外的个人情绪带进工作中

当个人生活或工作不顺心时，不要逢人就诉苦，让同事成为你的“垃圾桶”，更不应将自己的坏情绪、坏脾气带到职场，把同事当成“出气筒”。这一方面会影响工作的正常进行，另一方面也会影响人际关系，别人没有理由为你的任性买单。

6．同事间物质往来应一清二楚

同事之间可能有相互借钱、借物或馈赠礼品等物质上的往来，但切忌随意，应将每一项都记得清楚明白，即使是小的款项，也应记录下来，以提醒自己及时归还，以免遗忘后引起误会。向同事借钱、借物，应主动给对方出具借条，以增进同事对自己的信任。在物质利益方面无论是有意或者无意地占对方的便宜，都会引起对方心理上的不快，从而损害自己在对方心目中的人格地位。

7．对自己的失误或同事间的误会，应主动道歉说明

同事之间经常相处，一时的失误在所难免。如果自己出现失误，应主动向对方道歉，征得对方的谅解；对双方的误会应主动向对方说明，不可小肚鸡肠、耿耿于怀。

（三）与下属相处的礼仪

（1）尊重下属的人格。每个人都具有独立的人格，上司不能因为在工作中与其具有领导与服从的关系而损害下属的人格，这是作为上司最基本的修养和对下属的最基本的礼仪。

（2）善于听取下属的意见和建议，了解下属的愿望，认真研究并及时回复。

（3）宽待下属。身为上司，应心胸开阔，用宽容的胸怀对待下属的失礼、失误言行，对事不对人，尽力帮助下属改正错误，而不是一味打击、处罚下属，更不能记恨在心、挟私报复。

（4）一旦工作出现问题时，上司应勇于担当、不推卸责任、不迁怒于下属、不随意对下属发脾气。

实践环节设计

了解办公场合礼仪规范，提高礼仪修养

实训内容1：完成办公桌的布置。

实训要求：列出办公桌上的必备物品清单，模拟完成办公桌的布置并进行展示。

实训内容2：大华公司销售部即将举行半年工作总结会，销售总监要求其助理汇报各销售团队的工作进展。

实训要求：分组练习，两人一组，分别饰演销售总监及其助理，按照汇报礼仪进行演示。

第三节　职场通信礼仪

语言作为工具，对于我们之重要，正如骏马对骑士的重要。最好的骏马适合于最好的骑士，最好的语言适合于最好的思想。

——但丁

引导案例

利华公司最近新招聘了一批大学生，小刘就是其中之一。第一天上班，肖经理向同事们介绍了小刘并安排小刘熟悉办公环境，负责接听办公室电话。小刘心想："接电话有何难，我三岁就会了，小菜一碟。"第一个外来电话铃声刚响起，小刘立刻抓起电话，"喂，你找谁？"紧接着，他朝经理大声喊着："肖经理，你的电话！"第二次接电话时，小刘一听就告诉对方："你打错了。"然后就挂断了电话。第三个电话又是找经理的，此时经理已外出公干，小刘回复说："肖经理外出去长峰公司谈业务了。"对方说："你知道肖经理的手机号吗？"小刘热情地告知对方并在对方的道谢声中说了再见。第二天，经理专门找小刘谈话，叮嘱他好好学学电话礼仪。

问题：小刘在通讯礼仪方面有哪些需要改进的地方？

随着科学技术特别是网络技术的不断发展，电话、传真、电子邮件已成为职场通信的主要手段，QQ、微信等即时通信工具也被越来越多地运用于职场。正确高效地利用这些通信工具不仅有利于工作的开展，还有利于人际沟通的便捷，掌握职场通信礼仪是我们提升职场魅力指数的重要途径。

一、电话礼仪

（一）电话礼仪的基本要求

打电话看似很容易，其实不然，使用电话进行沟通也是一门艺术，其中大有讲究。正确掌握这门艺术需要我们遵循一些电话礼仪的基本要求。

（1）通话时应做到语言文明、规范，勤用礼貌用语。语言是信息传递的载体，因此，语言的使用是电话礼仪中的一项重要内容。用语是否礼貌，是对通话对象尊重与否的直接体现，也是个人修养高低的直观表露。要做到用语礼貌，就应当在通话过程中较多地使用敬语、谦语，如“您好”“请”“谢谢”“麻烦您”等。

通话用语往往是有一定规律可循的，这种规范性主要体现在通话人的问候语和自我介绍、通话结束时的道别语上。通常，致电方在电话接通后应主动问好，询问对方的单位或姓名，得到肯定答复后再报上自己的单位、姓名，其规范模式是：“您好！请问是某某公司某某部吗？我是某某公司某某部的李某某，麻烦您请王经理听电话，谢谢。”接听电话一方不能使用“你有什么事”“你是哪儿，你是谁，你找谁”等用语，特别不能一开口就毫不客气地查问对方或者以“喂，喂”开场，通常应以问候语加上单位、部门名称及个人姓名作为开场语，如：“您好！某某公司某某部张某某，请讲。”

（2）为确保信息的准确传递，通话人在通话过程中应当力求发音清晰、咬字准确、音量适中、语速平缓。确保语句简短、语气亲切，这样易使对方产生好感，利于沟通。

通话时语气的把握至关重要，因为它直接反映着通话人的办事态度。语气温和、亲切、自然，往往会使对方对自己心生好感，从而有助于交流的进行；语气生硬傲慢、拿腔拿调，则无助于工作的顺利开展。语调过高、语气过重，会使对方感到尖刻、严厉、生硬、冷淡；语气太轻、语调太低，会使对方感到无精打采、有气无力；语速过快，会显得应付了事，对方容易听不清楚或听错；语速过慢，则显得懒散拖沓，容易让对方失去耐心。一般来说，语气语速适中、语调稍高些、尾音稍拖一点才会使对方感到亲切自然。

（3）通话时应全神贯注，举止文明。通话虽然是个“只闻其声，不见其人”的过程，但通话人可以根据声音来判断对方是全神贯注还是心不在焉、是和蔼可亲还是麻木呆板，进而推断对方是否尊重自己，从而微妙地影响了交流的进程与效果。因此，我们通话时应暂时放下手头的工作，集中注意力与对方交流，除了必须执笔做些适当、简短的记录，以及查阅一些与通话内容相关的书面材料外，切不可一心二用。有人为了方便而使用免提通话，以便腾出手来做其他事，殊不知这不仅不能提高工作效率，反而有可能引起对方的误会和不满，进而影响工作。

通话时我们应端坐或端立，不可趴着或仰着、斜靠或双腿架高，也不要将电话夹在脖子上通话，不可边通话边与旁人聊天或边通话边做其他事情，给人以三心二意的感觉。切忌边打电话边抽烟、喝茶、吃零食，这是极不礼貌极不尊重对方的行为。

通话过程中，应轻拿轻放电话，避免过分夸张的肢体动作，以防带来嘈杂之声。若电话中途中断，如中断原因明确，应由失误方重新拨打，并在拨通之后稍做解释。如原因不明，通常由致电方重打。接听方也应守候在电话旁，不宜转做他事，甚至抱怨对方。一旦发现自己拨错了电话，拨打者要立刻向被打扰的一方致歉，不可挂断了事。如果发现对方拨错了电话，也应礼貌告知本单位或本人是谁，必要而可能时，不妨告诉对方所要找的正确号码或予以其他帮助，切勿恶语相向责备对方。如果对方道歉，要记得礼貌回应。

结束电话交谈时，通常由致电方提出，接听方不宜越位抢先。双方可以将刚才交谈的问题适当断重复总结，然后彼此礼貌致意、道别，再挂断电话。

（二）拨打电话的礼仪

1. 选择恰当的通话时间

通话时间的选择看似平常，实际上至关重要。为确保信息的有效传达，我们应根据通话对象的具体情况择时通话，以方便对方为基本原则。一般而言，工作电话应当在工作时间拨打，但应避开刚刚上班、即将下班、午餐前后，更不宜在下班之后或节假日拨打，尤其不应在凌晨、深夜、午休或用餐时间“骚扰”他人。如确有急事不得不打扰别人休息时，在接通电话后首先应向对方致歉。如果是拨打国际长途，则应考虑到本地与目的地的时差，然后选择合适的时间。

2. 提前准备，言之有物

通话前我们应做好充分准备，不打无意义的、可打可不打的电话。在拨打电话之前，必须确认通话对象的情况，如姓名、性别、职务、年龄、所属部门等以免出错造成尴尬，还应明确自己所要表达的内容，可以事先在便笺上列出一个条理清晰的提纲以免遗漏要点或因一时想不起来该说什么而尴尬地停顿。电话接通后要简明扼要地直奔主题，言之有物，切忌东拉西扯、无话找话。

3. 耐心拨打

拨打电话时，要沉住气，耐心等待对方接听电话。一般而言，至少应等铃声响过 6 遍或是大约半分钟时间，确信对方无人接听后才可以挂断电话。切勿急不可待，铃响未过响 3 遍，就断定对方无人而挂断电话或挂断后反复重拨，更不可在接通电话后责怪对方。

4. 遵循“通话 3 分钟”原则

使用电话作为通信工具，其目的在于提高工作效率。因此在使用电话时，务必要做到“去粗取精”、长话短说，除非有重要问题须反复强调、解释，在正常情况下，一次通话时间应控制在3分钟之内。这一做法在国际上被通称为“通话3分钟”原则，已成为一种共识。

遵循“通话3分钟”原则，我们可以在通话前大致估算一下所需的时间，明确通话内容。通话时直奔主题，抓住要点，言简意赅地表达。如果要传达的信息已陈述清楚，就应当及时结束通话，无须唠叨，以免给人留下做事拖拉、缺乏效率的感觉。

如果预计到电话交谈的内容较多、时间较长，那么在通话之初就应告知对方，简短概括要涉及的事务并礼貌地询问对方此时沟通是否方便，如对方表示无碍则可继续交谈，如对方表示不方便则应与对方商量另约时间。

通话过程中，若通话人需取一些相关资料或暂时离开去办重要事宜，应在30秒内解决。若超过30秒，须征得对方同意并致以歉意，或先暂时挂断电话，事后再拨打过去。当然，“通话3分钟”原则旨在要求通话时用语简洁、节省时间，而并不要求通话人刻意追求3分钟的精确时限。

（三）接听电话的礼仪

1. 勤于接听

电话铃一响，应即刻停止手中的工作，拿起记录的纸笔，做好接电话的准备。然而接电话也不宜过于迅速，铃响一遍后就立即接听，会给对方以唐突之感。接电话的最佳时机，应当是铃响两遍或三遍后，因为此时双方都已做好了通话的准备。如果确有重要原因而耽误了接电话，电话铃响了五声才拿起话筒，则务必向对方解释一下，并表示歉意。

2. 做好记录准备和补缺准备

任何一次来电都有可能是一次重要的信息传递。因此，我们应当在电话旁配备好完整的记录工具，要养成一听到电话铃就拿起纸笔的习惯。为了避免记不清致电人所传递的信息甚至遗漏信息要点的情况，接听人应在接听电话时适当地进行要点记录，电话记录既要简洁又要完备，在工作中这些电话记录是十分重要的。

由于种种原因，在办公时间需暂时离开以致无法接听他人来电时可委托他人代为接听，可以请受托之人留下致电者的姓名、单位及电话号码，转告致电者自己会在回办公室后即刻复电，并致歉意。一般不宜要求对方隔时再来电，以免给人以“摆架子”之嫌。也可请受托之人在对方同意的情况下，代为记录来电内容，但须确保记录准确，以免误事。

3. 合理安排接听顺序

在工作中我们有时会遇到这样的情况即同时有两个电话待接，而办公室内暂时只有自己一人，这一问题如何应对呢？可先接听第一个打进来的电话，在向其解释并征得同意后，再接听另一个电话，并让第二个电话的通话对象留下电话号码，告之稍候再主动与他联系，然后再迅速转听第一个电话。如果两个电话中有一个较另一个更重要，则应先接听重要的一个。例如应当先听长途来电再接市内来电，先听紧急电话再接一般性的公务电话等。

不管先接听了其中的哪个电话，都应当在接听完毕后迅速回拨第二个电话，不宜让对方久等。切不可同时接听两个电话，或只听一个电话而任由另一个来电铃响不止，更不可接通了两个电话后只与其中一个交谈，而让另一个在线上空等。

4. 殷勤转接

如果接电话时发现对方找的是自己的同事，应请对方稍候，然后热忱、迅速地帮对方找接话人，切不可不理不睬、漠然视之或直接挂断电话，也不可让对方久等、存心拖延时间。如果对方要找的人不在或不便接电话时，应向其致歉，让其稍后再拨。如果对方愿意留言，可代为传达信息，并准确做好记录。如果对方不愿留言，切勿刨根问底。在解释所找之人为何不在或不便时，不可过于“坦率”，说如“他在厕所”“他说他不愿接”之类的话，以免失礼于人或引起误会。

小贴士

电话记录表

来电时间		
来电人信息	姓名	
	单位	
	电话	
找谁		
来电事由		
处理方式	将再来电	
	请您回电	
	紧急处理	
电话记录人		
备注		

二、手机礼仪

手机是现代化的通信工具，被称作“第五媒体”。虽然移动电话给我们带来了便捷与高效，但使用手机除了应遵循电话礼仪外，还应注意一些特殊的礼仪规范。

（一）手机的拨打和接听要注意场合

在开会、会客、谈判、签约及出席重要的仪式、活动时，应将手机设置为振动状态或暂时关机；若有重要来电必须接听时，应迅速离开现场，再开始与对方通话；如果实在不能离开，又必须接听，则音量应尽量放轻，一切以不影响在场的其他人为原则。与人共进工作餐（特别是自己做主人请客户）时，如果有电话，最好说一声“对不起”，然后去洗手间或走廊接听，而且一定要简短，这是对对方的尊重。

（二）应保持手机畅通

告知工作对象自己的手机号码时，务必力求准确无误。必要时，可再告知对方其他几种联络方式，以求有备无患。看到他人打在手机上的来电后，一般应该及时与对方联络，因故暂时不方便使用手机时，可在语音信箱上留言，说明原因。

（三）应将手机放置在适当之处，设置恰当的铃声

一般应将手机放于随身携带的公文包或上衣的内袋里，开会时可将手机置于不起眼的地方，不要放于桌面上。手机铃声间接反映了手机使用者的个性形象，设置手机铃声时不宜使用怪异、搞笑、过于幼稚的铃声，否则会降低自己的专业度，影响职业形象。

（四）手机的使用应重视私密性

未经同事、上司、客户的同意，我们不宜将他们的手机号码随意告诉他人，也不宜随意将本人的手机借与他人使用，当然随意借用别人的手机亦不适当。工作中的重要信息，业务往来的具体资料都不宜存储于手机中，以免手机遗失造成泄密。

（五）正确使用短信

在一切需要手机静音或关机的场合，可以使用短信，但不要在别人注视你的时候查看、编写短信，一边与人交谈一边收发短信是对他人的失礼；短信内容的选择和编辑反映着发送者的品位和水准，不要编辑或发送不健康的、无聊的短信；发送短信要署名，信息传递要简明扼要，阅读涉密短信后要及时将其删除，以免泄密或引起不必要的误会；收到短信要及时回复，发送短信的时间不能太晚，以免影响对方休息。

三、传真礼仪

传真作为远程通信的重要工具，因其方便快捷得到广泛应用。使用传真时我们应该做到：

（一）传真内容要简明、严谨

传真内容要简明扼要、严谨准确。为确保这一点，在写完后须校对一遍再发送。传真首页上的内容应该有传送者和接收者双方的单位名称、人员姓名、日期、总页数。每页纸上都应有页码，既方便阅读也方便补发。若传真加盖公章的文字材料，需将公章盖得清晰，以保证传真的效果。

（二）传真信件须规范

传真信件的内容一定要规范，必要的称呼、问候语、签字、敬语、致谢词等均不能少，

特别是要注意信尾的签字，因为签字代表发信者本人知道并同意发出。若签字被忽略，则任何人都可以轻易冒名发信件了。

（三）纸张、字号大小不可随意

最规范的传真用纸是 A4 大小的白纸，最好不要用有颜色的纸，否则既不规范又浪费传真机扫描的时间，而且发过去可能影响效果。传真材料的字号应比普通打印件稍大，以保证传真过去的文字清晰、方便阅读。

（四）注意保密

未经事先许可，不应传送保密性强的文件或材料，因为公共传真机保密性不高，任何刚好经过传真机旁边的人，都可以轻易窥得传真纸上的内容。

（五）传真前后勤确认

发送传真前，应先向对方通报，因为很多单位是大家共用一台传真机，如果不通知对方，信件就可能会落到别人的手里。若传真页数较多应向对方特别说明，让对方选择是否发送或更换方式。发送后要再次与对方确认是否收到、页码是否正确、内容是否清晰。同理，收到传真后如对方没有打电话来确认也要尽快通知对方。

小贴士

在公务往来中，应避免使用传真方式发送感谢信和邀请函，传真感谢信或邀请函无法体现公司对对方的尊重和重视，易给对方留下不正式、不庄重的感觉。

四、电子邮件礼仪

当前职场中，电子邮件已成为必备、常用的工作工具，越来越多的公司专门设置工作邮箱、使用内部邮件系统。学会职场中的电子邮件礼仪可以促进交流合作，提高工作效率。

（一）使用工作邮箱的基本要求

工作邮箱的账号、密码一般都由人事行政部门或网管部门统一设置，员工领取后可以重置密码，但不可以将其账号、密码转让或出借予他人使用。设置工作邮箱是为了方便工作，员工不应将其用于非工作用途，尤其不能利用工作邮箱上传、展示或传播任何虚假的、骚扰性的、中伤他人的、辱骂性的、恐吓性的、庸俗淫秽的或其他任何非法的、侵害他人合法权益的信息资料，这些都会对公司的正常运转造成不利的影响。

（二）写邮件的注意事项

1. 明确邮件主题

电子邮件主题是邮件接收者了解邮件的第一信息，它能帮助收件人迅速了解邮件内容并判断其重要性。因此发送电邮必须有明确的主题，主题空白是极失礼的，主题行的标题既要简短又要能反映出邮件的内容和重要性，发件人应认真填写，通常用邮件内容的关键词作为主题，如果邮箱名与发件人的姓名不符的，还需在主题行注明发件人的真实姓名。

2. 礼貌使用称呼和问候

电邮的文体格式类似于信函格式，虽不需要冗长的客套语，但开头要有合适的称呼和礼貌的问候语，如“尊敬的先生/女士：您好！”，结尾要有祝福语，如“祝工作顺利”等。

3. 合理组织正文、添加附件

一封邮件通常只围绕一个主题展开，电邮正文和附件的内容是否简明扼要、行文是否通顺、表述是否明晰，直接影响到这封邮件的有效作用。如果正文内容比较复杂，应分段进行说明并保持每个段落的简短。在不影响精准表达的前提下，多用简单词汇和短句。所用字体和字号大小要让收件人看起来不费力，写完后检查有无错别字和不必要的话。如果邮件有附加的文档、表格、图片，通常将其以添加附件的方式直接发出，这既便于收件人阅读也便于保持源文件的信息、格式。附件的文件名最好能概括附件的主要内容，以便收件人下载后整理归档。附件一般不超过 4 个，附件数目较多时应将其打包压缩成一个文件，同时在正文中对附件内容做简要说明。

4. 注意邮件语气、行文方式

根据邮件的对内对外性质、收件人与自己的熟络程度、等级关系等选择适当的语气和行文风格，要尊重对方，应时常使用礼貌用语，以避免引起对方的不适，从而增强沟通效果，达到沟通目的。

（三）发送及回复邮件的礼仪

发送大邮件时要确认邮件不会给收件人带来不便，按规定控制邮件的接收范围，避免超范围发送。各收件人（包括收件人、抄送人、密送人）的区分和排列应遵循一定的规则，如可以按部门排列，也可以按职位等级从高到低或从低到高排列，一般来说如是部门内部的工作安排、工作回复、跨部门沟通等情况，只抄送给相关人员即可。公司层面的通知、报告、公函等，必须由经理级以上人员经过相关主管领导批准后再发送邮件，不得以个人名义发送；如果员工利用工作邮箱群发文章分享的，内容必须符合公司文化和要求，不应分享与工作无关的文章、图片等。

必须定期查看工作邮箱，收到邮件应认真阅读、及时回复，对于有时限的邮件，一定要在时限内完成查看和回复。如果正在出差或休假，应设定自动回复功能提示发件人，以免耽误工作。回复邮件不能寥寥几字、过于简短，这是对对方的不尊重。

小贴士

在回复工作邮件时，主题栏不要图省事而使用“RE...”的一长串词语，应当根据实际内容更改标题。回复时，要区分“单独恢复”和“回复全部”，绝不能因嫌麻烦而随意使用“回复全部”。这种做法看似省事，但对无关人员来说会造成干扰，更重要的是还可能泄密。

五、QQ、微信等网络即时通信工具礼仪

日益成熟的网络通信技术使人们的生活发生了天翻地覆的变化，随着智能手机、平板电脑等移动设备的普及，QQ、微博、微信等即时通讯方式更是让人们的沟通呈现出崭新的模式。人们在享受交流、展示自我的同时，应注意使用的安全性，遵守相应的礼仪。

（一）QQ 礼仪

QQ 不仅融入了我们的日常生活中，而且成为许多单位的工作交流工具，方便快捷地传递着各种工作信息，使我们的工作变得更加高效。

1. 工作时间使用 QQ 的基本要求

工作期间应将工作 QQ 与个人 QQ 区别使用，不宜使用私人 QQ，更不宜通过 QQ 与亲友聊天。工作时段应依照自己的实际情况设定在线忙碌状态，以方便工作中的沟通联络，原则上工作 QQ 只能用于工作交流，不要交流与本岗位无关的信息。

使用 QQ 工作群时，应按照统一规则命名群名片，一般为单位部门+真实姓名，不要使用昵称。工作 QQ 的个性签名要积极向上，一般多采用自我激励、鼓舞团队的话语，避免使用消极负面的话语。员工要留意工作 QQ 群的公告、通知和群文件，及时做出回复并按要求落实相关工作，不应在工作群中聊天和讨论与业务无关的话题。因特殊情况不能在线时，应及时查看当日群内有关工作部署的留言和最新消息。需要申请加为他人好友时，务必要填写相关的身份信息，方便对方确认同意。

2. QQ 信息发布及回复的基本礼仪

总体上来说，在工作 QQ 群内的发言应围绕工作而展开，必须主题积极、内容健康、语言文明。既不得在群内发布黄色淫秽、暴力、低级趣味的表情、信息、图片、网址链接和虚假、骗人信息，也不要随意传播网络和社会上未被证实的言论，更不能讨论有关涉密的信息。群内成员聊天必须把握分寸，不应拿他人的尊严、名誉、私人问题等进行调侃取乐，不进行人身攻击、不使用污言秽语或侮辱、诋毁、诽谤、嘲讽性质的语言。

在 QQ 上最好不要打扰设置成忙碌状态的人，发起会话和下线时，应与对话人礼貌地打招呼，不要闲聊，将要解决的问题简要说明，发链接时也要简要说明。如果要找人尤其

是找不那么熟悉的同事或关联对象时，不要直接打出对方的姓名，而应以“请问”开头，然后在使用“你好”等礼貌用语之后与对方沟通，和盘托出你要问的问题、要说的话。如果对方不在，也可以利用 QQ 的留言功能主动礼貌留言，体现你的诚恳态度及不想打扰、追逼人家的善意。看到别人针对自己的发问或咨询、收到别人的留言都应及时回应。自动回复要慎用。

留言或回复时，应检查是否有错别字及易引起歧义的内容，避免引起对方的误解。等待回应时，一般不宜使用 QQ 的“抖动”功能催促对方，“抖动”易使被“抖”的人产生反感，特别是“抖动”与你不太熟悉的同事、客户，这就如同在日常生活中，你在某人楼下大喊“某某，你给我下来”，如果彼此不够熟稔，这样是很不合适的。

QQ 丰富的个性表情、图案、动画很受欢迎，使用得恰当可以增强交流效果，但如果选择的内容格调不高则易使人心生反感，而过于频繁使用更有恶意刷屏之嫌，表情、图案、动画毕竟不可取代语言沟通，要慎用。

3. 传输文件的礼仪

发送文件前需先联系、告知对方，询问对方是否方便接收文件，不要一言不发就直接发离线文件或大文件、视频文件、截图。收到文件后需及时回复留言，表示感谢。传输大文件应先将文件进行压缩再进行发送，这样可以节省对方接收文件的时间。如果文件传输过程中出现故障，双方应及时沟通解决。接收文件后及时阅览，如发现文件损坏或存在其他问题应立即与对方联系，礼貌地请对方协助解决。

总之，应与 QQ 群内其他成员文明交流、互相尊重、团结互助、友好相处，共同维护这个交流平台。

（二）微信礼仪

微信是腾讯公司于 2011 年推出的一个为智能终端提供即时通讯服务的免费应用程序，它具有公众平台、微信群、朋友圈等功能，可以通过网络快速发送语音短信、视频、图片和文字，现已成为拥有亚洲最大用户群体的移动即时通讯软件，其传播时效之快，覆盖面之广，影响力之大，令人惊叹。当刷微信成为人们的一种生活方式时，微信礼仪也应运而生。

1. 申请关注要谨慎

尽管微信加关注的方式多种多样、十分便捷，但是在选择同事、上司、客户加好友时不能贸然行事，应考虑对方的感受。或许对方并不十分愿意让你看到他在微信上呈现的较为个人化的信息，但又不便拒绝，这就会使对方陷入尴尬境地。恰当的做法是事先进行沟通，如果感觉到对方有所勉强就不要提出申请，大家可以在微信群里交流。此外，申请时还需表明身份，边可通过设置一张微笑的、职业感强的本人头像来增加辨识度。

2. 发送时间和数量要控制

有人每天不分早晚地在微信上密集发送、频繁更新，这样做不仅影响他人休息、干扰他人的正常生活，还容易惹人生厌而且会让人产生不好的联想，感觉你把时间和精力都花在了刷微信上，从而对你的工作专注度及工作效率产生怀疑。发送微信应尊重他人的作息时间、控制数量。

3. 发送问候要用心

当我们使用微信和他人保持情感联络时，总会涉及日常的问候或者节假日的祝福问候。日常问候要有具体内容，避免只发一个表情符号、惜字如金；节庆时可在朋友圈内针对所有微友发祝福微信，但对圈内关系特别密切的朋友、同事、重要的合作伙伴、客户、师长等应一对一地单独发送祝福微信，应有对对方的称呼，使用敬称，可在末尾附上自己的职务名称和名字，以便让他人记住你。

4. 发送消息要简明

发送文本消息时要确保文本正确无误，如果不小心把带有错别字的文本发出去了，一定要再补发一条作为说明；文本内容应简短明了、有针对性，千万不要长篇大论，那样很容易让人产生视觉疲劳，从而遗漏了你所发的重要信息；文本需用语健康文明，可以配以适当的图片，作为补充说明。

发送语音消息要慎重，由于微信语音稍不小心就可能转换为外放模式，双方所说的都可能会被别人听见，这样不仅容易泄露交谈内容，还易干扰别人。语音发送应在安静环境下进行，防止对方无法听清，或者因为背景人多嘈杂导致客户觉得你太过随意，对他不够重视。如果对方是你的重要客户或上司，发送语音前应该先征求对方的意见；对于紧急的事情，不要使用语音以防对方因故不方便听语音，影响回应。此外，发送语音消息时应尽量讲普通话，做到口齿清晰、语速恰当。使用语音功能时还要考虑到对方的上网条件，照顾到那些包月套餐内流量不多的朋友，应避免发过长的语音消息，增加对方的上网费用的负担。

发送图片消息时，应确保图片内容健康无害，图片画面清晰完整，图片数量、大小适宜，可以配有简短的文字说明。

发送视频要说明视频的主题，确保视频画面和声音连续、清晰、大小合适，同时合理命名文件。

5. 回复消息要及时

在朋友圈、微信群里收到消息应当第一时间回复，评论他人消息应彰显诚意，避免总是使用单纯的笑脸表情。应考虑到对方的立场，不要催促对方回复，不能因为对方没有及时回应就责备埋怨。重要又需要立刻得到回复的事情还是电话联系为好，以免对方因为网络问题而无法收到，从而耽误工作；回复时要注意文明用语，不使用粗俗的语句。

6. 发送内容要有讲究

如果微信主要用于工作则建议使用真实姓名作为昵称，可以包括上公司名称或者产品名称；个人签名代表了你的形象，要积极、阳光。不管是原创还是转发，微信都应多发布正能量的内容，避免发送低俗信息或涉及国家、工作单位机密甚至他人隐私的信息；在微信群里不要长时间单独与某人聊天，以免干扰别的微友，可以单独“微他”或把相关人拉在一起另外建聊天群；微信群里的发言要切合主题，不要谈论和转发太多跑题的内容及敏感话题，可以单独私聊私密的话题；转发前先点赞或以评论的方式写出转发理由，转发自微友原创的内容须注明来源，这是对原创者的尊重；不发或不转发带有“如果不转发就……”“只有转发……才能得好报”等强制性字眼的微信，微友间应相互尊重而非要挟；转发链接和求助微信时需谨慎，应尽量予以核实。你的分享，代表你的态度，如果你不加个人观点就转发，就等于是你支持作者的观点。

实践环节设计

电话礼仪

实训目标：通过模拟场景掌握电话礼仪

实训内容：模拟某公司办公室的电话接打情景

第一个电话：对方要求找部门主管，接听者告知对方主管不在。

第二个电话：对方打错电话，接听者应对。

第三个电话：对方来电咨询产品情况，接听者需要查询数据，请求对方等候。

第四个电话：自己拨错电话时的应对。

第五个电话：对方咨询产品售后维修情况，接听者转接至售后部门。

实训要求：分组，每组 4～6 人，小组成员轮流扮演通话双方，完成指定电话通信。每次模拟者分隔两个区域完成角色扮演，其余同学观察点评。模拟过程中要灵活机动、符合礼仪、讲究效率。

本章小结

润物细无声，细处见素养。对于职场人而言，整洁适宜的着装、优雅规范的言行，甚至一次得体亲切的电话沟通、一份简单的传真、一份快捷的电邮、QQ、微信上的一次发言都展示着你的工作态度和礼仪水准，需要我们自觉遵守合乎身份的职场礼仪规范，知晓并恰如其分地运用职场日常礼仪技巧。这不仅有利于完成本职工作、构建和谐的工作环境，也关系到职场人未来的发展，对完善个人的职场形象、提升个人的职业素养大有裨益。

问题与思考

1．进入职场，我们如何塑造自身良好的仪容、仪表、仪态？

2．当我们进入办公场所时，有哪些基本职场礼仪需要遵循？

3．我们在面对上司、同事、下属时应该遵循哪些人际关系礼仪？

4．职场中的电话礼仪有哪些基本要求？拨打、接听电话的礼仪要求有何区别？使用手机时又有哪些特殊的礼仪要求？

5．使用传真、电子邮件时，我们应该注意哪些礼仪？

6．网络即时通信工具的普及对职场礼仪提出了哪些新的要求？

第五章

职业法律

法律提供保护以对抗专断，它给人们以一种安全感和可靠感，并使人们不致在未来处于不祥的黑暗之中。

——布鲁纳

引 言

与职业活动相关的法律很多，如《劳动法》《劳动合同法》《劳动争议调解仲裁法》《社会保险法》《工资支付暂行条例》《职工带薪年休假条例》《女职工劳动保护特别规定》等。学习和掌握基本职业法律知识，对于大学生求职、就业，增强职业法律意识，正确处理有关职业的法律关系，从而在职业活动中知法守法具有非常重要的意义。

第一节 劳动合同和集体合同

由于有法律才能保障良好的举止，所以也要有良好的举止才能维护法律。

——马基雅弗利

引导案例

王先生是甲公司的员工，甲公司派他到国外参加某先进技术的培训，并签订培训服务协议，约定王先生培训结束后须为甲公司服务5年，如果王先生提前离开甲公司，他须承担违约金30万元。据统计甲公司为王先生培训共花费20万元，现王先生培训结束回甲公司服务1年后离职。

问题：王先生应该承担多少违约金？

劳动合同是劳动者与用人单位之间确立劳动关系、明确双方权利和义务的协议。劳动合同对于保护劳动者的合法权益，构建和发展和谐稳定的劳动关系具有十分重要的作用。

一、劳动合同的订立

劳动合同分为固定期限劳动合同、无固定期限劳动合同和以完成一定工作任务为期限的劳动合同。固定期限劳动合同，是指用人单位与劳动者约定合同终止时间的劳动合同。用人单位与劳动者协商一致，可以订立固定期限劳动合同。无固定期限劳动合同，是指用人单位与劳动者约定无确定终止时间的劳动合同。用人单位与劳动者协商一致，可以订立无固定期限劳动合同。有下列情形之一，劳动者提出或者同意续订、订立劳动合同的，除劳动者提出订立固定期限劳动合同外，应当订立无固定期限劳动合同：（一）劳动者在该用人单位连续工作满十年的；（二）用人单位初次实行劳动合同制度或者国有企业改制后重新订立劳动合同时，劳动者在该用人单位连续工作满十年且距法定退休年龄不足十年的；（三）连续订立两次固定期限劳动合同、续订劳动合同的。用人单位自用工之日起满一年不与劳动者订立书面劳动合同的，视为用人单位与劳动者已订立无固定期限劳动合同。以完成一定工作任务为期限的劳动合同，是指用人单位与劳动者约定以某项工作的完成为合同期限的劳动合同。用人单位与劳动者协商一致，可以订立以完成一定工作任务为期限的劳动合同。

用人单位招用劳动者时，应当如实告知劳动者工作内容、工作条件、工作地点、职业危害、安全生产状况、劳动报酬，以及劳动者要求了解的其他情况；用人单位有权了解劳动者与劳动合同直接相关的基本情况，劳动者应当如实说明。用人单位招用劳动者，不得扣押劳动者的居民身份证和其他证件，不得要求劳动者提供担保或者以其他名义向劳动者收取财物。用人单位与劳动者建立劳动关系，应当订立书面劳动合同。已建立劳动关系，未同时订立书面劳动合同的，应当自用工之日起一个月内订立书面劳动合同。用人单位与劳动者在用工前订立劳动合同的，劳动关系自用工之日起建立。用人单位未在用工的同时订立书面劳动合同，与劳动者约定的劳动报酬不明确的，新招用的劳动者的劳动报酬按照集体合同规定的标准执行；没有集体合同或者集体合同未规定的，实行同工同酬。

劳动合同由用人单位与劳动者协商一致，并经用人单位与劳动者在劳动合同文本上签字或者盖章生效。劳动合同文本由用人单位和劳动者各执一份。劳动合同应当具备以下条款：（一）用人单位的名称、住所和法定代表人或者主要负责人；（二）劳动者的姓名、住址和居民身份证或者其他有效身份证件号码；（三）劳动合同期限；（四）工作内容和工作地点；（五）工作时间和休息休假；（六）劳动报酬；（七）社会保险；（八）劳动保护、劳动条件和职业危害防护；（九）法律、法规规定应当纳入劳动合同的其他事项。劳动合同除上述规定的必备条款外，用人单位与劳动者可以约定试用期、培训、保守秘密、补充保险和福利待遇等其他事项。

劳动合同期限为三个月以上但不满一年的，试用期不得超过一个月；劳动合同期限为一年以上但不满三年的，试用期不得超过二个月；三年以上固定期限和无固定期限的劳动合同，试用期不得超过六个月。同一用人单位与同一劳动者只能约定一次试用期。以完成一定工作任务为期限的劳动合同或者劳动合同期限不满三个月的，不得约定试用期。试用期包含在劳动合同期限内。劳动合同仅约定试用期的，试用期不成立，该期限为劳动合同期限。劳动者在试用期的工资不得低于本单位相同岗位最低档工资或者劳动合同约定工资的百分之八十，并不得低于用人单位所在地的最低工资标准。在试用期中，除特殊情形外，用人单位不得解除劳动合同。用人单位在试用期解除劳动合同的，应当向劳动者说明理由。

用人单位为劳动者提供专项培训费用，对其进行专业技术培训的，可以与该劳动者订立协议，约定服务期。劳动者违反服务期约定的，应当按照约定向用人单位支付违约金。违约金的数额不得超过用人单位提供的培训费用。用人单位要求劳动者支付的违约金不得超过服务期尚未履行部分所应分摊的培训费用。用人单位与劳动者约定服务期的，不影响按照正常的工资调整机制提高劳动者在服务期间的劳动报酬。

用人单位与劳动者可以在劳动合同中约定保守用人单位的商业秘密和与知识产权相关的保密事项。对负有保密义务的劳动者，用人单位可以在劳动合同或者保密协议中与劳动者约定竞业限制条款，并约定在解除或者终止劳动合同后，在竞业限制期限内按月给予劳动者经济补偿。劳动者违反竞业限制约定的，应当按照约定向用人单位支付违约金。竞业限制的人员限于用人单位的高级管理人员、高级技术人员和其他负有保密义务的人员。竞业限制的范围、地域、期限由用人单位与劳动者约定，竞业限制的约定不得违反法律、法规的规定。竞业限制期限，不得超过二年。

劳动合同对劳动报酬和劳动条件等标准约定不明确，引发争议的，用人单位与劳动者可以重新协商；协商不成的，适用集体合同规定；没有集体合同或者集体合同未规定劳动报酬的，实行同工同酬；没有集体合同或者集体合同未规定劳动条件等标准的，适用国家有关规定。下列劳动合同无效或者部分无效：（一）以欺诈、胁迫的手段或者乘人之危，使对方在违背真实意思的情况下订立或者变更劳动合同的；（二）用人单位免除自己的法定责任、排除劳动者权利的；（三）违反法律、行政法规强制性规定的。对劳动合同的无效或者部分无效有争议的，由劳动争议仲裁机构或者人民法院确认。劳动合同部分无效，不影响其他部分效力的，其他部分仍然有效。劳动合同被确认无效，劳动者已付出劳动的，用人单位应当向劳动者支付劳动报酬。劳动报酬的数额，参照本单位相同或者相近岗位劳动者的劳动报酬确定。

【案例】

某公司为了扩大生产，在社会招用了一批生产工人，其中有工人刚满 15 周岁。该公司在与劳动者签订的劳动合同中约定了以下内容：为了防止工人在工作中毁坏公司的生产设备，每人需要向公司交纳 3 000 元抵押金，合同期限届满后退还；公司与劳动者签订的劳动合同期限为 2 年，其中劳动合同的试用期为 6 个月，公司可根据劳动者的表现随时缩短或延长试用期；在履行劳动合同过程中，公司如果发现劳动者不能胜任工作，公司可随时解除劳动合同；解除或者终止劳动合同公司不承担任何经济补偿金。

问题：该公司用工中有哪些违法情形？

二、劳动合同的履行和变更

用人单位与劳动者应当按照劳动合同的约定，全面履行各自的义务。用人单位应当按照劳动合同约定和国家规定，向劳动者及时足额支付劳动报酬。用人单位拖欠或者未足额支付劳动报酬的，劳动者可以依法向当地人民法院申请支付令，人民法院应当依法发出支付令。用人单位应当严格执行劳动定额标准，不得强迫或者变相强迫劳动者加班。劳动者拒绝用人单位管理人员违章指挥、强令冒险作业的，不视为违反劳动合同。劳动者对危害生命安全和身体健康的劳动条件，有权对用人单位提出批评、检举和控告。

用人单位变更名称、法定代表人、主要负责人或者投资人等事项，不影响劳动合同的履行。用人单位发生合并或者分立等情况，原劳动合同继续有效，劳动合同由承继其权利和义务的用人单位继续履行。用人单位与劳动者协商一致，可以变更劳动合同约定的内容。变更劳动合同，应当采用书面形式。变更后的劳动合同文本由用人单位和劳动者各执一份。

三、劳动合同的解除和终止

用人单位与劳动者协商一致，可以解除劳动合同。劳动者提前三十日以书面形式通知用人单位，可以解除劳动合同。劳动者在试用期内提前三日通知用人单位，可以解除劳动合同。用人单位有下列情形之一的，劳动者可以解除劳动合同：（一）未按照劳动合同约定提供劳动保护或者劳动条件的；（二）未及时足额支付劳动报酬的；（三）未依法为劳动者缴纳社会保险费的；（四）用人单位的规章制度违反法律、法规的规定，损害劳动者权益的；（五）劳动合同无效的；（六）法律、行政法规规定劳动者可以解除劳动合同的其他情形。用人单位以暴力、威胁或者非法限制人身自由的手段强迫劳动者劳动的，或者用人单位违章指挥、强令冒险作业危及劳动者人身安全的，劳动者可以立即解除劳动合同，不需事先告知用人单位。

劳动者有下列情形之一的，用人单位可以解除劳动合同：（一）在试用期间被证明不符合录用条件的；（二）严重违反用人单位的规章制度的；（三）严重失职，营私舞弊，给用人单位造成重大损害的；（四）劳动者同时与其他用人单位建立劳动关系，对完成本单位的工作任务造成严重影响，或者经用人单位提出，拒不改正的；（五）劳动合同无效的；（六）被依法追究刑事责任的。有下列情形之一的，用人单位提前三十日以书面形式通知劳动者本人或者额外支付劳动者一个月工资后，可以解除劳动合同：（一）劳动者患病或者非因工负伤，在规定的医疗期满后不能从事原工作，也不能从事由用人单位另行安排的工作的；（二）劳动者不能胜任工作，经过培训或者调整工作岗位，仍不能胜任工作的；（三）劳动合同订立时所依据的客观情况发生重大变化，致使劳动合同无法履行，经用人单位与劳动者协商，未能就变更劳动合同内容达成协议的。有下列情形之一，需要裁减人员二十人以上或者裁减不足二十人但占企业职工总数百分之十以上的，用人单位提前三十日向工会或者全体职工说明情况，听取工会或者职工的意见后，裁减人员方案经向劳动行政部门报告，可以裁减人员：（一）依照企业破产法规定进行重整的；（二）生产经营发生严重困难的；（三）企业转产、重大技术革新或者经营方式调整，经变更劳动合同后，仍需裁减人员的；（四）其他因劳动合同订立时所依据的客观经济情况发生重大变化，致使劳动合同无法履行的。裁减人员时，应当优先留用下列人员：（一）与本单位订立较长期限的固定期限劳动合同的；（二）与本单位订立无固定期限劳动合同的；（三）家庭无其他就业人员，有需要扶养的老人或者未成年人的。用人单位依照本条第一款规定裁减人员，在六个月内重新招用人员的，应当通知被裁减的人员，并在同等条件下优先招用被裁减的人员。

劳动者有下列情形之一的，用人单位不得解除劳动合同：（一）从事接触职业病危害作业的劳动者未进行离岗前职业健康检查，或者疑似职业病病人在诊断或者医学观察期间的；（二）在本单位患职业病或者因工负伤并被确认丧失或者部分丧失劳动能力的；（三）患病或者非因工负伤，在规定的医疗期内的；（四）女职工在孕期、产期、哺乳期的；（五）在本单位连续工作满十五年，且距法定退休年龄不足五年的；（六）法律、行政法规规定的其他情形。用人单位单方解除劳动合同，应当事先将理由通知工会。用人单位违反法律、行政法规规定或者劳动合同约定的，工会有权要求用人单位纠正。用人单位应当研究工会的意见，并将处理结果书面通知工会。

有下列情形之一的，劳动合同终止：（一）劳动合同期满的；（二）劳动者开始依法享受基本养老保险待遇的；（三）劳动者死亡，或者被人民法院宣告死亡或者宣告失踪的；（四）用人单位被依法宣告破产的；（五）用人单位被吊销营业执照、责令关闭、撤销或者用人单位决定提前解散的；（六）法律、行政法规规定的其他情形。用人单位违反本法规定解除或者终止劳动合同，劳动者要求继续履行劳动合同的，用人单位应当继续履行；劳动者不要求继续履行劳动合同或者劳动合同已经不能继续履行的，用人单位应当支付赔偿金。

用人单位应当在解除或者终止劳动合同时出具解除或者终止劳动合同的证明，并在十五日内为劳动者办理档案和社会保险关系转移手续。劳动者应当按照双方约定，办理工作交接。用人单位依照有关规定应当向劳动者支付经济补偿的，在办理工作交接时支付。经济补偿按劳动者在本单位工作的年限，每满一年支付一个月工资的标准向劳动者支付。六个月以上不满一年的，按一年计算；不满六个月的，向劳动者支付半个月工资的经济补偿。劳动者月工资高于用人单位所在直辖市、设区的市级人民政府公布的本地区上年度职工月平均工资三倍的，向其支付经济补偿的标准按职工月平均工资三倍的数额支付，向其支付经济补偿的年限最高不超过十二年。

四、集体合同

企业职工一方与用人单位通过平等协商，可以就劳动报酬、工作时间、休息休假、劳动安全卫生、保险福利等事项订立集体合同。集体合同草案应当提交职工代表大会或者全体职工讨论通过。集体合同由工会代表企业职工一方与用人单位订立；尚未建立工会的用人单位，由上级工会指导劳动者推举的代表与用人单位订立。企业职工一方与用人单位可以订立劳动安全卫生、女职工权益保护、工资调整机制等专项集体合同。在县级以下区域内，建筑业、采矿业、餐饮服务业等行业可以由工会与企业方面代表订立行业性集体合同，或者订立区域性集体合同。集体合同订立后，应当报送劳动行政部门；劳动行政部门自收到集体合同文本之日起十五日内未提出异议的，集体合同即行生效。依法订立的集体合同对用人单位和劳动者具有约束力。行业性、区域性集体合同对当地本行业、本区域的用人单位和劳动者具有约束力。集体合同中劳动报酬和劳动条件等标准不得低于当地人民政府规定的最低标准；用人单位与劳动者订立的劳动合同中劳动报酬和劳动条件等标准不得低于集体合同规定的标准。用人单位违反集体合同，侵犯职工劳动权益的，工会可以依法要求用人单位承担责任；因履行集体合同发生争议，经协商解决不成的，工会可以依法申请仲裁、提起诉讼。

第二节　工资和年休假

人生的最大快乐，是自己的劳动得到了成果。

——谢觉哉

引导案例

张某毕业后到一家公司工作，签订的劳动合同约定，每月工资 3 000 元，该 3 000 元工资中，包括基础工资 1 200 元、岗位工资 1 000 元、等级工资 800 元。虽然张某对工资收入比较满意，但是对公司经常安排加班很不满，更不能接受的是，公司在发放加班工资时，是按照月基础工资 1 200 元折算每小时的工资，并按 100%予以发放。张某于是向劳动监察机构举报，要求依法维护自己的权益。

问题：（1）加班工资支付标准有哪些规定？（2）该案应该怎样处理？

正常劳动是指劳动者按照依法签订的劳动合同，在法定工作时间或者劳动合同约定的工作时间内从事的劳动。劳动者在履行劳动义务的同时依法享有休息、休养的权利。规范用人单位的工资支付行为可以有力保护劳动者取得劳动报酬的权利。

一、工资

工资是指用人单位根据国家规定或者劳动合同的约定，依法以货币形式支付给劳动者的劳动报酬，包括计时工资、计件工资、奖金、津贴和补贴、加班加点工资以及特殊情况下支付的工资等，不包括用人单位承担的社会保险费、住房公积金、劳动保护、职工福利和职工教育费用。用人单位应当按照政府工资分配的宏观调控指导政策的要求，结合劳动力市场价格和本单位经济效益，合理确定本单位的工资水平。工资分配应当遵循按劳分配的原则，实行同工同酬；工资支付应当遵循诚实信用的原则，按时以货币形式足额支付。县级以上地方人民政府人力资源和社会保障行政部门负责对本行政区域内的工资支付行为进行指导和监督检查。工会、妇联等组织依法维护劳动者获得劳动报酬的权利。

用人单位应当就工资分配、工资支付等事项依法制定规章制度。制定规章制度应当听取本单位职工代表大会或者工会组织的意见，并及时在本单位公布，告知本单位全体劳动者。对职工代表大会或者工会组织提出的合理意见，用人单位应当采纳。工资分配制度应当包括以下内容：（一）各岗位的工资分配办法；（二）工资正常增长分配办法；（三）奖金分配办法；（四）津贴、补贴分配办法；（五）患病、休假等特殊情况下的工资分配办法。工资支付制度应当明确以下内容：（一）工资支付项目、标准、形式；（二）工资支付周期和日期；（三）加班加点工资计算标准；（四）假期工资支付标准；（五）依法代扣工资的情形及标准。

劳动者提供了正常劳动，用人单位应当按照劳动合同约定的工资标准支付劳动者工资。劳动合同约定的工资标准不得低于当地最低工资标准。劳动者有下列特殊情形之一，但提供了正常劳动的，用人单位支付给劳动者的工资不得低于当地最低工资标准，其中非全日制劳动者的工资不得低于当地小时最低工资标准：（一）在试用期内的；（二）因用人单位实行预付部分工资、分批支付工资的；（三）违反用人单位依法制定的规章制度，被用人单位扣除当月部分工资的；（四）给用人单位造成经济损失，用人单位按照劳动合同的约定以及依法制定的规章制度的规定需要从工资中扣除赔偿费的；（五）因用人单位生产经营困难不能按工资标准支付工资，经用人单位与本单位工会或者职工代表协商一致后降低工资标准的。上述第（三）项规定的情形，用人单位扣除劳动者当月工资的部分不得超过劳动者当月应发工资的百分之二十。当地最低工资标准由设区的市人民政府根据省人民政府公布的最低工资标准确定；最低工资标准每两年至少调整一次。劳动合同履行地与用人单位所在地的当地最低工资标准不一致的，适用当地最低工资标准时应当遵循有利于劳动者的原则。

用人单位应当自劳动者实际履行劳动义务之日起计算劳动者工资。工资支付周期最长不得超过一个月。确定工资支付周期应当遵守下列规定：（一）实行月、周、日、小时工资制的，工资支付周期可以按月、周、日、小时确定；（二）实行年薪制或者按考核周期支付工资的，应当每月预付部分工资，年终或者考核周期期满后结算并付清；（三）实行计件工资制或者其他相类似工资支付形式的，工资支付周期可以按计件完成情况约定；（四）以完成一定工作任务计发工资的，在工作任务完成后结算并付清。结算周期超过一个月的，用人单位应当每月预付工资；（五）建筑施工企业经与劳动者协商后实行分批支付工资的，应当每月预付部分工资，每半年至少结算一次并付清，第二年一月份上旬前结算并付清上年度全年工资余额。

用人单位应当在与劳动者约定的日期支付工资；没有约定工资支付日期的，按照用人单位规定的日期支付工资。工资支付日期如遇法定节假日或者休息日，应当在此之前的工作日提前支付。用人单位应当以货币形式支付劳动者工资，不得以实物、有价证券等形式替代，不得规定劳动者在指定地点、场合消费，也不得规定劳动者的消费方式。用人单位可以与银行签订代为支付工资协议，在银行设立工资专用账户，并在本单位工资支付日前将劳动者工资足额纳入工资专用账户，由银行在协议约定的时间内代为支付劳动者工资。

用人单位应当书面记录支付劳动者工资的应发项目及数额、实发数额、支付日期、支付周期、依法扣除项目及数额、领取者姓名等内容。用人单位应当建立劳动考勤制度，书面记录劳动者的出勤情况，每月与劳动者核对并由劳动者签字。用人单位保存劳动考勤记录不得少于二年。用人单位不得伪造、变造、隐匿、销毁工资支付记录及劳动者出勤记录。用人单位应当将工资支付给劳动者本人，并同时提供本人的工资清单。劳动者实际取得的工资与工资清单以及用人单位的工资支付记录应当一致。劳动者有权查询和核对本人的工资。用人单位与劳动者依法解除或者终止劳动关系的，应当在劳动关系解除或者终止之日起两个工作日内一次性付清劳动者工资。双方另有约定的除外。劳动者死亡的，用人单位应当按照满一个工资支付周期支付其工资。

用人单位安排劳动者加班加点，应当按照下列标准支付劳动者加班加点的工资：（一）工作日延长劳动时间的，按照不低于本人工资的百分之一百五十支付加点工资；（二）在休息日劳动又不能在六个月之内安排同等时间补休的，按照不低于本人工资的百分之二百支付加班工资；（三）在法定休假日劳动的，按照不低于本人工资的百分之三百支付加班工资。用于计算劳动者加班加点工资的标准，应当按照下列原则确定：（一）用人单位与劳动者双方有约定的，从其约定；（二）双方没有约定的，或者双方的约定标准低于集体合同或者本单位工资支付制度标准的，按照集体合同或者本单位工资支付制度执行；（三）前两项无法确定工资标准的，按照劳动者前十二个月的平均工资计算，其中劳动者实际工作时间不满十二个月的按照实际月平均工资计算。

劳动者有下列情形之一的，用人单位可以不予支付其工作期间的工资：（一）在事假期间的；（二）无正当理由未提供劳动的；（三）由于劳动者本人的原因中止劳动合同的。劳动者患病或者非因工负伤停止劳动，且在国家规定医疗期内的，用人单位应当按照工资分配制度的规定以及劳动合同、集体合同的约定或者国家有关规定，向劳动者支付病假工资或者疾病救济费。病假工资、疾病救济费不得低于当地最低工资标准的百分之八十。劳动者依法享有的法定节假日以及年休假、探亲假、婚丧假、晚婚晚育假、节育手术假、女职工孕期产前检查、产假、哺乳期内的哺乳时间、男方护理假、工伤职工停工留薪期等期间，用人单位应当视同劳动者提供正常劳动并支付其工资。

劳动者因依法参加下列社会活动占用工作时间的，用人单位应当视同劳动者提供正常劳动并支付其工资：（一）行使选举权或者被选举权；（二）人大代表、政协委员依法履行职责；（三）当选代表出席政府、党派以及工会、青年团、妇联等召开的会议；（四）出任人民法院陪审员；（五）出席劳动模范、先进工作者大会；（六）基层工会非专职工作人员履行职责；（七）担任集体协商代表期间，参加集体协商、签订集体合同；（八）参加兵役登记等应征事宜和预备役人员参加军事训练；（九）法律、法规、规章规定的其他社会活动。

用人单位非因劳动者原因停工、停产、歇业，在劳动者一个工资支付周期内的，应当视同劳动者提供正常劳动支付其工资。超过一个工资支付周期的，可以根据劳动者提供的劳动，按照双方新约定的标准支付工资；用人单位没有安排劳动者工作的，应当按照不低于当地最低工资标准的百分之八十支付劳动者生活费。用人单位确因生产经营困难，资金周转受到严重影响无法在约定的工资支付周期内支付劳动者工资的，应当以书面形式向劳动者说明情况，在征得工会或者职工代表大会（职工大会）的同意后，可以延期支付工资，但最长不得超过三十日。用人单位破产、撤销或者解散的，经依法清算后的财产应当优先安排偿还所欠的劳动者的工资、应当缴纳的社会保险费、经济补偿金。

用人单位依法变动劳动者工作岗位降低其工资水平，应当符合用人单位依法制定的规章制度的规定，但不得违反诚信原则滥用权力，对劳动者的工作岗位做出不合理的变动。除下列款项外，用人单位不得从劳动者的工资中代扣：（一）劳动者应当缴纳的个人所得税；（二）劳动者个人应当缴纳的社会保险费和住房公积金；（三）人民法院发生法律效力的法律文书中载明应当由劳动者承担的扶养费、抚养费、赡养费等；（四）法律、法规规定代扣的其他款项。

二、带薪年休假

为了维护职工休息休假的权利，调动职工的工作积极性，职工连续工作 1 年以上的，享受带薪年休假。单位应当保证职工享受年休假。职工在年休假期间享受与正常工作期间相同的工资收入。职工累计工作已满 1 年不满 10 年的，年休假 5 天；已满 10 年不满 20

年的，年休假 10 天；已满 20 年的，年休假 15 天。年休假天数根据职工累计工作时间确定。职工在同一或者不同用人单位工作期间，以及依照法律、行政法规或者国务院规定视同工作期间，应当计为累计工作时间。职工新进用人单位的，当年度年休假天数，按照在本单位剩余日历天数折算确定，折算后不足 1 整天的部分不享受年休假。

国家法定休假日、休息日不计入年休假的假期。职工依法享受的探亲假、婚丧假、产假等国家规定的假期以及因工伤停工留薪期间不计入年休假假期。职工有下列情形之一的，不享受当年的年休假：（一）职工依法享受寒暑假，其休假天数多于年休假天数的；（二）职工请事假累计 20 天以上且单位按照规定不扣工资的；（三）累计工作满 1 年不满 10 年的职工，请病假累计 2 个月以上的；（四）累计工作满 10 年不满 20 年的职工，请病假累计 3 个月以上的；（五）累计工作满 20 年以上的职工，请病假累计 4 个月以上的。

单位根据生产、工作的具体情况，并考虑职工本人意愿，统筹安排职工年休假。年休假在 1 个年度内可以集中安排，也可以分段安排，一般不跨年度安排。单位因生产、工作特点确有必要跨年度安排职工年休假的，征得职工本人同意，可以跨 1 个年度安排。用人单位经职工同意不安排年休假或者安排职工年休假天数少于应休年休假天数，应当在本年度内对职工应休未休年休假天数，按照其日工资收入的 300%支付未休年休假工资报酬，其中包含用人单位支付职工正常工作期间的工资收入。

用人单位安排职工休年休假，但是职工因本人原因且书面提出不休年休假的，用人单位可以只支付其正常工作期间的工资收入。计算未休年休假工资报酬的日工资收入按照职工本人的月工资除以月计薪天数（21.75 天）进行折算。月工资是指职工在用人单位支付其未休年休假工资报酬前 12 个月剔除加班工资后的月平均工资。在本用人单位工作时间不满 12 个月的，按实际月份计算月平均工资。

用人单位与职工解除或者终止劳动合同时，当年度未安排职工休满应休年休假的，应当按照职工当年已工作时间折算应休未休年休假天数并支付未休年休假工资报酬，但折算后不足 1 整天的部分不支付未休年休假工资报酬。用人单位当年已安排职工年休假的，多于折算应休年休假的天数不再扣回。劳动合同、集体合同约定的或者用人单位规章制度规定的年休假天数、未休年休假工资报酬高于法定标准的，用人单位应当按照有关约定或者规定执行。

县级以上地方人民政府劳动保障部门应当依据职权对单位执行年休假情况主动进行监督检查。工会组织依法维护职工的年休假权利。单位不安排职工休年休假又不依照规定给予年休假工资报酬的，由劳动保障部门依据职权责令限期改正；对逾期不改正的，除责令该单位支付年休假工资报酬外，单位还应当按照年休假工资报酬的数额向职工加付赔偿金；对拒不支付年休假工资报酬、赔偿金的，由劳动保障部门或者职工申请人民法院强制执行。

【案例】

陈某毕业后在A公司工作了三年，于2014年5月1日跳槽至B公司。
问题：2014年度陈某在B公司至少应享受带薪年休假多少天？

第三节　社会保险制度

社会保险制度，必须在一切可能实行的地方真实地实行，必须给予社会保险局的工作以应有的注意。

——毛泽东

引导案例

某公司与员工约定：公司不缴社会保险费，公司把该费用作为工资直接支付给员工，员工保证不再向公司主张补缴社会保险费，如果员工发生工伤，公司不承担任何责任。

问题：（1）该约定是否有效？（2）社会保险行政部门应如何处理？

国家建立基本养老保险、基本医疗保险、工伤保险、失业保险、生育保险等社会保险制度，保障公民在年老、疾病、工伤、失业、生育等情况下依法从国家和社会获得物质帮助的权利。规范社会保险关系，有利于维护公民参加社会保险和享受社会保险待遇的合法权益，使公民共享发展成果，促进社会和谐稳定。

一、基本养老保险

职工应当参加基本养老保险，由用人单位和职工共同缴纳基本养老保险费。无雇工的个体工商户、未在用人单位参加基本养老保险的非全日制从业人员以及其他灵活就业人员可以参加基本养老保险，由个人缴纳基本养老保险费。基本养老保险实行社会统筹与个人账户相结合。

用人单位应当按照国家规定的本单位职工工资总额的比例缴纳基本养老保险费，记入基本养老保险统筹基金。职工应当按照国家规定的本人工资的比例缴纳基本养老保险费，记入个人账户。无雇工的个体工商户、未在用人单位参加基本养老保险的非全日制从业人员以及其他灵活就业人员参加基本养老保险的，应当按照国家规定缴纳基本养老保险费，分别记入基本养老保险统筹基金和个人账户。基本养老保险基金出现支付不足时，政府给予补贴。个人账户不得提前支取，记账利率不得低于银行定期存款利率，免征利息税。参加职工基本养老保险的个人死亡后，其个人账户中的余额可以全部依法继承。

基本养老金由统筹养老金和个人账户养老金组成。基本养老金根据个人累计缴费年限、缴费工资、当地职工平均工资、个人账户金额、城镇人口平均预期寿命等因素确定。参加基本养老保险的个人，达到法定退休年龄时累计缴费满十五年的，按月领取基本养老金。参加职工基本养老保险的个人达到法定退休年龄时，累计缴费不足十五年的，可以延长缴费至满十五年；社会保险法实施前参保、延长缴费五年后仍不足十五年的，可以一次性缴费至满十五年，按月领取基本养老金；也可以转入新型农村社会养老保险或者城镇居民社会养老保险，按照国务院规定享受相应的养老保险待遇；个人可以书面申请终止职工基本养老保险关系，社会保险经办机构收到申请后，应当书面告知其转入新型农村社会养老保险或者城镇居民社会养老保险的权利以及终止职工基本养老保险关系的后果，经本人书面确认后，终止其职工基本养老保险关系，并将个人账户储存额一次性支付给本人。

参加基本养老保险的个人，因病或者非因工死亡的，其遗属可以领取丧葬补助金和抚恤金；在未达到法定退休年龄时因病或者非因工致残完全丧失劳动能力的，可以领取病残津贴。所需资金从基本养老保险基金中支付。国家建立基本养老金正常调整机制。根据职工平均工资增长、物价上涨情况，适时提高基本养老保险待遇水平。个人跨统筹地区就业的，其基本养老保险关系随本人转移，缴费年限累计计算。个人达到法定退休年龄时，基本养老金分段计算、统一支付。

职工基本养老保险个人账户不得提前支取。个人在达到法定的领取基本养老金条件前离境定居的，其个人账户予以保留，达到法定领取条件时，按照国家规定享受相应的养老保险待遇。其中，丧失中华人民共和国国籍的，可以在其离境时或者离境后书面申请终止职工基本养老保险关系。社会保险经办机构收到申请后，应当书面告知其保留个人账户的权利以及终止职工基本养老保险关系的后果，经本人书面确认后，终止其职工基本养老保险关系，并将个人账户储存额一次性支付给本人。

二、基本医疗保险

职工应当参加职工基本医疗保险，由用人单位和职工按照国家规定共同缴纳基本医疗保险费。无雇工的个体工商户、未在用人单位参加职工基本医疗保险的非全日制从业人员以及其他灵活就业人员可以参加职工基本医疗保险，由个人按照国家规定缴纳基本医疗保险费。

参加职工基本医疗保险的个人，达到法定退休年龄时累计缴费达到国家规定年限的，退休后不再缴纳基本医疗保险费，按照国家规定享受基本医疗保险待遇；未达到国家规定年限的，可以缴费至国家规定年限。符合基本医疗保险药品目录、诊疗项目、医疗服务设施标准以及急诊、抢救的医疗费用，按照国家规定从基本医疗保险基金中支付。参保人员医疗费用中应当由基本医疗保险基金支付的部分，由社会保险经办机构与医疗机构、药品经营单位直接结算。

社会保险行政部门和卫生行政部门应当建立异地就医医疗费用结算制度，方便参保人员享受基本医疗保险待遇。参加职工基本医疗保险的个人跨统筹地区就业的，基本医疗保险关系随本人转移接续，基本医疗保险缴费年限累计计算。下列医疗费用不纳入基本医疗保险基金支付范围：（一）应当从工伤保险基金中支付的；（二）应当由第三人负担的；（三）应当由公共卫生负担的；（四）在境外就医的。

医疗费用依法应当由第三人负担，第三人不支付或者无法确定第三人的，由基本医疗保险基金先行支付。基本医疗保险基金先行支付后，有权向第三人追偿。

社会保险经办机构根据管理服务的需要，可以与医疗机构、药品经营单位签订服务协议，规范医疗服务行为。医疗机构应当为参保人员提供合理、必要的医疗服务。参保人员确需急诊、抢救的，可以在非协议医疗机构就医；因抢救必须使用的药品可以适当放宽范围。参保人员急诊、抢救的医疗服务具体管理办法由统筹地区根据当地实际情况制定。

三、工伤保险

职工应当参加工伤保险，由用人单位缴纳工伤保险费，职工不缴纳工伤保险费。国家根据不同行业的工伤风险程度确定行业的差别费率，并根据使用工伤保险基金、工伤发生率等情况在每个行业内确定费率档次。行业差别费率和行业内费率档次由国务院社会保险行政部门制定。社会保险经办机构根据用人单位使用工伤保险基金、工伤发生率和所属行业费率档次等情况，确定用人单位缴费费率。用人单位应当按照本单位职工工资总额，根据社会保险经办机构确定的费率缴纳工伤保险费。

职工因工作原因受到事故伤害或者患职业病，且经工伤认定的，享受工伤保险待遇；其中，经劳动能力鉴定丧失劳动能力的，享受伤残待遇。职工因下列情形之一导致本人在工作中伤亡的，不认定为工伤：（一）故意犯罪；（二）醉酒或者吸毒 ，醉酒标准按照《车辆驾驶人员血液、呼气酒精含量阈值与检验》（GB19522—2004）执行，公安机关交通管理部门、医疗机构等有关单位依法出具的检测结论、诊断证明等材料，可以作为认定醉酒的依据；（三）自残或者自杀；（四）法律、行政法规规定的其他情形。工伤职工有下列情形之一的，停止享受工伤保险待遇：（一）丧失享受待遇条件的；（二）拒不接受劳动能力鉴定的；（三）拒绝治疗的。

因工伤发生的下列费用，按照国家规定从工伤保险基金中支付：（一）治疗工伤的医疗费用和康复费用；（二）住院伙食补助费；（三）到统筹地区以外就医的交通食宿费；（四）安装配置伤残辅助器具所需费用；（五）生活不能自理的，经劳动能力鉴定委员会确认的生活护理费；（六）一次性伤残补助金和一至四级伤残职工按月领取的伤残津贴；

（七）终止或者解除劳动合同时，应当享受的一次性医疗补助金；（八）因工死亡的，其遗属领取的丧葬补助金、供养亲属抚恤金和因工死亡补助金，工亡补助金标准为工伤发生时上一年度全国城镇居民人均可支配收入的20倍；（九）劳动能力鉴定费。因工伤发生的下列费用，按照国家规定由用人单位支付：（一）治疗工伤期间的工资福利；（二）五级、六级伤残职工按月领取的伤残津贴；（三）终止或者解除劳动合同时，应当享受的一次性伤残就业补助金。工伤职工符合领取基本养老金条件的，停发伤残津贴，享受基本养老保险待遇。基本养老保险待遇低于伤残津贴的，从工伤保险基金中补足差额。

职工所在用人单位未依法缴纳工伤保险费，发生工伤事故的，由用人单位支付工伤保险待遇。用人单位不支付的，从工伤保险基金中先行支付。从工伤保险基金中先行支付的工伤保险待遇应当由用人单位偿还。用人单位不偿还的，社会保险经办机构可以依照规定追偿。职工（包括非全日制从业人员）在两个或者两个以上用人单位同时就业的，各用人单位应当分别为职工缴纳工伤保险费。职工发生工伤，由职工受到伤害时工作的单位依法承担工伤保险责任。由于第三人的原因造成工伤，第三人不支付工伤医疗费用或者无法确定第三人的，由工伤保险基金先行支付。工伤保险基金先行支付后，有权向第三人追偿。

四、失业保险

职工应当参加失业保险，由用人单位和职工按照国家规定共同缴纳失业保险费。失业人员符合下列条件的，从失业保险基金中领取失业保险金：（一）失业前用人单位和本人已经缴纳失业保险费满一年的；（二）非因本人意愿中断就业的；（三）已经进行失业登记，并有求职要求的。失业人员失业前用人单位和本人累计缴费满一年不足五年的，领取失业保险金的期限最长为十二个月；累计缴费满五年不足十年的，领取失业保险金的期限最长为十八个月；累计缴费十年以上的，领取失业保险金的期限最长为二十四个月。失业人员领取失业保险金后重新就业的，再次失业时，缴费时间重新计算，领取失业保险金的期限与前次失业应当领取而尚未领取的失业保险金的期限合并计算，最长不超过二十四个月。失业人员因当期不符合失业保险金领取条件的，原有缴费时间予以保留，重新就业并参保的，缴费时间累计计算。

失业保险金的标准，由省、自治区、直辖市人民政府确定，不得低于城市居民最低生活保障标准。失业人员在领取失业保险金期间，参加职工基本医疗保险，享受基本医疗保险待遇。失业人员应当缴纳的基本医疗保险费从失业保险基金中支付，个人不缴纳基本医疗保险费。职工跨统筹地区就业的，其失业保险关系随本人转移，缴费年限累计计算。失业人员在领取失业保险金期间死亡的，参照当地对在职职工死亡的规定，向其遗属发给一次性丧葬补助金和抚恤金。所需资金从失业保险基金中支付。个人死亡同时符合领取基本养老保险丧葬补助金、工伤保险丧葬补助金和失业保险丧葬补助金条件的，其遗属只能选择领取其中的一项。

用人单位应当及时为失业人员出具终止或者解除劳动关系的证明，并将失业人员的名单自终止或者解除劳动关系之日起十五日内告知社会保险经办机构。失业人员应当持本单位为其出具的终止或者解除劳动关系的证明，及时到指定的公共就业服务机构办理失业登记。失业人员凭失业登记证明和个人身份证明，到社会保险经办机构办理领取失业保险金的手续。失业保险金领取期限自办理失业登记之日起计算。

失业人员在领取失业保险金期间有下列情形之一的，停止领取失业保险金，并同时停止享受其他失业保险待遇：（一）重新就业的；（二）应征服兵役的；（三）移居境外的；（四）享受基本养老保险待遇的；（五）无正当理由，拒不接受当地人民政府指定部门或者机构介绍的适当工作或者提供的培训的。失业人员在领取失业保险金期间，应当积极求职，接受职业介绍和职业培训。失业人员接受职业介绍、职业培训的补贴由失业保险基金按照规定支付。

五、生育保险

职工应当参加生育保险，由用人单位按照国家规定缴纳生育保险费，职工不缴纳生育保险费。用人单位已经缴纳生育保险费的，其职工享受生育保险待遇；职工未就业配偶按照国家规定享受生育医疗费用待遇。所需资金从生育保险基金中支付。生育保险待遇包括生育医疗费用和生育津贴。生育医疗费用包括下列各项：（一）生育的医疗费用；（二）计划生育的医疗费用；（三）法律、法规规定的其他项目费用。职工有下列情形之一的，可以按照国家规定享受生育津贴：（一）女职工生育享受产假；（二）享受计划生育手术休假；（三）法律、法规规定的其他情形。生育津贴按照职工所在用人单位上年度职工月平均工资计发。

第四节　劳动争议

引导案例

2007 年 1 月李先生和某公司签订了一份为期三年的劳动合同，合同约定，工作岗位为总经理助理，月薪 7 000 元。2007 年 10 月该公司突然将李先生的岗位调整为行政助理，月薪 3 000 元。李先生接到公司调令后，非常气愤，于是到公司人事部询问，人事部的回答是李先生不能胜任总经理助理职位，所以将其调整岗位为行政助理。李先生认为公司擅自将其调到行政助理一职，侵害了其权益，于是将公司告上仲裁庭，请求继续履行原合同，并按原工资标准 7 000 元支付工资。

问题：李先生的请求可否获得支持？为什么？

用人单位与劳动者发生的下列争议属于劳动争议：（一）因确认劳动关系发生的争议；（二）因订立、履行、变更、解除和终止劳动合同发生的争议；（三）因除名、辞退和辞职、离职发生的争议；（四）因工作时间、休息休假、社会保险、福利、培训以及劳动保护发生的争议；（五）因劳动报酬、工伤医疗费、经济补偿或者赔偿金等发生的争议；（六）法律、法规规定的其他劳动争议。发生劳动争议，当事人不愿协商、协商不成或者达成和解协议后不履行的，可以向调解组织申请调解；不愿调解、调解不成或者达成调解协议后不履行的，可以向劳动争议仲裁委员会申请仲裁；对仲裁裁决不服的，可以向人民法院提起诉讼。发生劳动争议，当事人对自己提出的主张，有责任提供证据。与争议事项有关的证据属于用人单位掌握管理的，用人单位应当提供；用人单位不提供的，应当承担不利后果。

一、调解

发生劳动争议，当事人可以到下列调解组织申请调解：（一）企业劳动争议调解委员会；（二）依法设立的基层人民调解组织；（三）在乡镇、街道设立的具有劳动争议调解职能的组织。企业劳动争议调解委员会由职工代表和企业代表组成。职工代表由工会成员担任或者由全体职工推举产生，企业代表由企业负责人指定。企业劳动争议调解委员会主任由工会成员或者双方推举的人员担任。

劳动争议调解组织的调解员应当由公道正派、联系群众、热心调解工作，并具有一定法律知识、政策水平和文化水平的成年公民担任。当事人申请劳动争议调解可以书面申请，也可以口头申请。口头申请的，调解组织应当当场记录申请人的基本情况、申请调解的争议事项、理由和时间。调解劳动争议，应当充分听取双方当事人对事实和理由的陈述，耐心疏导，帮助其达成协议。

经调解达成协议的，应当制作调解协议书。调解协议书由双方当事人签名或者盖章，经调解员签名并加盖调解组织印章后生效，对双方当事人具有约束力，当事人应当履行。自劳动争议调解组织收到调解申请之日起十五日内未达成调解协议的，当事人可以依法申请仲裁。达成调解协议后，一方当事人在协议约定期限内不履行调解协议的，另一方当事人可以依法申请仲裁。因拖欠支付劳动报酬、工伤医疗费、经济补偿或者赔偿金事项达成的调解协议，用人单位在协议约定期限内不履行的，劳动者可以持调解协议书依法向人民法院申请支付令。人民法院应当依法发出支付令。

二、仲裁

劳动争议由劳动合同履行地或者用人单位所在地的劳动争议仲裁委员会管辖。双方当事人分别向劳动合同履行地和用人单位所在地的劳动争议仲裁委员会申请仲裁的，由劳动合同履行地的劳动争议仲裁委员会管辖。劳动争议仲裁不收费。劳动争议仲裁委员会的经费由财政予以保障。劳动争议仲裁公开进行，但当事人协议不公开进行或者涉及国家秘密、商业秘密和个人隐私的除外。劳动争议申请仲裁的时效期间为一年。仲裁时效期间从当事人知道或者应当知道其权利被侵害之日起计算。仲裁时效因当事人一方向对方当事人主张权利，或者向有关部门请求权利救济，或者对方当事人同意履行义务而中断。从中断时起，仲裁时效期间重新计算。因不可抗力或者有其他正当理由，当事人不能在规定的仲裁时效期间申请仲裁的，仲裁时效中止。从中止时效的原因消除之日起，仲裁时效期间继续计算。劳动关系存续期间因拖欠劳动报酬发生争议的，劳动者申请仲裁不受仲裁时效期间的限制；但是，劳动关系终止的，应当自劳动关系终止之日起一年内提出。

申请人申请仲裁应当提交书面仲裁申请，并按照被申请人的人数提交副本。仲裁申请书应当载明下列事项：（一）劳动者的姓名、性别、年龄、职业、工作单位和住所，用人单位的名称、住所和法定代表人或者主要负责人的姓名、职务；（二）仲裁请求和所根据的事实、理由；（三）证据材料。劳动争议仲裁委员会收到仲裁申请之日起五日内，认为符合受理条件的，应当受理，并通知申请人；认为不符合受理条件的，应当书面通知申请人不予受理，并说明理由。对劳动争议仲裁委员会不予受理或者逾期未做出决定的，申请人可以就该劳动争议事项向人民法院提起诉讼。

劳动争议仲裁委员会受理仲裁申请后，应当在五日内将仲裁申请书副本送达被申请人。被申请人收到仲裁申请书副本后，应当在十日内向劳动争议仲裁委员会提交答辩书。劳动争议仲裁委员会收到答辩书后，应当在五日内将答辩书副本送达申请人。被申请人未提交答辩书的，不影响仲裁程序的进行。

劳动争议仲裁委员会裁决劳动争议案件实行仲裁庭制。仲裁庭由三名仲裁员组成，设首席仲裁员。简单劳动争议案件可以由一名仲裁员独任仲裁。仲裁庭应当在开庭五日前，将开庭日期、地点书面通知双方当事人。当事人有正当理由的，可以在开庭三日前请求延期开庭。是否延期，由劳动争议仲裁委员会决定。申请人收到书面通知，无正当理由拒不到庭或者未经仲裁庭同意中途退庭的，可以视为撤回仲裁申请。被申请人收到书面通知，无正当理由拒不到庭或者未经仲裁庭同意中途退庭的，可以缺席裁决。

当事人在仲裁过程中有权进行质证和辩论。质证和辩论终结时，首席仲裁员或者独任仲裁员应当征询当事人的最后意见。劳动者无法提供由用人单位掌握管理的与仲裁请求有关的证据，仲裁庭可以要求用人单位在指定期限内提供。用人单位在指定期限内不提供的，应当承担不利后果。当事人申请劳动争议仲裁后，可以自行和解。达成和解协议的，可以撤回仲裁申请。仲裁庭在做出裁决前，应当先行调解。调解达成协议的，仲裁庭应当制作调解书。调解书经双方当事人签收后，发生法律效力。调解不成或者调解书送达前，一方当事人反悔的，仲裁庭应当及时做出裁决。

仲裁庭裁决劳动争议案件，应当自劳动争议仲裁委员会受理仲裁申请之日起四十五日内结束。案情复杂需要延期的，经劳动争议仲裁委员会主任批准，可以延期并书面通知当事人，但是延长期限不得超过十五日。逾期未做出仲裁裁决的，当事人可以就该劳动争议事项向人民法院提起诉讼。当事人对仲裁裁决不服的，可以自收到仲裁裁决书之日起十五日内向人民法院提起诉讼；期满不起诉的，裁决书发生法律效力。当事人对发生法律效力的调解书、裁决书，应当依照规定的期限履行。一方当事人逾期不履行的，另一方当事人可以向人民法院申请执行。受理申请的人民法院应当依法执行。

仲裁庭对追索劳动报酬、工伤医疗费、经济补偿或者赔偿金的案件，根据当事人的申请，可以裁决先予执行，再移送人民法院执行。仲裁庭裁决先予执行的，应当符合下列条件：（一）当事人之间权利义务关系明确；（二）不先予执行将严重影响申请人的生活。劳动者申请先予执行的，可以不提供担保。

下列劳动争议仲裁裁决为终局裁决，裁决书自做出之日起发生法律效力：（一）追索劳动报酬、工伤医疗费、经济补偿或者赔偿金，不超过当地月最低工资标准十二个月金额的争议；（二）因执行国家的劳动标准在工作时间、休息休假、社会保险等方面发生的争议。劳动者对上述终局裁决不服的，可以自收到仲裁裁决书之日起十五日内向人民法院提起诉讼。用人单位有证据证明上述终局裁决有下列情形之一的，可以自收到仲裁裁决书之日起三十日内向劳动争议仲裁委员会所在地的中级人民法院申请撤销裁决：（一）适用法律、法规确有错误的；（二）劳动争议仲裁委员会无管辖权的；（三）违反法定程序的；（四）裁决所根据的证据是伪造的；（五）对方当事人隐瞒了足以影响公正裁决的证据的；（六）仲裁员在仲裁该案时有索贿受贿、徇私舞弊、枉法裁决行为的。

第五节 特别规定

引导案例

2015 年 3 月，女职工王某怀孕已 2 个月，现王某与用人单位签订的劳动合同已到期，单位称合同到期就终止了，不再续签了。

问题：用人单位的说法是否正确？王某怀孕期间应享受哪些权益？

企业的用工形式可以分为直接招聘的全日制用工、劳务派遣用工、非全日制用工三种。劳务派遣用工、非全日制用工属于特殊用工形式。劳务派遣用工存在劳务派遣单位与用工单位之间及劳务派遣单位与被派遣劳动者之间的三方关系；非全日制用工形式中，劳动者可以与一个以上用工单位建立劳动关系。为了保护女职工健康，用人单位应当加强对女职工的特殊劳动保护，采取措施改善女职工的劳动安全卫生条件，对女职工进行劳动安全卫生知识培训。

一、劳务派遣用工

劳务派遣单位应当履行用人单位对劳动者的义务。劳务派遣单位与被派遣劳动者订立的劳动合同，应当载明被派遣劳动者的用工单位以及派遣期限、工作岗位等情况。劳务派遣单位应当与被派遣劳动者订立二年以上的固定期限劳动合同，按月支付劳动报酬；被派遣劳动者在无工作期间，劳务派遣单位应当按照所在地人民政府规定的最低工资标准，向其按月支付报酬。劳务派遣单位派遣劳动者应当与接受以劳务派遣形式用工的单位订立劳务派遣协议。劳务派遣协议应当约定派遣岗位和人员数量、派遣期限、劳动报酬和社会保险费的数额与支付方式以及违反协议的责任。劳务派遣一般在临时性、辅助性或者替代性的工作岗位上实施。用人单位或者其所属单位不得设立劳务派遣单位向本单位或者所属单位派遣劳动者。劳务派遣单位不得以非全日制用工形式招用被派遣劳动者。

用工单位应当根据工作岗位的实际需要与劳务派遣单位确定派遣期限，不得将连续用工期限分割订立数个短期劳务派遣协议。劳务派遣单位应当将劳务派遣协议的内容告知被派遣劳动者。劳务派遣单位不得克扣用工单位按照劳务派遣协议支付给被派遣劳动者的劳动报酬。劳务派遣单位和用工单位不得向被派遣劳动者收取费用。劳务派遣单位跨地区派遣劳动者的，被派遣劳动者享有的劳动报酬和劳动条件，按照用工单位所在地的标准执行。

用工单位应当履行下列义务：（一）执行国家劳动标准，提供相应的劳动条件和劳动保护；（二）告知被派遣劳动者的工作要求和劳动报酬；（三）支付加班费、绩效奖金，提供与工作岗位相关的福利待遇；（四）对在岗被派遣劳动者进行工作岗位所必需的培训；（五）连续用工的，实行正常的工资调整机制。用工单位不得将被派遣劳动者再派遣到其他用人单位。被派遣劳动者享有与用工单位的劳动者同工同酬的权利。用工单位无同类岗位劳动者的，参照用工单位所在地相同或者相近岗位劳动者的劳动报酬确定。被派遣劳动者有权在劳务派遣单位或者用工单位依法参加或者组织工会，维护自身的合法权益。

二、非全日制用工

非全日制用工，是指以小时计酬为主，劳动者在同一用人单位一般平均每日工作时间不超过四小时、每周工作时间累计不超过二十四小时的用工形式。非全日制用工双方当事人可以订立口头协议。从事非全日制用工的劳动者可以与一个或者一个以上的用人单位订立劳动合同；但是，后订立的劳动合同不得影响先订立的劳动合同的履行。非全日制用工双方当事人不得约定试用期。非全日制用工双方当事人的任何一方都可以随时通知对方终止用工。终止用工后，用人单位不向劳动者支付经济补偿。非全日制用工小时计酬标准不得低于用人单位所在地人民政府规定的最低小时工资标准。非全日制用工劳动报酬结算支付周期最长不得超过十五日。

三、女职工特殊保护

用人单位应当遵守女职工禁忌从事的劳动范围的规定。用人单位应当将本单位属于女职工禁忌从事的劳动范围的岗位书面告知女职工。国务院安全生产监督管理部门会同国务院人力资源社会保障行政部门、国务院卫生行政部门根据经济社会发展情况，对女职工禁忌从事的劳动范围进行调整。

用人单位不得因女职工怀孕、生育、哺乳降低其工资、予以辞退、与其解除劳动或者聘用合同。女职工在孕期不能适应原劳动的，用人单位应当根据医疗机构的证明，予以减轻劳动量或者安排其他能够适应的劳动。对怀孕 7 个月以上的女职工，用人单位不得延长劳动时间或者安排夜班劳动，并应当在劳动时间内安排一定的休息时间。怀孕女职工在劳动时间内进行产前检查，所需时间计入劳动时间。女职工生育享受 98 天产假，其中产前可以休假 15 天；难产的，增加产假 15 天；生育多胞胎的，每多生育 1 个婴儿，增加产假 15 天。女职工怀孕未满 4 个月流产的，享受 15 天产假；怀孕满 4 个月流产的，享受 42 天产假。女职工产假期间的生育津贴，对已经参加生育保险的，按照用人单位上年度职工月平均工资的标准由生育保险基金支付；对未参加生育保险的，按照女职工产假前工资的标准由用人单位支付。

女职工生育或者流产的医疗费用，按照生育保险规定的项目和标准，对已经参加生育保险的，由生育保险基金支付；对未参加生育保险的，由用人单位支付。对哺乳未满 1 周岁婴儿的女职工，用人单位不得延长劳动时间或者安排夜班劳动。用人单位应当在每天的劳动时间内为哺乳期女职工安排 1 小时的哺乳时间；女职工生育多胞胎的，每多哺乳 1 个婴儿每天增加 1 小时的哺乳时间。

县级以上人民政府人力资源与社会保障行政部门、安全生产监督管理部门按照各自职责负责对用人单位遵守女职工特殊保护的情况进行监督检查。工会、妇女组织依法对用人单位遵守女职工特殊保护的情况进行监督。用人单位侵害女职工合法权益的，女职工可以依法投诉、举报、申诉，依法向劳动人事争议调解仲裁机构申请调解仲裁，对仲裁裁决不服的，依法向人民法院提起诉讼。

小贴士

女职工禁忌从事的劳动范围：

（一）矿山井下作业；

（二）体力劳动强度分级标准中规定的第四级体力劳动强度的作业；

（三）每小时负重 6 次以上、每次负重超过 20 公斤的作业，或者间断负重、每次负重超过 25 公斤的作业。

本章小结

个人的法律素质对于将来的职业生涯具有非常重要的作用。大学生应当学习和积累职业法律知识，逐步掌握职业活动中法律要求的基本内容，有意识地不断提高自身的职业法律意识和职业法律素质，为今后的职业生活奠定基础。

问题与思考

1. 劳动者与用人单位签订的劳动合同应当具备哪些条款？
2. 什么是竞业限制？我国对竞业限制有哪些具体规定？
3. 劳动者在哪些情形下用人单位不得解除劳动合同？
4. 什么是非全日制用工？我国对非全日制用工有哪些具体规定？
5. 发生工伤事故的，工伤保险基金和用人单位分别承担哪些费用？

第六章

自我管理

最先和最后的胜利是征服自我。只有科学地认识自我、正确地设计自我、严格地管理自我，才能站在历史的潮头去开创崭新的人生。

——柏拉图

引　言

自我管理，从广义角度理解，是指大学生为了实现高等教育的培养目标、满足社会日益发展对个人素质的要求，充分地调动自身的主观能动性，卓有成效地利用和整合自我资源（价值观、时间、心理、身体、行为和信息等），而开展的自我认识、自我计划、自我组织、自我控制和自我监督的一系列自我学习、自我教育、自我发展的活动，从而趋向于自我完善。从狭义角度来理解，自我管理、自我学习、自我教育、自我发展呈金字塔形递进排列，处在金字塔最底部的自我管理是开展其他活动的基础，其他活动的实现都应建立在有效的自我管理的基础之上。

个体在自我发展和自我实现的过程中，无论是目标的树立、方向的确定、计划的制订，还是具体行为、行动的选择、实施、调整和控制，每一个步骤的顺利完成，都离不开个体的自我控制与调节，即自我管理能力的具体表现。因此，自我管理是自我发展和自我实现的根本保证。

自我管理所涉及的内容非常广泛，包括时间管理、自我效能管理、情绪管理、生涯管理、角色管理、压力管理、学习管理、健康管理等许多领域。本章将对部分重点内容进行详细阐述。

第一节 时间管理

知道怎样不浪费时间的人能做任何事情，知道如何利用时间的人将会是它想要的一切东西的主人。

——恩·阿尔贝蒂

引导案例

在对某公司董事长进行日常时间安排的调研时，他非常肯定地回答："时间分布情况大致为，1/3 用于与公司高级管理人员研讨业务，1/3 用于接待重要客户，其余 1/3 用于参加各种社会活动。"但是，通过跟踪记录，我们发现该董事长在上述三个方面，几乎没有花什么时间，他所说的三类工作，只不过是他认为"应该"花时间的工作而已。实际记录显示，他的时间大部分都花在协调工作上，如，处理顾客的订单，打电话给工厂催款等。

人生管理，实质上就是时间管理。时间是世界上最稀缺、最宝贵的一种资源，时间的稀缺性体现了生命的有限性。科学地分析时间、利用时间、管理时间、节约时间，进而在有限的时间里，最大化地创造自身职业价值，是追求自我完善和自我超越的一种重要能力。

一、时间管理概述

（一）时间

人的时间感觉是最不可靠的。日常生活中，我们常常会觉得时间很紧张，都用在了工作中的重要事情上，但是如果仔细分析，我们会发现事实并非如此，案例 1 就是一个很好的佐证。因此，管理好时间，是管理好其他事情的前提，而分析认识自己的时间，是系统地分析自己的工作、鉴别工作主要性的方法，也是通向成功的有效途径。

那么，人的一生到底拥有多少时间呢？如果按"人过 70 古来稀"的说法计算，则人的一生拥有的时间为 365*70=25 550 天。扣除前 20 年的成长阶段、后 15 年的退休阶段，您用于职业生涯的时间大约只有 35 年，即 365*35=12 775 天。再去除其中每天必需的八小时睡眠以及生活、休闲的时间，大约只剩下一半的时间了，即约 6 300 天。

如何利用这仅有的时间？我们需要从了解时间的特征着手。首先，时间具有固定性。时间对于每个人来说都是固定的，不管是成功的人，还是不成功的人，在任何情况下时间都不会增加，也不会减少，一天都只能是 24 小时，并且，任何人都无法阻止其持续流逝，也无法将其暂时储存。成功与不成功的差别仅在于如何利用这 24 小时；其次，时间具有不可替代性。时间是任何东西都不能替代的，是任何活动必不可少的基本资源。

（二）时间管理

时间管理是指为了达到某种目的，人们通过可靠的方法和途径，安排自己和他人的活动，合理、有效地利用可以支配的时间。其所探索的是如何减少时间浪费，以便有效地完成既定目标。时间管理的关键在于，如何选择、支配、调整、驾驭单位时间里所做的事情。

时间管理源于你不满足于现状，或是想要有更好的时间管理。首先我们通过测试，了解一下自己的时间管理现状。

实践环节设计

下列题目，请你回答“是”或“不是”，然后计算回答“是”的个数。

（1）你通常工作很长时间吗？

（2）你通常把工作带回家吗？

（3）你感到很少花时间去做你想做的事情吗？

（4）如果你没有完成你所希望做的工作，你是否有负罪感？

（5）即使没有出现严重的问题或危机，你也经常感到工作有很多压力？

（6）你的案头有许多并不重要但长时间未处理的文件？

（7）你时常在做重要工作时被打断吗？

（8）你在办公室用餐吗？

（9）在上个月里，你是否忘记过一些重要的约会？

（10）你时常把工作拖到最后一分钟吗？

（11）你觉得找借口推延你不喜欢做的事容易吗？

（12）你总是感到需要做一些事情来保持繁忙吗？

（13）当你长休了一段时间，你是否有负罪感？

（14）你常无暇阅读与工作有关的书籍吗？

（15）你是否太忙于解决一些琐碎的事而没有去做与目标一致的大事？

（16）你是否沉醉于过去的成功或失败之中而没有着眼于未来？

结果分析：12～16 个“是”，说明你在时间管理上急需改进；8～12 个“是”，说明你需要重新审视你的实践行动指南；4～8 个“是”，说明你的时间管理还不错，方向正确，但需要提高冲劲；0～4 个“是”，说明你的时间管理非常好，坚持并保留你的方法。

二、时间管理陷阱

所谓时间管理的陷阱是指导致时间浪费的各种因素。在现实生活中，我们常常会出现，习惯性拖延时间、不擅长处理不速之客的打扰、不擅长处理无端电话的打扰，以及泛滥的“会议病”困扰等情况，这些都影响我们对时间的有效管理。常见的时间管理陷阱有五类。

（一）拖延

“明日复明日，明日何其多，我生待明日，万事成蹉跎。”这首大家耳熟能详的《明日歌》，形象地刻画出了拖延的特征及后果。拖延是时间浪费的主要原因，下面通过“时间拖延商数测验”，进行一下自评。如果自评结果表明您有拖延的毛病，那就需要分析造成拖延的原因，并寻求对策。

实践环节设计

下列题目，请根据自己的真实感受，选择最适合您的答案。

（1）为了避免对棘手的难题采取行动，我会寻找理由和借口。

A. 非常同意　B. 略表同意　C. 略表不同意　D. 极不同意

（2）为使困难的工作能被执行，对执行者施加压力是必要的。

A. 非常同意　B. 略表同意　C. 略表不同意　D. 极不同意

（3）采取折中办法以避免或延缓不愉快的事是困难的。

A. 非常同意　B. 略表同意　C. 略表不同意　D. 极不同意

（4）我遭遇了太多足以妨碍我完成重大任务的干扰与危机。

A. 非常同意　B. 略表同意　C. 略表不同意　D. 极不同意

（5）当被迫执行一项不愉快的决策时，我避免直截了当地答复。

A. 非常同意　B. 略表同意　C. 略表不同意　D. 极不同意

（6）我对重要的行动计划的追踪工作一般不予理会。

A. 非常同意　B. 略表同意　C. 略表不同意　D. 极不同意

（7）试图让他人为管理者执行不愉快的工作。

A. 非常同意　B. 略表同意　C. 略表不同意　D. 极不同意

（8）我经常将重要工作安排在下午处理，或者携带回家里，以便在夜晚或周末处理它。

A. 非常同意　B. 略表同意　C. 略表不同意　D. 极不同意

（9）我在过分疲劳（过分紧张、过分生气、太受抑制）时，无法处理所面对的困难任务。

A. 非常同意　B. 略表同意　C. 略表不同意　D. 极不同意

（10）在着手处理一件艰难的任务之前，我喜欢清除桌上的每一个物件

A. 非常同意　B. 略表同意　C. 略表不同意　D. 极不同意

评分标准：每一个“非常同意”得4分，“略表同意”得3分，“略表不同意”得2分，“极不同意”得1分。

结果分析：将10道题的得分相加，总分小于20，表示您不是拖延者，您也许有偶尔拖延的习惯；总分在21～30分，表示您有拖延的毛病，但不太严重；总分大于30分，表示您或许已患上严重的拖延毛病。

（二）缺乏计划

培根说过：“合理安排时间，就等于节约时间。”工作缺乏计划，将导致目标不明确，不能有效地归类工作，也就很难按照事情轻重缓急的顺序，有效地分配时间。通过下面的情境测试来理解计划的重要性。

实践环节设计

情境测验题（限时三分钟）

（1）请先阅读完本文

（2）在这张纸的右上角写下你的名字

（3）将第二句中的“名字”两个字圈起来

（4）在这张纸的左上角画五个正方形

（5）在刚才画的正方形中各画一个十字

（6）在正方形的四周画一个圆圈

（7）在这张纸的右下角签上你的名字

（8）在签名下写三个好字

（9）在右上角的签名下划一道线

（10）在这张纸的左下角画一个十字

（11）把刚才所画的十字周围加画一个三角形

（12）将第八句的“好”字圈起来

（13）当你做到这里请大喊一声“我最快”

（14）如果你完全遵守规定，请大声说“我最好”

（15）在这张纸的背面计算二十三加三十二加二十三

（16）将刚刚的答案减去二十三，再减去十三等于多少？

（17）在以上所有“双数”题的题号上画圈

（18）假如你做到这里，请拍一下桌子并大声说“遵从指示我第一”

（19）在这张纸的背面计算一下二十五乘十三的答案

（20）现在你已经全部看完，请只做第一题和第二题即可

（三）文件满桌

你很难在最短的时间内，从一个杂乱无序、堆满文件的办公桌上，准确获取所需要的资料，这就可能会浪费很多的时间。

实践环节设计

请快速地找到以下 12 个文件，如您无法即刻提供某些题目要求的文件，请在题目前打“×”。

（1）订购文具后所得的账单；

（2）收到的一本管理杂志，其中可能具有值得阅读的文章；

（3）来自上司的会议通知（下周一举行会议）；

（4）某大学企管系学生寄来的问卷；

（5）下属交来的（或是你个人的）一份用于准备下一个月业务报告的有关资料；

（6）一封需要尽快回复的信；

（7）一位你经常接触的人告知新地址及新电话号码的电子邮件；

（8）组织内其他平行部门的来函，要求取得你所在部门的市场（或其他）调查报告；

（9）某管理顾问公司寄来的出版物宣传单，你认为其中一两本书也许值得订购，但你无法确定是否真正值得订购；

（10）客户寄来的一封投诉信；

（11）人事部门发出的有关员工考核程序的函件；

（12）提醒自己明年及早准备财务预算的备忘录。

结果分析：假如您在以上 12 个题目的前面共写上了两个或两个以上的“×”，则表示您欠缺一套完整的文件处置系统。您最好尽快设计一套完整的文件处置系统（包括您的纸面文件夹和计算机的文件夹）。

（四）事必躬亲

人的时间和精力都是有限的，如果亲自处理每一件事情，势必会“眉毛胡子一把抓”，无法节约时间去做最重要的工作。

（五）不会拒绝

我们不可能满足所有人的要求，因为每个人的时间都是有限的。在日常工作中，我们经常会遇到各种请求，往往会因为碍于面子而答应下来，但又没有时间来完成，这对自己和他人来说，都将是一种伤害。

三、时间管理策略

（一）目标原则

目标的功能在于让你在面临各种选择时，有一个清晰的认识，使你的行动更有效率。哈佛大学的一项对智力、学历、环境相似的人的跟踪研究发现，3%的人有十分清晰的长期目标；10%的人有比较清晰的短期目标；60%的人目标模糊；27%的人没有目标。25 年后，那 3%的人，几乎都成了社会各界的成功人士；那 10%的人，大都生活在社会的中上层；那 60%的人，几乎都生活在社会的中下层；那 27%的人，几乎都生活在社会的最底层。由此可见，清晰的目标，可以使人在同样的时间内，更高效地完成工作，也最能刺激我们奋勇前进、引导我们发挥潜能。

根据 SMART 原则，有效的目标应遵循具体明确（Specific）、可衡量（Measurable）、可实现但有挑战性（Achievable and challenging）、有意义（Rewarding）、有明确期限（Time-Bounded）五项原则。同时，还必须具有书面性和可操作性。

需要清楚的是，任何一个目标的设定，时间限定都是一个重要内容，很多目标实现不了的重要原因，就是没有时间上的限定。如果我们仔细回顾一下，可以发现，因没有时间限定而实现不了目标的例子，在我们现实生活中不胜枚举。

（二）四象限原则

在开始工作前，我们如何在一系列以目标为导向的待办事项中，选择孰先孰后呢？一般来说，优先考虑重要和紧迫的事情，但是在很多情况下，重要的事情不一定紧迫，紧迫的事情不一定重要。因此，处理事情的优先秩序的判断依据是轻重缓急，常用四象限原则来作为判断依据（图 6-1）。

第一类（A）是重要而且紧迫的事情。这类事请包括紧急事件、有期限要求的项目或需要立即解决的问题，需要引起高度重视。

第二类（B）是重要但不紧迫的事情。这类事请包括策划、建立关系、网络工作、个人发展。

第三类（C）是紧迫但不重要的事情。这类工作包括应付干扰、处理一些电话及电子邮件、参加会议、处理其他人关心的事情。

第四类（D）是不重要而且也不紧迫的事情。包括处理垃圾邮件、直销信件、浪费时间的工作、与同事的社交活动以及个人感兴趣的事。

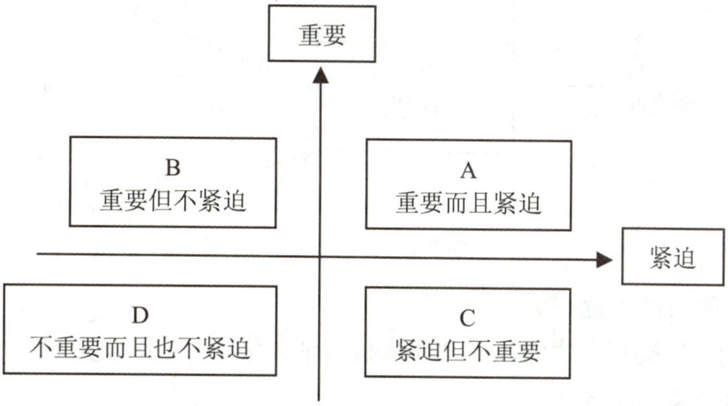

图 6-1　时间管理“四象限”

通过四象限原则，我们清楚地看到，事情处理的优先顺序依次为第一类、第二类、第三类、第四类。但是，对于一个善于管理时间的人来说，通常会重点关注第二类事情，做好提前准备，以免将其拖延成第一类事情，从而措手不及、影响成效。

（三）二八原则

“二八原则”又称帕累托定律，是意大利经济学家帕累托，在对 19 世纪英国社会各阶层的财富和收益统计分析时发现，80%的社会财富集中在 20%的人手里，而剩余的 80%的人只拥有 20%的社会财富。随后哈佛大学语言学教授吉普夫和罗马尼亚裔的美国工程师朱伦进一步完善了“二八原则”（见图 6-2）。“二八原则”提示我们，并不是所有的产品都一样重要，并不是所有的顾客都同等重要，并不是所有的投入都同样重要，并不是所有的原因都同样重要。在任何一组事物中，最重要的只占一小部分，即 20%，而其余 80%虽然占多数，却是次要的。如果想取得人生的辉煌和事业的成就，你就必须学会找出你心中的事物的优先顺序，抓住重点。

（四）避免干扰原则

凡是没有规定日程的拜访或电话都是干扰。虽然干扰未必都是不必要或不利的，但是，干扰会中断计划中的事情，影响正常的工作。那么，常见的干扰及对策有哪些呢？

1. 来自上司的干扰

对策：① 让上司清楚知道你的工作目标；② 主动地约见你的上司。

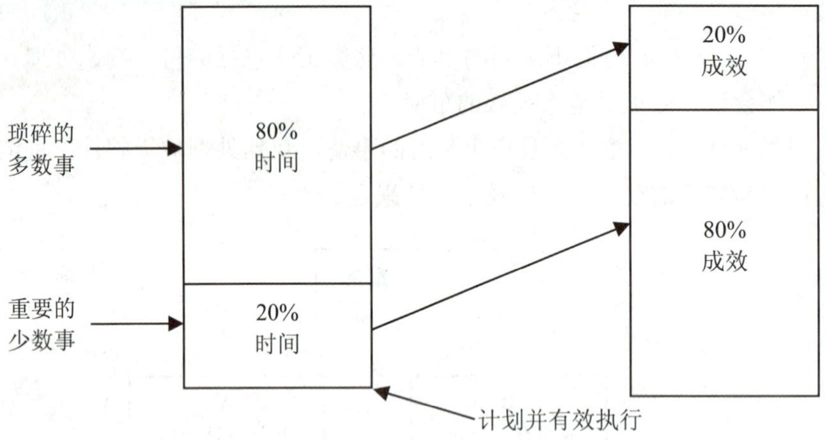

图 6-2　时间管理“20/80”

2. 来自同事的干扰

对策：① 如果有人找你，就站起来接待他；② 建议公司设立人人安静一小时制度。

3. 来自下属的干扰

对策：① 安排固定时间供下属汇报工作；② 保留固定时间供下属讨论问题；③ 安排其他时间处理非紧急事件。

（五）黄金时间法则

通常人一天的变化规律为：早上思维最敏捷，下午精力有所减退，晚上精力得到恢复但没有达到高峰。在实际生活中，人的生物钟是有个体差异的，差异最大的是“百灵鸟”和“夜猫子”。从名称上我们可以看出，有人白天效率高，有人夜晚效率高，但是，不管何种类型，其生物钟的模式设定规律是一致的，即思维敏捷、精力减退、精力恢复。了解自己生物钟的变化规律，认真根据自己的精力周期进行日程安排，可提高工作效率。

根据生物钟一般规律的黄金时间法则，日程安排可如下：① 智力任务：安排在思维敏捷阶段，这是制定决策的最佳时间，通常是在早上；② 思考性或创造性工作：精力减退期是思考、处理信息和长期记忆的理想时间，这一时期通常是在下午；③ 日常工作：精力恢复期适合做需要集中精力的日常工作或重复性工作，这个时期通常是晚上。

（六）大块时间法则

大块时间法则是培养工作情绪的法则，即用在三十分钟做容易做的事情，让事情看起来有进度，在后九十分钟做最重要的事情。具体方法包括：① 列举今天所有要做的事情，将其分成容易的、重要的及其他事情，用二八原则排出事情的优先顺序；② 在前三十分钟完成最容易的事情，时间一到，不管是否完成都要将手里的工作告一段落；③ 在后九十分钟完成最重要的事情，如果顺利，可以持续工作；④ 在空余时间完成遗留的容易的事情。

小贴士

十个节约时间的方法

1. 事先规划时间步骤，达到事半功倍；
2. 分析工作优先秩序，处置轻重缓急；
3. 选择最有效率时段，安排重要工作；
4. 组织办公场所案头，提升工作效率；
5. 授权部属助理秘书，充分合理分配；
6. 活用记事本簿，有效时间管理；
7. 运用有效方法，易得所需资讯；
8. 改变拖延习惯，采取即时行动；
9. 巧妙应对访客，自我掌控时间；
10. 练就健康身体，保持身心健康。

实践环节设计

活动 1：生命的撕纸游戏

设定现在你个人的生命处于 0～100 岁之间，请准备一张长条纸，用笔将它分成 10 份，每一份代表 10 年，分别用 10、20……进行标注，最左边的空余部分写上“生”字，最右边的空余部分写上“死”字。

（1）请问您现在几岁？（把相应的部分从前面撕掉）；

（2）请问您想活到几岁？（把您想活到的年龄的相应的后面部分撕掉）；

（3）请问您想几岁退休？（请把相应的退休年龄以后的部分从后面撕下来，放在桌子上）；

（4）请问一天 24 小时，您会如何分配？（按一般情况计算，8 小时睡觉，吃饭、聊天、休闲等约 8 小时，实际真正可以工作的时间约 8 小时，即各占 1/3。因此，将上面剩下的时间折成三等份，并撕下来 2/3，放在桌子上）。

比一比：请用左手拿起剩下的 1/3，用右手把退休那一段和刚刚撕下的 2/3 的那一段放在一起，对这两部分进行比较。

想一想：您要用 1/3 的时间赚多少钱，才能满足 2/3 的时间所需要的消费（其中还不包括父母、子女、配偶所需的费用）。

问题：

（1）您有何感想？

（2）您会如何对待您的未来？

活动2：方案设计

大专生万明，在某公司担任办公室行政助理，下面是某一天刚上班时，办公室主任交代万明需完成的六件事：① 去交通监控中心处理公司小车闯红灯罚款事宜；② 到市工商局办理营业执照地址变更的相关手续；③ 拟写一份国庆节放假及安全注意事项的通知；④ 协助业务部经理找情绪不稳定的业务员王艳谈话；⑤ 联系售后服务单位前来维修复印机；⑥ 为后天去北京出差的张副总订机票。

万明刚准备着手工作，公关部文员王丽过来找他，并随意地同他聊起天来。

问题：请帮助万明做一个时间安排的设计方案。

第二节　自我效能

事情增加是为了填满完成工作所剩余的时间。

——斯科特·帕金森

引导案例

某部门主管患有心脏病，遵照医嘱，每天只上班三四个小时。结果他很惊讶地发现，他在这三四个小时所做的事，在质和量方面与以往花费八九个小时所做的事几乎没有差别。他所能提供的唯一解释便是，他将被缩短的工作时间用于最重要的工作上，这或许是他得以维持工作效能以提高工作效率的主要原因。

一、效能与效率

效率的本义是指在单位时间里完成的工作量，或者说是某一工作所获的成果与完成这一工作所花费的人力、物力的比值。从经济意义上讲，效率指的是投入与产出或成本与收益的对比关系，但并不能反映人的行为目的和手段是否正确。简言之，效率就是把事情很快地做完。效能则强调人的行为目的和手段方面的正确性与效果方面的有利性，即把事情很快、很对地做完。效率与效能的另一个区别是获取的途径、方法不同。世界著名管理学家、诺贝尔奖获得者西蒙对“效率与效能的区别”做过较全面的剖析，他认为：“效率的提高主要靠工作方法、管理技术和一些合理的规范，再加上领导艺术；但是要提高效能必须有政策水平，战略眼光，卓绝的见识和运筹能力”。

二、自我效能概述

（一）自我效能的内涵

人们总是努力控制影响其生活的实践，通过对可控的领域进行操纵，能够更好地实现理想，防止不如意的事件发生。

班杜拉认为，人是行动的动因，个体与环境、自我与社会之间的关系是交互的，人既是社会环境的产物，又影响、形成他的环境。自我效能就是个体对自己作为动因的，具有组织和执行达到特定成就能力的信念，它控制着人们所处的环境条件。

自我效能是构成人类动因的关键因素，如果人们相信自己没有能力引起一定后果，他们将不会控制之前发生的事情。人类的适应和改变以社会为基础，因而个人动因是在一个社会结构性影响的大网络中发挥作用的。在动因的作用下，人们既是社会系统的生产者，又是社会系统的产物。

（二）自我效能的本质特征

1. 自我效能是一种生成能力

人的自我效能是一种生成能力，它结合认知、社会、情绪及行为方面的亚技能，并能把他们组织起来，有效地结合运用于多样目的，比如，只知道一堆单词和句子，不能被视作为有语言效能，同样，拥有亚技能和能把他们综合运用于适当的行为中，并在逆境中加以实现有显著不同。因此，人们即使完全明白做什么，并有必需的技能去做某些事情的时候，由于自我效能不高，也常常不能把事情做到最好。

2. 自我效能是行为的积极产生者和消极预言者

自我效能影响思维过程、动机水平和持续性及情感状态，对各种行为的产生起着重要作用。那些怀疑自己是否在特殊活动领域具有能力的人，会回避这些领域中的困难任务，他们很难激励自己，因而遇到障碍时易松懈斗志或很快放弃。他们对选定的目标往往并不是很投入，在艰难的环境下，他们常停留于自己的不足和任务的严峻以及失败的负面后果之中，遇到失败和挫折后，易把未完成目标归咎于能力缺陷，因而，即使很少失败，也会失去对自己能力的信念；而具有很强能力信念的人，往往视困难为挑战对象、不回避威胁，他们对活动产生兴趣后会完全投入活动，并对此富有强烈的责任感，面对困难时仍然以任务为中心，想方设法克服困难；在遇到失败或挫折时，常常把失败归因于努力不够，注重提高自身的努力程度，因而，这会促使他们不断地走向成功。

三、自我效能的影响因素

人们对自我效能的认识，是自我认识的一个主要组成部分。自我效能有四个主要的影响因素：① 作为能力指标的动作性掌握经验；② 通过能力传递及与他人成就比较而改变效能信念的替代经验；③ 使个体知道自己拥有某些能力的言语说服及其他类似的社会影响；④ 一定程度上人们用于判断自己能力、力量和机能障碍脆弱性的身体和情绪状态。

（一）动作性掌握经验

动作性掌握经验是最具影响力的自我效能的影响因素，因为它可以就一个人是否能够调动成功所需的一切提供最可靠的证明。成功使人建立起对自我效能的积极信念；失败，尤其是在自我效能尚未牢固树立之前发生的失败，对自我效能产生消极影响。当人们相信自己具备成功所需的条件时，面对困难会坚持不懈，遭遇挫折也会很快走出低谷。有了咬紧牙关走出低谷的经验，人们就会变得更加强大而有力。

【案例】

艾尔德和莱克对大萧条的艰难岁月中的女性的研究发现，面对大萧条，由于早期的经济困难，拥有适应资源的女性比那些生活一帆风顺的女性更加能自我肯定和随机应变；对于那些缺乏应对不良事件准备的女性，严重的经济困难则使她们缺乏机智，并有严重的无力感和顺从感。

然而，通过掌握经验建立个人的自我效能，并不是一件按部就班的事，它需要获取认知、行为和自我调节工具来创立和执行有效的行为过程，以控制不断变化的生活环境。其中，认知和自我调节两方面为有效行为表现创造了条件。

（二）替代经验

替代经验是指，以榜样为中介进行推论性比较从而对自我效能的评价产生一定程度的影响。对于大多数活动，我们对自己的胜任程度没有绝对的度量方法，必须根据自己与他人成就的关系来评价自己的能力。比如我们考试得了 85 分，如果不知道其同学的成绩如何的话，就很难推断这个分数的高低程度。日常生活中，人们常常在同一条件下，与特定他人，如同学、同事、对手等进行比较，自己胜出，则自我效能提高，反之，自己落后，则自我效能减弱。因此，由于所选择的社会比较对象的不同，自我效能会发生较大的变化。

此外，替代经验还可通过由比较性自我评价引起的情感状态来影响自我效能。

（三）言语说服

言语说服影响人们实现所追求的信念的能力。当重要的他人对个体的能力表示信任时，个体比较容易维持一种积极的效能，尤其是在面对与困难的抗争时更加明显。但是，言语说服，在建立持续增长的自我效能上，作用比较有限；并且，如果言语说服的内容是提高对个人能力的不现实信念时，则反而会降低说服者的权威性，进一步削弱接受者的自我效能。

（四）生理和心理状态

人们在判断自身能力时，在一定程度上会依赖生理和心理状态所传达的身体信息。人们常把自己在紧张、疲劳情况下的生理活动理解为功能失调的征兆，回想起有关自己的无能和应激反应的不利想法后，就会唤起自己更高的痛苦水平，而这恰好能导致他们所担心的失调，进一步削弱自我效能。

心情由于常常因活动性质的改变而改变，成为自我效能的另一个影响因素。如果人们学习的内容与他们当时所处的心情相符合，就会学的比较快；如果人们复习时，与当时习得时所处的心情一样，回忆效果也会好，强烈的心情比微弱的心情具有更大的影响力。鲍尔研究显示，情绪记忆与不同时间相联系，在关联网络中创设了多重联系，激活记忆网络中的特定情绪单元，将促进对相关事情的回忆。消极心情激活人们对过去缺憾的关注，积极心情则使人们回想起曾经的成就。自我效能评价因选择性回忆以往的成功而提高，因回忆失败而降低。

不同形式的效能影响因素往往很少单独发挥作用。人们不仅看到自己努力的结果，而且也看到他人在类似活动中的行为，还不时接受有关自己行为是否恰当的社会评价。这些因素彼此影响，并共同影响着自我效能。

四、自我效能提升策略

（一）设置明确而合适的目标

学习动机对学习的推动作用主要表现在学习目标上。美国著名教育心理学家奥苏伯尔认为，学生的学习动机由三方面的内驱力（需要）所构成：认知内驱力（以获取知识、解决问题为目标的成就动机）、自我提高内驱力（通过学习而获得地位和声誉的成就动机）和附属内驱力（为获得赞许、表扬而学习的成就动机）。一个人的求知欲越旺盛，越想得到别人的赞许和认可则他在有关的目标指向性行为上就越想获得成功，其行为的强度就越大。因此，不管是为了获得知识、能力，或者是为了获得良好的地位、声誉，学习目标定向明确，个体学习行为的积极性也将更高。一个没有学习目标的人，在学习上是缺乏进取性、主动性、自觉性的，即使获得好成绩，其成功感也不强。但是，对于不同的学习目标定向，学习动机的推动作用存在一定的差别，学业成绩也会有一定的差异。其一，以获得知识、能力为学习目标的个体在乎的是自己在学习中学会了多少知识、获得了哪些能力。当他们遇到困难时，会不断地尝试解决问题。在这一过程中，其学习动机进一步增强，学习成绩又得以提高，这来之不易的成功会让其有更强烈的愉快体验。其二，以获得赞许、良好声誉等为学习目标的个体，则更多地选择回避挑战性的学习情境，以避免失败或较低的学习成绩。尤其是那些自我能力归因较低的个体，当遇到困难或遭遇失败时，学习会更加消极。因此，明确而合适的学习目标定向，有助于激发个体的学习动机，使其获得强烈的成功体验。

（二）与成功者为伍

由替代经验可见，相似群体的示范作用是非常大的。当看到别人成功时，个体内在的动力也会被激发出来。因此，主动寻求积极的榜样，有利于自我效能的提升。

然而，成败经验对自我效能的影响还受到个体归因方式的左右。只有当成功被归因于自己的能力这种内部的、稳定的因素时，个体才会产生较高的自我效能，如果把成功感都归因于运气、机遇之类的外部的、不稳定的因素，则不影响个体的自我效能；同样的，只有当失败被归因于自己的能力不足这种内部的、稳定的因素时，个体才会产生较低的自我效能。也就是说，自我效能高的个体会认为可以通过努力改变或控制自己，而自我效能低的个体则认为行为结果完全是由环境控制的，自己无能为力。因此，在对成败进行归因时，个体还应持积极、客观的态度，以增强自我效能感、保持持续的动力。

【案例】

舒恩克以算术成绩极差的小学高年级儿童为被试，他为这些差生安排了一个星期的训练，在每次训练时，他先让儿童分别学习算术的自学教材，然后由榜样演示如何解题，榜样在解题时一面算一面大声地说出正确的解题过程，最后再让学生自己解题。在学生自己解题之前，他让儿童把所有的题看一遍，并判断一下他们能有多大把握来解每一道题，以此来了解学生解题的自我效能感。结果发现，经过训练，儿童的自我效能感逐渐得到增强，与之相应，儿童解题的正确性和遇到难题时的坚持性也得到了提高。

（三）自我竞赛

自我竞赛即同自己的过去比，从自身进步、变化中认识、发现自己的能力，体验成功，提高自我效能。如果总是与班上的优秀生相比，学生尤其是中、下水平的同学会觉得自己样样不如别人，越比自信心越低。

（四）保持良好的身心状态

身体效能管理就是对身体进行医学、运动学、心理学、营养学、物理治疗学等多种学科的系统干预，促使个体在工作中始终保持精力充沛、头脑清晰、身体舒适的高效能状态，并且能自如应对工作和生活中的各类突发事件。

自我效能可以激活各种各样作为人类健康和疾病中介的生物过程。自我效能的许多生物学效应是在应对日常生活中急性和慢性的应急源时产生的，而应急被看成是许多躯体机能失调的重要来源。面临有能力控制的应激源时，个体不会产生有害的躯体效应；而面临相同的应激源，个体却没有能力控制时，神经激素、儿茶酚胺和内啡肽系统则会被激活，并使免疫系统的机制受到损害。因此，保持良好的身心状态，也是提高自我效能的有效途径。

实践环节设计

活动：自我效能测试（GSES）

以下10个句子关于你平时对你自己的一般看法，请根据你的实际情况（实际感受），在右面合适的括号内写上序号，“完全不正确”的序号为“1”、“有点正确”的序号为“2”、“多数正确”的序号为“3”、“完全正确”的序号为“4”。答案没有对错之分，对每一个句子无须做太多考虑。

1. 如果我尽力去做的话，我总是能够解决问题　（　）
2. 即使别人反对我，我仍有办法取得我所要的　（　）
3. 对我来说，坚持理想和达成目标是轻而易举的　（　）
4. 我自信能有效地应付任何突如其来的事情　（　）
5. 以我的才智，我定能应付意料之外的情况　（　）
6. 如果我付出必要的努力，我一定能解决大多数的难题　（　）
7. 我能冷静地面对困难，因为我信赖自己处理问题的能力　（　）
8. 面对一个难题时，我通常能找到几个解决方法　（　）
9. 有麻烦的时候，我通常能想到一些应付的方法　（　）
10. 无论在我身上发生什么事，我都能应付自如　（　）

评定标准：GSES共10个项目，涉及个体遇到挫折或困难时的自信心。GSES采用李克特4点量表形式，各项目均为1～4评分。对每个项目，测试者根据自己的实际情况回答“完全不正确”“有点正确”“多数正确”或“完全正确”。评分时，“完全不正确”记1分，“有点正确”记2分，“多数正确”记3分，“完全正确”记4分。

结果分析：把所有 10 个项目的得分加起来除以 10 即为总量表分。得分越高，一般自我效能感就越强。男女大学生在 GSES 上的常模分别为 2.69 和 2.55。

第三节　情绪管理

人要活百岁，合理膳食占 25%，其他占 25%，而心理平衡的作用占 50%。

——2009 年诺贝尔生理学奖得主伊丽莎白等

引导案例

某公司要裁员，根据规定，在公布名单中的人员，一个月后离岗，内勤部的孙艳和何灿都在裁员名单中。第二天上班，何灿心里憋气，一会儿找同事哭诉，一会儿向赵主任申冤，什么活都干不下去。而孙艳也哭了一个晚上，尽管心里很难过，但是上班的时候，她默默地打开计算机，仍然像往常一样继续编写文稿、通知。同事们知道她要被裁员了，都不好意思再找她，但是她却说："是福不是祸，是祸躲不过，不如好好干完这个月，否则，以后想给你们干都没有机会了。"

善于掌握自我、控制和调节情绪，对适应社会发展、维护身心健康都是至关重要的，因为情绪活动可以说是心理刺激对健康影响最大、作用最强的部分。人的任何活动，莫不以情绪为背景，伴有情绪的色彩。

一、情商与情绪

我们每个人都有自己的理想和抱负，都希望自己能梦想成真、取得成功。过去，我们曾经认为智商是决定我们能否成功的主要因素。但是，进入现代社会，人们对成功因素的理解有了巨大改变，"100%成功＝20%智商＋80%情商"的理念已逐渐被大家接受。

【案例】

戈尔曼研究显示，对于一般的工作岗位，情商的重要性是智商的两倍；对于高级职位，智商的差别可以忽略，而情商的作用更加重要；对于高级职位的高绩效者和低绩效者，其差别的 90%可归因于情商。

情商，即情绪智力，是测定和描述人的情感状况的一种指标，是一个人管理自我情绪以及管理他人情绪的能力。它虽属于非智力因素，但却是保证智力水平在实践中充分发挥作用、使人取得成功的关键。情商的主体，就是情绪。

情绪，是指人们在内心活动过程中所产生的心理体验，或者说，是人们在心理活动中，对客观事物是否符合自身需要的态度体验。我们通常说的“七情六欲”中的“七情”指的就是情绪。

二、情绪的特点

1. 情绪反映客观外界事物与主体需要之间的关系

情绪是以人的需要为中介的一种心理活动，它反映的是客观外界事物与主体需要之间的关系。外界事物符合主体的需要，就会引起积极的情绪体验，就会对身心健康产生积极的促进作用，可以防止某些疾病的发生、发展或减轻疾病、加快疾病的好转；反之，则会引起消极的情绪体验，诸如愤怒、恐惧、焦虑、忧愁、悲伤、痛苦等，过分刺激人体，使人的心理活动失去平衡，导致神经活动功能失调而危害健康，尤其是丧失感、威胁感、不安全感的心理刺激更易致病，其中丧失感对健康危害最大（如亲人死亡、工作失败等）。这种体验构成了情绪的心理内容。良好的情绪在心理健康中起核心作用。

2. 情绪可以影响和调节认知过程

情绪是主体的一种主观感受，或者说是一种内心体验，可以影响和调节认知过程。

3. 情绪的外部表现形式是表情

情绪有其外部表现形式，即人的表情，包括面部表情、身段表情、言语表情。表情是鉴别人的情绪的主要标志（达尔文最早研究表情），可以协调社会交往和人际关系。

4. 情绪会引起一定的生理上的变化

情绪会引起一定的生理上的变化，包括心率、血压、呼吸和血管容积上的变化。如愉快时胃肠道运动增加，焦虑时需要排尿，悲伤时出现列腺分泌增加等副交感神经系统活动亢进的现象；发怒或应激状态时出现血压升高、心跳加快、呼吸加深加快、汗腺分泌增多、胃肠运动抑制等交感神经亢进的现象。情况引起的生理变化的总的效果是动员机体内储备的能量，提高和增加机体的适应能力，以适应环境的急剧变化。

三、情绪的基本范畴及形态

（一）按内容来分

1. 基本情绪

基本情绪是任何动物都有的。近代研究把快乐、愤怒、悲哀和恐惧列为情绪的基本形式。快乐，是盼望的目的达到紧张解除后，继之而来的情绪体验；悲哀，是失去所盼望的、所追求的东西或有价值的东西而引起的情绪体验；愤怒，是在目的和愿望不能达到或一再地受到妨碍的过程中积累而成的情绪体验；恐惧，是由于缺乏处理或摆脱可怕的情境的力量，企图摆脱、逃避某种情境的情绪体验。

2. 复合情绪

复合情绪是由基本情绪的不同组合派生出来的。如敌意，是由愤怒、厌恶、轻蔑复合而成的；焦虑，是由恐惧、内疚、痛苦和愤怒复合而成的。

（二）按情绪状态来分

按情绪状态，即情绪的速度、强度和持续时间来分，情绪可分为心境、激情和应激。

1. 心境

微弱、持久而具有弥漫性的情绪体验状态，通常叫心境。心境并不是对某一事件的特定体验，而是以同样的态度对待所有的事件，让所有遇到的事件都产生和当时的心境同样的色调。对于心境所持续的时间，短则只有几小时，长则可到几周、几个月，甚至更久。心境对人的生活、工作和健康会产生重要的影响，积极乐观的心境会提高人的活动效率，增强克服困难的信心，有益于健康；消极悲观的心境会降低人的活动效率，使人消沉，长期的焦虑会有损于健康。

2. 激情

激情是指强烈的、暴发式的、持续时间较短的情绪状态，这种情绪状态具有冥想的生理反应和外部行为表现。激情往往是由重大的、突如其来的事件或激烈的冲突引起的。激情既有积极的，也有消极的。在激情状态下，人的认识范围变得狭窄，分析能力和自我控制能力降低，因而在激情状态下，人的行为可能失控，甚至会做出鲁莽的行为。

3. 应激

应激是指在出现意外事件和遇到危险情景的情况下出现的高度紧张的情绪状态。如果应激状态长期持续，机体的适应能力将会受到损害，会诱发疾病。

（三）按性质分

按情绪状态的性质分，情绪可分为积极情绪和消极情绪。

积极情绪包括爱、希望、信心、同情、乐观和忠诚等。消极情绪包括恐惧、仇恨、愤怒、贪婪、嫉妒、报复和迷信等。

四、情绪对个体的影响

（一）情绪对生理的影响

正常的情绪，有助于个体的行为适应。适度的紧张、焦虑，不仅是维持工作效率的有利因素，而且也是健康生活的必备条件。适度的紧张情绪，不仅是个人的需要，也是社会所必需的。但是，不良的情绪会产生过高的应激值，将严重损害身体的健康。

【案例】

猴子的心理学实验

预备实验：把一只猴子的双脚绑在铜条上，然后给铜条通电。猴子挣扎乱抓，旁边有一弹簧拉手是电源开关，一拉开关猴子就不痛苦了，这样猴子一被电就拉开关，建立了一级反射。每次在通电前，猴子前方的一个红灯就会亮起来。多次以后，猴子知道了，红灯一亮，它就要受苦了，所以每次还不等来电，只要红灯一亮，它就拉开关。这就建立了一个二级条件反射。预备试验完成。

正式试验：在这只猴子的旁边再放一只猴子，将其与第一只猴子串联在铜条上，隔一段时间就亮红灯、通电，每天持续 6 小时。第一只猴子注意力高度集中，一看到红灯就赶紧拉开关，第二只猴子不明白红灯亮代表什么，所无所事事，无所用心。过了二十几天，第一只猴子死了，但第二只猴子并未没有明显的异样。

第一只猴子是因为什么死的呢？科学家发现，它死于严重的消化道溃疡，而实验之前体检时，它没有任何胃病，没有溃疡，可见这是二十几天内新得的病。由于第一只猴子的压力大，精神紧张、焦虑不安，老担惊受怕，它的消化液和各种内分泌系统紊乱了，所以就会得溃疡。

（二）情绪对个体的心理影响

情绪在变态行为或精神障碍中起核心作用，严重者产生情绪障碍，典型的常见情绪障碍包括抑郁、焦虑、恐惧、易怒、强迫等。近年来，精神疾病越来越普通，其中以抑郁症最为多见。比如，韩国数位影星相继自杀；我们喜欢的歌星张国荣、作家三毛等都因患抑郁症而自杀，留下了很多遗憾，其中不良情绪起了重要作用。当然，不良情绪对我们的生活、事业、家庭生活等同样会产生不良后果。

【案例】

2004 年的雅典奥运会上，在 50 米步枪比赛中的最后一枪，原来第一名的美国选手埃蒙斯奇异地射到了别人的靶上，第二名的贾占波奇迹般地获得冠军。在4年后的北京奥运会上，历史重演了惊人相似的一幕，打出最后一枪前，埃蒙斯领先第二名接近4环，只要打出6.7环以上的成绩即可获得冠军，而6.7环对于一个如此优秀的射击运动员是轻而易举的事情，然而，埃蒙斯竟然只射出了4.4环，痛失金牌。

五、情绪的产生

（一）需要

需要是有机体内部生理与心理上的某种缺乏或不平衡状态，被体验时的心理现象。需要一旦产生就成为一种刺激，人们便会想方设法采取某种行为以寻求满足，消除这种不平衡状态。比如，当一个人非常渴的时候，体内便会产生一系列与渴有关的生理不平衡状态，受这种不平衡状态的驱使，这个人会四处寻找水。需要既是生理的，又是心理的。当一种需要得到满足后，不平衡状态消失，但是又会出现新的不平衡、产生新的需要，当这种不平衡无法消除时，便会产生情绪。过多的需求就会变成无尽的欲望，就永远无法达到平衡的状态，永远不能感到内心的满足。内心不满足，情绪便不会愉悦，生活便不会幸福，人生便不会完美。北京师范大学郑日昌指出，如果将成功作为一个变量，视为分子，就与你的成就、学历、职位、幸福成正比。但是分子下面还有一个分母，这个分母就是欲望。当你的欲望无限增大时，其实快乐也就无限减小。

每个人都会有各种各样的需要，马斯洛把它归纳为五个层次，即：生理需要、安全需要、爱和归属需要、尊重需要、自我实现需要（图6-1）。不同层次的需要得到满足的难度是不同的，层次越高，获得满足的难度越大。大学生的需要，主要包括发展需要（求知需要、求美需要、发展体力需要）、交往需要（友情的需要、归属需要）、尊重需要（自尊自立需要、权力需要）、贡献需要（建树需要、成就需要、奉献需要等）。

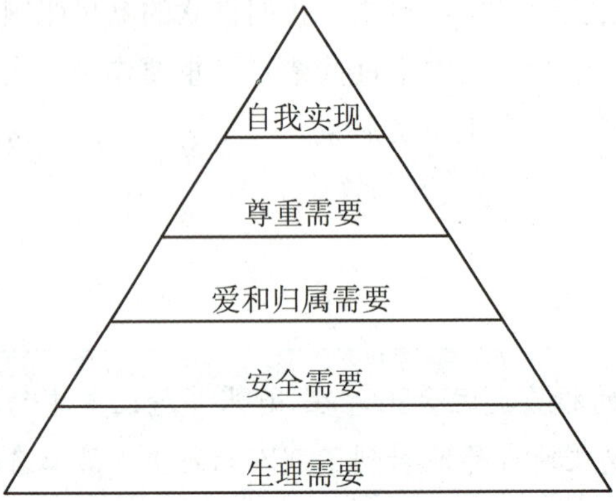

图6-1　马斯洛需要五层次

【案例】

有一个关于我国贫困落后地区的党政公务人员、文教卫生人员、城市打工人员和乡镇农民的主观幸福感的调查发现，其中最具幸福感的是城市打工人员。

为什么？因为他们的需要是解决温饱，是最低层次的需要，也是最容易得到满足的需要。需要的层次越高，实现的困难越大，给人造成的压力也越大，如果压力得不到及时调适，也越容易产生情绪问题。

（二）选择冲突

当人们面临太多选择时，可能会出现选择冲突，不满意感增加从而产生情绪。

【案例】

斯坦福大学用 6 种口味和 24 种口味的小吃分别设立了两个小吃摊位。结果，24 种口味的摊位前路过的 242 名客人中，有 60%的客人停下来试吃；6 种口味的摊位前路过的 260 名客人中，只有 40%的客人停下来试吃。在 6 种口味的摊位试吃的客人中有 30%都至少买了一份小吃，而在 24 种口味的摊位试吃的客人中只有 3%都至少买了小吃。

（三）人际关系不合

人是社会的动物，如果不能归属于一个群体，不能有较好的人际互动，那么其生存就会受到威胁。研究表明，一个人的心理健康程度与人际的支持和接纳有着密切关系。但是随着社会的发展，竞争越来越激烈，人与人之间建立信任的成本越来越高，这就使人际关系成为人们极端情绪引发的诱因。

（四）生活事件

大家都知道范进中举的故事，范进经历过无数次的考试，在 50 多岁中举后，竟然疯了，这就是情绪过度诱发的。高考失利、亲人离世、名誉受损、失恋，可以导致消极情绪的产生；但是晋升、有所成就、获得荣誉，同样也能导致消极情绪的产生。常见的影响情绪的重大生活事件见表 6-1。

表 6-1　重大生活事件量表

事件	冲击的程度	事件	冲击的程度	事件	冲击的程度
配偶死亡	100	财务状况的变动	38	工作时数的变动	20
离婚	73	好友死亡	37	居住处所的变动	20
夫妻分居	65	转变行业	36	就读学校的变动	20
牢狱之灾	63	与配偶争吵次数有变动	35	娱乐、消遣活动的变动	19
家族近亲死亡	63	负债未还、抵押被没收	31	教堂活动的变动	19
个人身体有重伤害或疾病	53	设定抵押或借债	30	社交活动的变动	18
结婚	50	工作责任的变动	29	较轻微的财务损失	17
被解雇	47	子女离家	29	睡眠习惯的改变	16
夫妻间的调停、和解	45	与姻亲有相处上的困扰	29	家庭成员总数的改变	15
退休	45	个人有杰出成就	28	进食习惯的改变	15
家庭成员的健康状况不好	44	配偶开始或停止工作	26	迎来假期	15
怀孕	40	开始上学或停止上学	26	过圣诞节	12
性困扰	39	社会地位的变动	25	违反交通规则	11
家中有新成员（婴儿）	39	个人习惯的修正	24		
职业上的再适应	39	与上司不和或有冲突	23		

（五）不合理的信念

心理学家韦斯勒总结了 11 种不合理及合理的信念，并归纳了不合理信念的三个特征，而这种非黑即白的特征，常导致极端思维，而产生情绪问题。

（1）绝对化的要求，在各种不合理的观念中，这一特征最为常见，它指人们以自己的意愿为出发点，对某一事物怀有其必定会发生或必定不会发生这样的信念，如“我必须成功”“他应该对我好”等；

（2）过分概括化、以偏概全、以一概十的思维方式；

（3）把事情想得糟糕至极，即认为某事情发生了，必定会非常可怕、非常糟糕、非常不幸。

小贴士

11 种不合理及合理的信念

1. 我们应该得到每一位对自己重要的人的喜爱和赞许（不合理）；无论别人怎么看待我们，我们都是有价值的人（合理）。

2. 我们应该非常有能力，在各方面都有成就，这样我们才能有价值（不合理）；我们尽全力做事，若失败，只是我们的努力失败，我们的价值不会因此受损（合理）。

3. 有些人是卑鄙的、丑恶的，他们应该受到严厉的指责和惩罚（不合理）；一个人做了错事，不等于他就是一个坏人（合理）。

4. 如果事情非己所愿，那将是很糟糕、很可怕的（不合理）；事情很少像我们所喜欢的那样发生，若事情有可能改变，我们应努力，若不能则接受现实（合理）。

5. 不幸福、不愉快是外界环境造成的，我们必须控制它们（不合理）；情绪由我们对事情的知觉、态度和评价所产生，是可以改变和控制的（合理）。

6. 逃避困难、挑战和责任要比面对它们更容易些（不合理）；承担责任、面对困难与逃避困难相比，是合适的态度（合理）。

7. 因为危险的、可怕的事情随时随地都可能发生，所以我们要时时刻刻加以警惕（不合理）；我们要设法避免那些可能发生的危险的事情，如无法避免，则应该设法减轻其后果（合理）。

8. 我们必须依靠他人，而且应该找一个比自己强的人做依靠（不合理）；我们应该独立并勇于承担责任，但并不拒绝别人的帮助（合理）。

9. 过去的经历决定和影响当前的行为，而且这种影响力永远存在（不合理）；过去的经验是重要的，但产生过去经验的条件与现在的情况不同，所以过去的经验对现在的影响是有限的（合理）。

10. 我们应该为别人遇到的难题、困扰而紧张和烦恼（不合理）；我们努力帮助那些遇到困难的人，若无效，也会接受现实（合理）。

11. 对碰到的每一个问题，我们应该有一个正确的、完善的解决方案，若找不到这个答案，就会痛苦一生（不合理）；我们努力寻找解决问题的可行方法，而不苛求那些不存在的、绝对完善的方法（合理）。

六、情绪自我管理方法

人是不可能没有情绪的，并且情绪会有高低起伏，所谓情绪管理也不是（其实也不可能是）要去完全消除情绪或情绪的起伏变化，而是要使情绪的起伏在可控制的范围内，避免失控。

遇到不良情绪时，一般采取的方法包括以下五种：

（一）宣泄

宣泄是发泄自己的负性情绪的一种方法，可以有很多形式，如运动、号啕大哭、阅读、怒吼、旅游等，但也有消极地用躯体疾病的方式来进行的。

【案例】

一位妇女经常头痛，但是，医生检查不出有什么躯体疾病，原因是她并没有因生理因素产生的疾病。她头痛是因为最近她离婚了，很痛苦，但是又不好意思跟别人说，即找不到情绪的出口，于是选择了用躯体疾病——头疼的方式来宣泄情绪。

（二）转移

从心理学角度看，一个人的注意力不能同时集中在两件事物上，当注意力受困于某件事情时，采用着手进行另一件事情，让心看到另一种风景，从而转移注意力，改善或消除原有的不良情绪。

转移就是把注意力从引起不良情绪的事情上转移到其他事情上去，使人从消极的情绪中解脱出来，从而激发积极愉快的情绪反应。

（三）认知调整

年轻人都希望自己或国色天香，或英武过人，或天资聪颖，或出类拔萃，谁都希望自己含着银勺子出生，能够一帆风顺、坐享其成……然而，这不符合事物的发展规律。对于不能改变的事物能安然接受，是一种积极的智慧。由“杯弓蛇影”可以看到，心理暗示的强大力量，消极的心理暗示给人带来痛苦，积极的心理暗示可以创造快乐。因此，调整认知，是保持积极情绪的重要途径。

【案例】

有一个女生，非常漂亮，发如黑瀑，眼如秋水，肌如冰雪，气质高雅，但她经常为自己的长相自卑，为什么？因为她口中左边上的第六颗牙长得不好看。她说，我知道别人一般是看不出来的，但是我大笑的时候就会露出来，因此，她从来不敢快乐地大笑，别人以为她孤傲，称她为“冰美人”，和她保持距离，后来她的求职、恋爱都受到影响。

【案例】

中国外长李肇星在新华网“社会论坛”聊天室被网友提问：“如果别人说你的长相不敢恭维，你怎么想？”李外长说：“我的母亲不会同意这种看法，她是山东农村的一位普通妇女，曾给八路军做过鞋，她对我的长相感到自豪。我在美国最大的大学俄亥俄大学演讲的时候，3 000 名学生曾经起立给我鼓掌 3 分钟，如果我的工作使外国人觉得我的祖国是美好的，就是我的幸福和荣耀。当地的美国教授对我说，‘看起来，你看重的是自己的祖国，对自己看得很轻。正如美国有句谚语：天使能够飞翔，是因为把自己看得很轻。’”

实践环节设计

请对自己的外貌进行评价。

（四）幽默

幽默的力量是无穷的，可以在微笑间缩短彼此的距离，可以在各种紧张、尴尬的场合中带动气氛、化解尴尬，还能缓解情绪，使对方心悦诚服地理解、接纳你的观点。

【案例】

英国首相丘吉尔有个习惯，一天中无论什么时候，只要一停止工作，就会到热气腾腾的浴缸中洗澡，然后裸着身体在浴室里来回踱步，以事休息。二战期间，丘吉尔到白宫要求美国军事支援。当他在白宫的浴室中光着身子踱步时，有人敲浴室的门，“进来吧！进来吧！”他大声喊道。门一打开，出现在门口的美国总统罗斯福，看到丘吉尔一丝不挂，便转身想退出。“进来吧，总统先生，”丘吉尔伸出双臂，大声呼喊，“大不列颠的首相是没有什么东西需要对美国总统隐瞒的。”看到此情景，罗斯福会心一笑，也被丘吉尔的机智幽默所折服。

通过这种幽默而坦率的方式，丘吉尔最终赢得了美国总统的信任，结成美英同盟，从而帮助自己的国家走出了困境。

幽默不仅体现智慧，还包含一种强烈的自信，当一个人能够自信地承认自己的不足，同时能自信地清楚自己的价值时，才能灵活自如地采取幽默的处理方式。

实践环节设计

写下自己应用幽默法的例子。

（五）升华

升华是将所有可能的消极力量，都转化为自我成长的动力。司马迁在受宫刑之后，悲痛欲绝，但是他化悲痛为力量，潜心写下了记载了上至轩辕、下至汉武的中国三千多年历史的巨著《史记》。他将苦闷、愤怒等消极情绪升华，将其与头脑中的闪光点、社会责任感联系起来，从而振作精神、奋发向上。

实践环节设计

活动：情绪自我测试

情绪自我测试题，共30题，每题设有A、B、C三个备选答案。测试时，无须仔细推敲，快速选择备选答案。选择A，记2分；选择B，记0分；选择C，记1分。最后，将各题得分相加，得出总分，根据总分，判断情绪类型。

1. 看到自己最近一次拍摄的照片，你有何想法？
   A. 觉得不称心　　B. 觉得很好　　C. 觉得可以
2. 你能否想到若干年后有什么使自己极为不安的事情？
   A. 经常想到　　B. 从来没想过　　C. 偶尔想到
3. 你是否被朋友、同事或同学起过绰号并挖苦过？
   A. 常有的事　　B. 从来没有　　C. 偶尔有过
4. 你上床后，是否经常再起来一次，查看门窗和煤气是否关好？
   A. 经常如此　　B. 从不如此　　C. 偶尔如此
5. 你对与你关系最密切的人是否满意？
   A. 不满意　　B. 非常满意　　C. 基本满意
6. 半夜里，你是否经常觉得有什么值得害怕的事？
   A. 经常有　　B. 从来没有　　C. 极少有
7. 你是否经常因梦见什么可怕的事而惊醒？
   A. 经常　　B. 没有　　C. 极少有

8. 你是否有过做同一个梦的情况？

A. 有　　B. 没有　　C. 记不清

9. 有无一种食物使你吃后呕吐？

A. 有　　B. 没有　　C. 记不清

10. 除去看见的世界外，你心里有无另一个世界？

A. 有　　B. 没有　　C. 说不清

11. 你心里是否时常觉得你不是现在的父母所生？

A. 时常　　B. 没有　　C. 偶尔有

12. 你是否经常觉得有一个人爱你或尊重你？

A. 是　　B. 否　　C. 说不清

13. 你是否常常觉得你的家庭对你不好，但又确知对你很好？

A. 是　　B. 否　　C. 偶尔

14. 你是否觉得没有人十分了解你？

A. 是　　B. 否　　C. 说不清

15. 你在早晨起床时，最常有的感觉是什么？

A. 抑郁　　B. 快乐　　C. 说不清

16. 每到秋天，你常有的感觉是什么？

A. 秋雨霏霏或枯叶遍地　　B. 秋高气爽或艳阳天　　C. 不清楚

17. 你在高处的时候是否觉得站不稳？

A. 是　　B. 否　　C. 有时如此

18. 你平时是否觉得自己特别强健？

A. 是　　B. 否　　C. 不清楚

19. 你是否一回家就立即把房门关上？

A. 是　　B. 否　　C. 不清楚

20. 你把门关上后，坐在小房间里，是否觉得心里不安？

A. 是　　B. 否　　C. 偶尔是

21. 当一件事需要你做决定时，你是否觉得很难？

A. 是　　B. 否　　C. 偶尔是

22. 你是否常常用抛硬币、翻纸牌、抽签之类的游戏来测吉凶？

A. 是　　B. 否　　C. 偶尔

23. 你是否常常因为碰到东西而跌倒？

A. 是　　B. 否　　C. 偶尔

24. 你是否需要1小时以上才能入睡，或醒得比你希望的早1个多小时？

A. 经常这样　　B. 从不这样　　C. 偶尔这样

25. 你曾否能看到、听到或感到别人觉察不到的东西？

A. 经常这样　　B. 从不这样　　C. 偶尔这样

26. 你是否觉得自己有超乎常人的能力？

A. 是　　B. 否　　C. 不清楚

27. 你是否觉得有人跟着你走而心里不安？

A. 是　　B. 否　　C. 不清楚

28. 当你一个人走夜路时，是否觉得前面暗藏着危险？

A. 是　　B. 否　　C. 偶尔

29. 你对别人的自杀有什么想法？

A. 可以理解　　B. 不可思议　　C. 不清楚

30. 你是否觉得有人在注意你的言行？

A. 是　　B. 否　　C. 偶尔

结果分析：

总分为0～20分，情绪稳定，自信心强，具有较强的美感、道德感和理智感及社会活动能力，能理解周围人的心情、顾全大局，属于性格爽朗、受欢迎的人；

总分为21～40分，情绪基本稳定，但较为深沉，考虑问题过于冷静，处事淡漠消极，不善于发挥自己的个性，自信心易受到打击，办事热情忽高忽低，容易瞻前顾后、踌躇不前；

总分为41～49分，情绪极不稳定，日常烦恼太多，经常处于紧张和矛盾的心情中；

总分为50分以上，情绪状况不佳，要请心理医生进行诊断和指导。

本章小结

美国管理学家德鲁克在《21世纪的管理挑战》一书中指出，自我管理是个人为取得良好的适应，积极寻求发展而能动地对自己进行管理。自我管理水平的高低是影响个体社会适应效果和活动绩效及心理健康状况的重要因素。大学生是我们国家的未来，更是中华民族实现伟大复兴的希望。在21世纪，科学技术飞速发展，知识、信息与人才等方面的竞争尤为激烈。面对这样竞争激烈的社会，大学生除了需要掌握不断更新的专业知识和职业技能外，更要具有较强的自我管理能力，才能更好更快地提高、发展和完善自我，才能为我国社会的发展和民族的未来添砖加瓦。

问题与思考

1．自己生活中常见的时间陷阱有哪些，谈谈该如何应对。

2．什么是自我效能？自我效能有哪些特征？

3．结合自己的自我效能情况，分析影响因素，并提出提升自我效能的策略。

4．情绪是如何产生的？情绪对个体有哪些影响？

5．日常生活中，你常会遇到哪些情绪问题？你是如何应对的？如何进行自我情绪管理，才能更好地自我调适？

第七章

沟通能力

每一个人都需要有人和他开诚布公地谈心，一个人尽管可以十分英勇，但他也可能十分孤独。

——海明威

引　言

我们需要跟别人建立关系。而建立关系，就需要沟通。我们通过沟通了解别人，也让别人理解自己。我们通过沟通，克服种种困难，共同完成任务。所以，我们在生活中需要沟通，在学习中需要沟通，在工作中同样需要沟通。

因为我们缺乏与别人的沟通，常想当然地把很多事情想象成我们自以为的样子，由此便产生了许多误会，产生了一些错误的想法和决定。可是，许多事情表面上看起来是一回事，实际上却是另一回事。要发现事情的真相，我们要多与人进行有效的沟通，这样才能了解别人心里的真实想法。

本章将介绍沟通中最基本的两个技巧：倾听和表达。在此基础上，对职场中常见的几种沟通对象（包括与领导、同事等的沟通）和沟通情境（主要是冲突情境下的沟通）等进行逐一介绍。

第一节　沟通最基本的技巧之一：倾听

要做一个善于辞令的人，只有一种办法，就是学会听人家说话。

——莫里斯

引导案例

一个农场主在巡视谷仓时，不慎将一只名贵的金表遗失在谷仓里。他遍寻不着，便在农场的门口贴了一张告示要人们帮忙，并悬赏1 000美元。

人们面对重赏的诱惑，无不卖力地四处寻找。无奈，谷仓内谷粒成山，还有成捆的稻草，要想在其中找寻一块金表就如同大海捞针。

人们忙到太阳下山也没有找到金表。他们不是抱怨金表太小，就是抱怨谷仓太大、稻草太多。他们一个个放弃了获得1 000美元的奖金。

只有一个穿着破衣的小孩在众人离开后仍不死心，他并没有像别人那样在稻草中翻找，而是放缓脚步仔细倾听。突然，他听到一个奇特的东西在“滴答滴答……”地不停响着，他意识到这就是要找的金表。于是他连忙循声翻找，终于找到了金表，并得到了奖金。

正是倾听，让他循声而去、得到了想要的东西。在沟通中，只有通过认真的倾听，才能准确、全面地把握对方传达的信息。

一、倾听的意义

一谈到沟通，许多人很快想到的是如何说、怎样表达，很少有人想到倾听。从小到大，我们有不少机会去练习如何去说、如何去写，却很少有时间来学习如何去倾听。有些人认为，倾听能力与生俱来，长着耳朵就会倾听，实际上并非如此。

一位公主去寺庙拜佛游玩，方丈陪她游览寺庙景色。公主听到树上的鸟儿婉转地鸣叫，很高兴地说：“多么悦耳的声音啊！”方丈问道：“请问公主，您是用什么去听鸟的叫声的呢？”公主说：“当然是用耳朵去听啊！”方丈说：“死亡的人也有耳朵，为什么听不见呢？”公主说：“死亡的人没有灵魂。”方丈说：“睡着的人，有耳朵，也有灵魂，为什么听不见呢？”公主愣住了。

由此可见，倾听并不是与生俱来、不学就会的。实际上，倾听不仅是一种生理活动，更是一种情感活动，需要我们真正理解沟通对象所说的话。

在这个存在着广泛交往的时代的倾听比以前任何一个时代的倾听都更为重要。医生要倾听病人的谈话，才能了解病情从而对症下药；销售员要倾听顾客的描述，才能清楚客户的需求从而提供满意的服务；企业主管必须倾听下属的报告，才能拟订对策、解决问题。人人都需要倾听以便与别人沟通。问题是，“喜欢说，不喜欢听”乃人之常情。因此，我们都要学会倾听。

具体来说，倾听的重要价值主要体现在以下五个方面：

（一）倾听可以获取重要的信息

有人说，一个随时都在认真倾听他人讲话的人，在与别人的闲谈中就可能成为一个信息的富翁。此外，通过倾听我们可以了解对方要传达的信息，同时感受到对方的感情。

（二）倾听可以掩盖自身的弱点

俗话说“言多必失”，意思是话讲多了往往会有失误，容易弄巧成拙。对于善言者如此，对于不善表达者就更是如此。所以，当我们对事件、情况不了解、不熟悉、不明白的时候，或者当我们自知自己的表达能力有所欠缺的时候，适时地保持沉默、多听多想不失为一个明智的选择。

（三）倾听可以激发对方谈话的欲望

我们在日常交往中都有这样的感受，当我们兴致勃勃地向某个人做表达的时候，如果对方意兴阑珊，你立刻就会发现自己表达的欲望迅速下降，甚至完全失去继续交流的兴趣；反之，如果对方非常认真地倾听，你会感觉到对方很重视自己、对自己的话题很感兴趣，这种感觉会促使我们进一步表达和交流。当然，好的倾听者还能激发和启发谈话者更多、更敏捷的思考和表达，双方都会获益良多，并且心情畅快。

（四）会倾听的人才能更会表达

我们只有从倾听当中捕捉到表达者要传达的重要信息，才能在接下来的表达中言之有物、言之有益；在认真倾听的过程中，我们也能学到什么样的表达是更能让人接受和认同的。

（五）倾听可以使倾听者获得友谊和信任

一个人在表达的时候被别人认真倾听，会让表达者感受到被尊重、被接受、被喜爱，这些感受都会使我们更愿意靠近那个给予我们这种体验的个体。如果还能够被深深地理解的话，那真的会带来“酒逢知己千杯少”般的快乐和满足。这是一个强调自我和个性的年代，在很多人都用说话来体现自己独特的部分的时候，学会倾听，恰恰让我们有能力给别人搭建起一个自我展示的舞台，这当然容易得到别人的好感和认同，获得友谊和信任。

二、良好的倾听态度

当我们懂得了倾听的重要价值之后，我们还得要有良好的倾听态度。良好的倾听态度包括安静、耐心和关心。

（一）良好的倾听态度首先需要安静

保持倾听时的安静，是为了做好倾听的准备：我已经闭上了我的嘴巴，带上了我的耳朵，请您开始讲吧。只有在安静的环境当中，我们才能听清楚表达者在说什么，才不会遗漏重要的信息。也只有当听众安静地倾听时，讲话的人才能感受到自己的表达是受欢迎的。保持安静，需要听众不插话、不跟周围人窃窃私语、不用身体的其他部位发出声音，比如跺脚声、手拉动椅子的声音等。

（二）良好的倾听需要耐心

有些人在倾听的过程中过于心急，经常在说话者暂停时插话，或者在说话者思考的时候自以为是地替别人讲话；有些人在别人还没有说完的时候就迫不及待地打断对方，或者口里没说心里早就已经不耐烦了，这样往往不能把对方的意思听懂、听全。于是我们经常听到别人这样说：“你等我把话说完好不好？”所以，在倾听的时候，不要打断对方的话，学会克制自己，特别是当你想发表自己的意见的时候；不要一开始就假设自己明白了他人的问题，所以在听完之后，可以问一句“你的意思是……”“我没理解错的话，你需要……”等，以印证你所听到的是否与对方表达的相一致。

【案例】

一个顾客急匆匆地来到某营业厅的收银台。顾客说：“你好，刚才你算错了 100 元……”收银台的小姐满脸不高兴：“你刚才为什么不点清楚，银货两讫，概不负责！”顾客说：“那就谢谢你多给了 100 元。”顾客扬长而去，收银台小姐目瞪口呆。

（三）良好的倾听需要关心

要带着真正的兴趣听对方在说什么；要理解对方说的话；让说话的人在你脑海里占据最重要的位置；始终同讲话者保持目光接触，不断地点头，不时地说“嗯、啊”等。

【案例】

一位汽车推销员，有一次向顾客推荐一种新型车，他热忱接待，并详尽地为客人介绍了车子的性能、优点。客人很满意，准备办理购买手续。岂料，从展厅到办公室，短短几分钟，客人的脸色却越来越难看，突然决定不买了，眼看就要成交的生意就这样黄了。

这位顾客为什么突然变卦？推销员辗转反侧，不能入眠。他回忆着自己的每一句话，并没有发现讲错的地方，也没有冒犯顾客的地方，真是百思不得其解。于是他忍不住给那位顾客拨了电话，询问原因。

顾客告诉他："今天你并没有用心听我说话。就在我签字之前，我提到我儿子即将进入密歇根大学就读，我还跟你说到他喜欢赛车和将来的抱负，我以他为荣。可你根本没听我说这些话！你只顾推销自己的汽车，根本不在乎我说什么。我不愿意从一个不尊重我的人手里买东西！"

原来，那位客人的儿子考上了名牌大学，全家人异常高兴，并决定凑钱买辆跑车送给儿子。客人谈话中数次提及儿子、儿子、儿子，而他却一味强调：车子、车子、车子！

这位推销员恍然大悟。他从此引以为戒，外出推销时不仅带上自己的"嘴巴"，更带上自己的"耳朵"，带上感情、带上爱心。

三、需要倾听的内容

倾听的过程中，我们要关注到的内容是非常丰富的。首先，当然是说话者的语言内容。但不止于此，除了话语，我们还要关注说话者的表情和肢体动作，因为这两者往往是在用特殊的方式做着表达，在某些情况下，表达出的信息，甚至比话语更加的准确和真实。

（一）倾听要专注于表达者的主要观点

倾听时，要将精力集中在努力捕捉信息的精髓上面，理解表达者观点中的重点。

（二）倾听要善于听出言外之意

不是所有的表达者都愿意把自己的真实观点和想法直接用语言表达出来的，这时，就需要倾听者能听出表达者的弦外之音了。

【案例】

第二次世界大战中期，东条英机出任日本首相。此事是秘密决定的，各报记者都很想探得秘密，于是竭力采访参加会议的大臣，却一无所获。

有位记者用心研究了大臣们的心理定式：谁都不会说出由谁出任首相，

假如问题提得巧妙，对方会不自觉地露出某种迹象，从而有可能探得秘密。于是，他向一位参加会议的大臣提出一个问题：出任首相的人是不是秃子？

当时，日本首相有三名候选人：一是秃子，一是满头白发，一是半秃顶，这个半秃顶的就是东条英机。在这看似无意的闲谈中，大臣没有想到其中暗藏机关，因为他在听到问题之后，神色有些犹豫，没有直接回答问题。聪明的记者从这一瞬间，就推断出最后的答案，获得了独家新闻。因为对方停顿下来，肯定是在思考：半秃顶是否属于秃子？

（三）倾听时要关注表达者的表情语言和肢体语言

完整而有效的倾听，不仅在于清楚把握表达者真正想要表达的主要观点，还要通过表情、语气语调、手势动作等更好地理解表达者内心的真实感受。更重要的是，对于有着良好社会化能力的个体，当他们不想直接说出自己的真实想法的时候，语言是可以作伪的，所谓“言不由衷”就是如此，但面部表情、语气语调、身体姿势等却很难作假，尤其是身体姿势。所以，如果我们希望自己能成为一个高效的倾听者，那么，还要学会在倾听的时候关注表达者这些非言语的部分，并能够理解这些非言语部分所表达的含义。

小贴士1

表情和肢体动作所表达的含义：

1. 说话时捂上嘴（说话没把握或撒谎）
2. 摇晃一只脚（厌烦）
3. 把铅笔等物放到嘴里（需要更多的信息、焦虑）
4. 没有眼神的沟通（试图隐瞒什么）
5. 脚置于朝着门的方向（准备离开）
6. 擦鼻子（反对别人所说的话）
7. 揉眼睛或捏耳朵（疑惑）
8. 触摸耳朵（准备打断别人）
9. 触摸喉部（需要加以重申）
10. 紧握双手（焦虑）
11. 握紧拳头（意志坚决、愤怒）
12. 手指头指着别人（谴责、惩戒）
13. 坐在椅子的边侧（随时准备行动）
14. 坐在椅子上往下移（表示赞同）
15. 双臂交叉置于胸前（不乐意）
16. 衬衣纽扣松开，手臂和小腿均不交叉（开放）

17. 小腿在椅子上晃动（不在乎）
18. 背着身坐在椅子上（支配性）
19. 背着双手（优越感）
20. 脚踝交叉（收回）
21. 搓手（有所期待）
22. 手指叩击皮带或裤子（一切在握）
23. 无意识地清嗓子（担心、忧虑）
24. 有意识地清嗓子（轻责、训诫）

小贴士2

下列倾听的坏习惯，你有多少？

1. 说的比听的多
2. 喜欢插话
3. 在倾听时几乎一言不发
4. 发现感兴趣的问题时就问个不休，结果导致对方跑题
5. 你只倾听自己感兴趣的
6. 别人说话时你经常走神
7. 对方在说话时你在思考自己应该做怎样的反应
8. 你很乐于提出建议，甚至在别人没要求的时候也如此
9. 你的问题太多，不断打断对方的思路
10. 在对方还没说完时你已经下了结论

第二节　沟通最基本的技巧之二：表达

语言是赐予人类表达思想的工具。

——莫里哀

引导案例

古代有一位国王，一天晚上做了一个梦，梦见自己满嘴的牙都掉了。于是，他就找了两位解梦的人。国王问他们：“为什么我会梦见自己满口的牙全掉了呢？”第一个解梦的人就说：“皇上，梦的意思是，在你所有的亲属都死去以后，你才能死，一个都不剩。”国王一听，大怒，打了他一百大棍。第二个解梦的人说：“至高无上的王，

梦的意思是，您将是您所有亲属当中最长寿的一位呀!”国王听了非常高兴，便拿出一百枚金币，赏给了第二个解梦的人。

同样的事情，同样的内容和意思，为什么第一个解梦的人会被打，第二个解梦的人却可以得到奖赏呢？不过是表达不同而已。俗话说：“一句话说得人笑，一句话说得人跳。”由此可见，表达是多么的重要。

问题：如何进行有效的表达呢？

一、表达要注意语言内容

（一）有效的表达要简洁明了、重点突出、饱满有力

林肯曾说：“在一场官司的辩论过程中，如果第七点议题是关键所在，我宁愿让对方在前六点占上风，而我在最后的第七点获胜。这一点正是我经常打赢官司的主要原因。”表达的精髓，在精而不在多。喋喋不休，不但惹人厌烦，也让人感觉不知所谓。诚如西方的谚语所云：“话犹如树叶，在树叶茂盛的地方，很难见到智慧的果实。”所以，进行表达一定要想办法让听众在最短的时间内最准确地理解自己的意思。而要达到这样的要求绝非易事。这就需要我们能够清楚了解自己想要表达的主旨，并抓住关键点。但同时又不能为简而简，以简代精，这样反而会得不偿失。

（二）要对表达的内容进行适当“包装”

这里的“包装”不是伪装，更不是弄虚作假、无中生有、歪曲编造，而是在真诚的基础上为了增强表达的效果进行一些打磨、注意一些措辞、选择一些方式。

1. 表达内容要选择恰当的组织方式

研究发现，通常人们用三种方式进行表达：攻击式、退让式和自信式。很多时候我们会根据情况选择不同的方式，但当我们遇到一些特殊的事件或者特殊的人时，我们可能会不自觉地选择某一特定方式，从而进入低效的沟通模式。

攻击式的表达往往会使用下面的一些句型：“你必须……”“因为我已经说过了。”“你这个白痴！”“你总是/从不……”“我知道这样做不会有用的。”“你怎么能那样想呢？”……从这些表达里，我们通常会感受到责备、非难、要求和命令，如果攻击程度没有那样明显的话，我们至少也能从中听出否定、不满和抱怨的情绪，而且攻击式的表达往往对人不对事，我们会从这样的表达里发现“你”这个词语出现的频率比较高。

退让式的表达则经常使用这样的句子：“如果你想……，我没有意见。”“不知道我是否可以那样做？”“我最近正忙着呢，随后我会和他讨论这个问题。”“抱歉，问你一下。”“打扰你了，很抱歉。”……从这些表达里，我们很难感受到强硬的或者很多非常确定的

东西，当然也会经常从这样的表达里听到诸如“也许”“可能”“希望”等词语。

自信式表达常常是这样一些句子：“是的，那是我的错误。”“我对你的观点是这样理解的……”“让我解释一下为什么我不同意那个观点。”“让我们先定义一下这个议题，然后寻求几个有助于解决它的途径。”“请耐心听我讲明白，然后我们一起解决这个问题。”……自信式的表达常常是负责任的、积极主动的、着眼于问题的。

小贴士

假如你刚刚接到一个重要的任务，并且时间非常紧迫。你知道要按时完成这件事，就必须得到同事小林的帮助，你该如何与他沟通呢？运用上述三种方式思考一下，然后与下面的表达进行对比：

攻击式：“小林，你看，我现在要忙死了。你得赶紧帮我把这个重要的项目完成！别跟我说你也有什么样的事情要做！你看你上周有紧急任务的时候，不也是我帮你的？！别担心，我不会把大半工作都让你做的。所以来吧，让我告诉你我需要你做些什么。”

退让式：“你好，小林。很抱歉，我本来不想打扰你的，我知道你也有一堆事情要忙。我有一个难办的任务。如果你有时间的话，也许能提供一些帮助。但是，嗯，如果你不想做的话也没关系。”

自信式：“小林，我刚被安排了一项紧急任务，需要在一周内完成。如果你能给我一些帮助，我会很感激你的。你的经验对于完成这项任务非常重要。我想要做的就是现在或者今天下午花几分钟时间和你一起来确定一下你能对这个项目提供的时间和支持。你觉得怎么样，如果可以的话，我们什么时间谈？”

问题：你是怎样想的呢？你会采取哪一种方式呢？

2. 表达的内容要因人而异

有效的表达，需要我们根据表达对象的不同在内容上进行调整。一方面，因人而异的表达可以让不同的对象听得更加清晰明白；另一方面，所谓众口难调，因人而异的表达也更容易符合不同听众的口味，使他们都对表达感兴趣。所以，因人而异的表达要根据倾听者的性别、受教育程度、性格特点、身份特征、年龄特征、心理需求等的不同而有所变化。此外，我们在表达的时候还要注意投对方所好、谈论对方感兴趣的话题，也就是俗语所说的“到什么山头唱什么歌”。那么，什么样的话题是别人永远都感兴趣的呢？答案就是他们自己！大多数人很难对别人产生影响力或者号召力，是由于他们总是忙着考虑自己、忙着谈论自己、忙着表现自己，所以我们在沟通过程中如果能够放弃谈论自己而产生的满足感，把表达中的“我”“我的”替换成“你”“你的”，也许我们就能发现，我们的表达能让对方更感兴趣，彼此之间的沟通也更加顺畅。

【案例】

有一个秀才去买柴。他对卖柴的人说："荷薪者来！"卖柴的人听不懂"荷薪者"（担柴的人）三个字，但是听得懂"来"这个字，于是把柴担到秀才面前。秀才问他："其价如何？"卖柴的人听不懂这句话，但是听得懂"价"这个字，于是就告诉秀才价钱。秀才接着说："外实而内虚，烟多而焰少，请损之。"（你的木材外表是干的，里头却是湿的，燃烧起来，会浓烟多而火焰少，请减些价钱吧。）卖柴的人因为听不懂秀才的话，于是担着柴就走了。

迂腐的秀才不懂得变迁，对着目不识丁的卖柴人还用文绉绉的语言进行表达，导致沟通断裂。

3．表达的内容要多些积极关注和真诚赞美

任何一个个体，在与别人的交往过程中都喜欢得到别人的肯定和欣赏，没有人愿意从别人那里感受到对自己的负面情感和评价，哪怕是再亲近的朋友或亲人。所以，在正常的沟通交流中，我们可以适当地给别人以积极的关注和真诚的赞美。

（1）赞美首先必须是真诚的

真诚赞美最基本的要求就是真实。也就是说，我们赞美的内容必须是对方真实具备的。什么情况下我们才能发现对方真实的、值得欣赏的地方呢？这当然需要我们对对方有比较多的关注，而且是非常积极的关注。当我们在人际交往过程中能够用积极的视角给予对方比较多的关注的时候，其实就已经让对方非常舒服和受用了，此时，人际沟通几近成功了一半。

（2）赞美要具体

有些人赞美别人的时候往往不着边际，很容易让别人觉得不真诚甚至虚伪。如何使别人被赞美得很舒服又觉得的确如此呢？那么一定要学会选择细节进行具体的赞美。比如，碰到一位女士，你泛泛地说："你今天真漂亮。"就不如具体地说："你今天穿的这件粉色的裙子很衬托你的皮肤，显得你又好看又精神。"所以，当现在随便到哪儿都有人"美女、美女"地乱叫的时候，被叫的女性也根本没真把"美女"当成是对自己的容貌气质的赞美。

（3）赞美并不一定都要使用语言来表达

有的时候，一个欣赏的眼神，一个鼓励的微笑，或者一个拍肩膀的动作，都能让对方感受到来自称赞者的赞美和欣赏。

（4）赞美的频率和热情度不宜过高

赞美别人需要真诚的情感，并非用辞藻堆砌起来做报告。一味地热情称赞，反而会让对方觉得虚情假意，或者会让对方当作一种谄媚或者纯粹的客气，甚至让别人觉得一时无法承受。

【案例】

某人擅长奉承，一日请客，客人到齐后，他挨个问人家是怎么来的。第一位说是坐出租车来的，他大拇指一竖："潇洒，潇洒！"第二位是个领导，说是亲自开车来的，他惊叹道："廉洁，廉洁！"第三位显得不好意思，说是骑自行车来的，他拍着人家的肩膀连声称赞："时髦，时髦！"第四位没权没势，自行车也丢了，说是走着来的，他也面露羡慕："健康，健康！"第五位见他捧技高超，想难一难他，说是爬着来的，他击掌叫道："稳当，稳当！"

二、表达要注意非言语内容

（一）良好的表达要注意语音语调

同一个意思，甚至完全相同的内容，用不同的语音语调进行表达，就会产生不同的意思和感觉。比如："我讨厌你！"可以是表达真正的厌恶，也可以是情人之间的打情骂俏。所以，要使表达更有效，我们需要注意表达时的语音语调。通常，语音语调要根据表达的内容、情境、对象有所变化。一般来说，场面越大，越要适当提高声音、放慢语速，把握语势上扬的幅度，以突出重点；反之，场面越小，越要适当降低声音，适当紧凑词语密度，并把握语势的下降趋势，追求自然。相关的专家通过研究给我们提出了这样的建议：基于人际交往的需要，我们的语气不能跟着自己的感觉走，要根据当时的情形和谈话的内容选择语气；但是语调任何时候都要低，如果你试着放低声音，你会发现，一个低沉的声音更能吸引人们的注意力，并博得他们的信任和尊敬。

（二）良好的表达要学会微笑

进行高效的沟通和表达，当然要配以恰如其分的神态和表情。当然，我们这样讲并非让大家像演员一样去表演，而是试图说明表达时表达者是一个整体，倾听者感受到的，不仅是语言表达的内容，还包括表达者的神情体态等，倾听者最后理解到的是表达者的语言表达内容、神情体态等整体所传递出来的信息。但在这些神情语态中，可能最需要表达者注意的就是微笑了。

微笑被看成是没有国界的语言。一个真诚、友好的微笑是捕获人心最有效的方法，它能消除人与人之间的隔阂和疏离，拉近人们之间的界限和距离，甚至，当我们与他人处在紧张和有些敌意的氛围中时，一个友善、由衷的微笑，也能瞬间让我们周遭的氛围变得不同。微笑不但能保持我们自身良好的形象，也能有效地影响他人。所以，在与别人进行沟通交流的时候，学会微笑吧！甚至有人认为，哪怕是在不能面对面的电话过程中，也要试着在讲话的时候保持微笑，因为通过微笑所传达出来的善意和真诚，是可以让对方通过电波感受到的。学会把微笑运用到我们的日常生活和工作中去，也许会让我们有意想不到的收获。

小贴士

少说与多说

少说抱怨的话，多说宽容的话。
少说讽刺的话，多说尊重的话。
少说拒绝的话，多说关怀的话。
少说命令的话，多说商量的话。
少说批评的话，多说赞美的话。
少说无关的话，多说有用的话。
少说寒心的话，多说安慰的话。
少说泄气的话，多说鼓励的话。

第三节　职场沟通

行己恭，责躬厚，接众和，立心正，进道勇。择友以求益，改过以全身。

——弘一法师

引导案例

小张是一公司普通职员，是个心直口快的人，说话从来不懂得要含蓄婉转，所以经常得罪别人，在工作单位同样如此。

一次，饮水机没水了，他对同事小刘说："帮个忙换桶水吧，就你闲着。"小刘一听就不高兴了："什么就我闲着？我在考虑我的策划方案呢。"小张碰了一鼻子灰。

小张跑到销售部："吴经理，你给我把这个月的市场调查小结写一下吧。"吴经理头也不抬，冷冷地说："很抱歉，我没空。"显然吴经理生气了。小张想自己也没说什么呀。他顺手拿起打印机旁的一份《客户拜访表》问："这是谁制的表？"吴经理的助理夺过表格说："你什么意思？"

当天，几个同事在一起谈话，让小张说说对公司管理的看法，小张竹筒倒豆子般地一吐为快："我认为我们公司目前的管理非常混乱，有令不行，有禁不止，简直像是一个乡下企业。”大家不爱听了，认为他话里有话。

一会儿，同事小王问小张，某某事情可不可以拖一天，因为手头有更重要的事情在做。“有这么做事情的吗？你别找理由了，这可是你分内的事情，反正又不是给我做，你看着办！”小张声色俱厉地说。小王也不甘示弱，说：“喂，请注意你的言辞，你以为你是谁啊？我就是没有时间！”小张气得发抖：“我怎么了？本来就是这么回事啊，我不过是实话实说罢了。”

一个人如果从二十五岁开始进入职场，到五十五岁退休的话，人生接近三分之一的时间都是在职场度过的，如果和上述案例中的小张一样，和自己的同事无法融洽相处的话，别说要一起合作共事，就是每天的心情，都会受到很大的影响。

实际上，我们每个人在职场中都必须与不同的人进行沟通，最基本的包括领导、同事和下属。这些交往不可避免地会影响到我们的职业生涯、发展前景及情绪状态。讲究职场沟通技术，不仅可以减少矛盾和冲突，还能使职场人际关系更加顺畅和谐，当然，对于个体的心理状态、未来发展也意义非凡。

事实上，面对不同的职场沟通对象，我们沟通的方法和技巧也不尽相同，但不管是哪一种对象，都有一些共同的职场沟通原则必须遵循。这些职场沟通原则包括：一是真诚。在职场沟通过程中，只有坦率真挚才能减少矛盾和误会、赢得理解和信任。二是自信。职场沟通与日常生活中的沟通不完全一样，需要更多地以职业人的角色和身份出现。从容不迫，沉着冷静，才能赢得别人的认可和尊重。三是理性。职场沟通需要有情感，但却必须让情感在理性的驾驭下发挥作用，切不可盲目冲动、信口雌黄，而要清醒、明智，要能理智清晰地明确沟通目标，预知沟通效果，并据此采取恰当的沟通方法。在职场中切忌责备、抱怨、攻击、谩骂和说教。四是友善。也就是说，在职场沟通中要能从他人的立场看问题，从对方的角度想事情，以友善真诚的态度与他人沟通交流。五是尊重。在职场中无论职位的高低，只有本着平等尊重的原则，才能使沟通流利顺畅地进行。六是互动。沟通应当是双向的互动，切忌一方夸夸其谈、口若悬河，以致让对方只能洗耳恭听而无话可说。职场沟通中只有沟通的双方有问有答、畅所欲言，沟通才能更为流畅高效，才能实现职场双方的共赢。

一、与上司的沟通

所谓与上司的沟通，指的是职场中个体通过恰当的途径和方式与管理者或者决策者进行信息的交流。

与上司的顺畅沟通，无论对于上下级哪一方来讲都是非常重要的。就下级来讲更为如此，这既是工作得以顺利开展、任务得以圆满结束的重要基础和保证，也是个体在职场中获得更好发展环境和更广阔发展机遇的重要条件。那么，如何与上司进行良好有效的沟通呢？

（一）与上司沟通的原则

一般来说，在职场中可以居于一定职位的个体，相对来说往往都有一些过人的能力，同时也稳重老练，自恋自尊。所以，在与上司的沟通中，首先要抛弃“不宜与上司过多接触”的观念，克服与上司进行沟通时的害怕、焦虑心理。一名合格而成熟的职场人士，应该具有这样的沟通理念：和上司沟通是一个职场人士的基本职责之一。其次，与上司沟通还要注意以下原则：

1．尊重

在一般的沟通交流中，每个人都渴望得到对方的尊重，希望自己应有的地位和作用得到认同和肯定。职场中与上司的沟通更是如此。所以在工作中，作为下属，要理解上司的处境和苦衷，知道维护上司的威信和地位，懂得尊重上司的看法和意见。如果有与上司不一致的意见和想法，也要学会用恰当的方式和方法进行表达。这么做，无论是对于工作，还是双方的情感和关系，都是大有裨益的。

有人把职场中对于上司的尊重误认为是一种讨好和奉承，实际上并非如此。如果说尊重是基于对平等的理解，是基于个体一种基本的素养以及对于人之常情的理解和照顾的前提的话，那么奉承和讨好则更多的是基于一己之私。

2．以工作为问题解决出发点

上下级之间的关系主要还是工作关系。所以，在沟通的过程中，双方都要摈弃彼此之间的私人恩怨和私利，同时也要摆脱人身依附关系，把工作放在最重要的位置，以客观、理性的目光看待工作关系，在任何时候、任何问题上都以解决工作中的问题、完成工作中的任务为第一要务。

3．学会服从

一般来说，上司由于经验和职务关系，往往更能从大局出发，通盘考虑，思考的角度也可能更周全，所以，与上司沟通时懂得服从也是必需的，这样才能让一个组织变成更严密和高效的整体。

4．不要理想化

在与上司的沟通中，下属也要明白上司也是一个普通人，具有普通人所具有的所有特点和局限，既要看到他们的优点和长处，也要看到他们的缺点和短处，切勿用自己头脑中形成的理想化模式去要求和期待上司。

（二）与上司沟通的方法

1．沟通态度要主动

上司因为要承担更多的责任，所以一般工作都比较繁忙，在这种情况下，也鲜有上司能主动深入到员工中去寻求沟通。这时，就需要员工用恰当的方法主动与上司进行沟通。这样的沟通除了可以更好地完成工作和任务之外，也可以因为适当的交流和沟通而使上司和下属之间的情感不至于疏离。

2. 沟通频率要适度

在现实职场中，上下级之间的沟通既不能“不及”，也不可“过分”。实际上，职场中下对上的沟通往往存在两个极端，要么是沟通频率过高，要么是沟通频率过低。就沟通频率过高而言，有些员工为了博得上司的赏识和青睐，有事没事就往上司办公室跑，既容易给上司正常工作造成困扰，也容易让上司怀疑员工缺乏独立工作能力，还可能造成同事之间心理上的不平衡。而有些下属恰恰相反，认为一个好的员工只要默默做好自己的本职工作就好，至于是否要向上司汇报思想和工作情况则不太重要，因而需要请示或汇报的时候缺乏相应的请示和汇报，这样，久而久之，既不利于工作的开展和完成，在一定程度上也会影响团队的凝聚力和自身的发展前景。

3. 沟通机会要适时

要使与上司的沟通更为有效，还要选择合适的时机。

（1）要选择上司相对轻松的时候

在与上司的沟通之前，可以通过电话、短信的方式主动预约，也可以请对方预约沟通时间和地点，自己按时赴约。如果属于自己的私事，则不适合在上司工作的时候去打扰。

（2）要选择上司心情良好的时候

当上司心情欠佳的时候，最好不要去打扰对方，特别是准备向对方提要求、说困难或者表达自己不同看法的时候。

（3）要寻求合适的单独交谈机会

特别是试图改变上司的决定或者意图的时候，要尽量利用非正式场合或没有其他人在场的时候，这样既能给自己留下回旋余地，又有利于维护上司的尊严。

（4）要视上司的不同特点选择灵活的沟通方式

一般来说，如果上司属于权力欲比较强的控制型（性格特点具体表现为实际、果决、求胜心切，态度强硬，要求服从），更多关注结果而非过程，那么在进行沟通时就要简明扼要、直截了当、尊重权威，还可以更多称赞成就而非个性或人品。如果上司属于看重人际关系的互动型（性格特点表现为亲切友善、善于交际，愿意聆听困难和要求，同时喜欢参与，愿意主动营造融洽氛围），沟通过程中就要注意多些公开、真诚的赞美，要能开诚布公地发表意见，切勿背后发泄不满情绪。如果上司属于干事创业的实务型（性格特征表现为有自己的一套为人处世的标准，喜欢理性思考而不喜欢感情用事，注重细节并且更愿意探究问题和事情的来龙去脉），那么在沟通中就要注意开门见山、就事论事，同时要注意据实陈述并且切勿忽略关键细节。

此外，在与上司的沟通过程中，一定要正确认识自己的角色、地位，真正做到出力而不越位。

（三）如何进行请示与汇报

请示，是下级向上级请求决断、指示或者批示的行为；汇报，是下级向上级报告情况、提出建议的行为。二者都是职场人士经常要进行的工作。

请示或汇报一般包括四个步骤：一是明确指令，主要是清楚了解是谁传达的指令，要做什么，什么时间、地点，为什么做，怎样做等。如果有任何一点不清楚，都要和上司进行及时的沟通，以免贻误工作。二是拟定计划。在明确了工作目标之后要拟定详细具体的计划，交给上司审批。在拟定计划的过程中，要阐明自己的行动方案和步骤。三是适时请教。在计划进行过程中，要及时向上司汇报和请教，让上司了解工作的进程和取得的阶段性成果，并及时听取上司的意见和建议。四是总结汇报。任务完成之后，要及时而主动地向上司进行总结汇报，包括成功的经验和不足之处，以便在今后的工作中进一步进行改进和完善。这样做既让上司看到自己的责任心和敬业心，也让上司看到自己的才干和能力。

此外，请示和汇报还要注意：要按照下级服从上级的原则，坚持逐级请示、报告；要避免多头请示、报告，坚持谁交办向谁请示和汇报，以减少不必要的矛盾，提高工作效率；要尊重而不依赖，主动而不擅权。

二、与同事的沟通

所谓同事关系，是指同一组织内部处于同一层次的员工之间存在的一种横向人际关系。通常是职位平等的，需要日日相处、协同工作，同时又存在利益之争，有很多心照不宣的东西。因此，同事之间的关系有许多微妙之处，既有合作关系，又有竞争关系，需要我们在职场中很好地处理和对待。

（一）与同事沟通的基本原则

1.“三互”原则

（1）互相尊重。古语有云：敬人者，人恒敬之。在职场中要想得到别人的尊重，自己也要学会尊重别人，尊重他们的人格、工作和劳动及他们在团队中的地位和作用。更何况，获得尊重、认同和欣赏，是包括我们自己在内的每一个人的需要和期待。

（2）互相坦诚。在人际沟通过程中，真诚是不二法则，与职场同事沟通同样如此。只有襟怀坦荡、以诚相待，才能激起同事心灵和情感上的共鸣，才能收获真诚和信任。不懂得真诚、说一套做一套的虚伪之人，即便讨得同事一时的喜欢，所谓“疾风知劲草，日久见人心”，日子久了，也会暴露本来面目，被同事厌恶。

（3）互相体谅谦让。同事之间因工作任务聚集到一起，难免会因为经历、性格、价值观、看问题的立场思路等的不同而存在差异、分歧甚至误解和冲突，不要放任自己的情绪感受扩大冲突，而要通过换位思考等方式理解对方、互相体谅谦让、求同存异。

2. “四不”原则

（1）不谈论私事

根据调查，只有不到 1%的人能够严守别人的秘密。因此当自己出现失恋、婚变等与私生活有关的危机事件时，注意尽量不要在办公室交流，对上司、同事有不满和意见，也尽量不要向无关人等倾诉。虽然在办公室互诉心事似乎很富有人情味，能使彼此之间似乎更为亲切友善，但办公室还是因工作关系而存在的一个特殊场所，容易界限不清、公私混淆，给彼此带来麻烦和困扰。

（2）不传播“耳语”

所谓“耳语”，即小道消息，是指非经正式、正常途径传播的消息，往往容易失实，因而并不可靠。当然，实际上，在一个单位要杜绝小道消息几乎是不可能的，所以，对于小道消息，要尽量做到不打听、不评论、不传播。

（3）不当众炫耀

每个人都渴望得到别人的肯定和认同，所以都会尽可能地展现自己好的一面，以维护自己的形象和尊严。但如果当众进行炫耀的话，无论是炫耀地位或者财富，还是炫耀容貌或者才华，都是在无形之中贬低别人、凸现自己，容易让人感觉是对别人自尊和自信的挑战，是为了在别人面前凸现自己的优越性，因此，这样很自然地容易引起别人的防御、反感和排斥。这对同事之间的关系的维系有弊无利。

（4）不直来直去

在沟通过程中，常常有人想到什么就说什么、口无遮拦，还美其名曰自己心直口快、刀子嘴豆腐心。实际上这样的表达常常能给自己带来一时之快，但却容易伤害别人，进而也给自己带来困扰。所以职场同事沟通中切忌直来直去，尤其是在有求于对方或者与对方有不同意见的时候，更加不能直截了当、毫无顾忌。

3. 大局为重

如果与某些同事存在差异分歧、冲突，也尽可能不要“家丑”外扬，不要对自己的同事评头论足甚至恶意攻击，尤其是在与本单位以外的人员进行工作接触的时候，因为这样做常常会让对方质疑攻击者的人格品性，对你心生忌惮。

（二）与同事沟通的基本方法

1. 懂得相互欣赏

职场人士都有得到赞许和欣赏的愿望与期待，都希望自己的工作和劳动得到别人的重视和认同，都希望有来自他人恰如其分的评价和鼓励，所以我们要善于发现同事的优点和长处，以及在工作中付出的努力、取得的进步和成绩，并进行肯定和赞美。

2. 主动交流和沟通

人际关系要融洽和密切，一定的交流和沟通是必需的，所以在职场中我们要学会利用工作之余的闲暇主动找同事谈谈心、聊聊天或者请教问题，只有在这样的交流和沟通中，彼此的了解和融洽才能成为可能。

3. 保持适当距离

和同事之间形成良好的关系，并非表示要无话不谈、亲密无间，实际上由于同事之间既存在合作又存在利益竞争，所以很多时候并不适合太过亲密，很多时候过分亲密和随意容易导致隐私的侵犯。同时，太过亲密和随意也有可能逾越彼此的界限，使得工作和私人生活无法清楚分开，反而会带来摩擦和矛盾。

（三）新进员工与同事的沟通之道

任何个体来到一个新的工作环境，都需要尽快融入团体、争取同事的认可，所以对于每一个刚刚走上工作岗位的新进员工而言，能否和同事进行良好的沟通就显得极为重要。

1. 要注意顺应风格，低调行事

任何一个部门或单位，只要能够正常地运行，在长期的协作过程中都已形成了一个完整系统。这样的系统拥有自己比较固定而独特的风格，系统中的成员也基本都有了自己比较固定的位置。当新进员工作为一个外来的陌生个体出现时，一定会对系统和系统中原有成员造成某种程度的影响和扰动，新成员能做的，绝对不是让系统为自己去改变风格，而是要想办法融入系统，这样才能让老成员心甘情愿地对已经基本成形的固定位置做一些改变，以容纳新来者。所以新进员工在不清楚部门或者单位的风格、未被系统和成员认可的时候，尽量不要太过张扬自我，不要迫不及待地表现自己，而要暂时保持低调，多倾听，多观察，多思考，多做事，少说话，这才是了解和适应新环境的明智之举。同时新进员工要保持谦逊，只有懂得谦逊和尊重自己的同事和前辈，才能在需要的时候得到别人的支持和帮助。

2. 要懂得尊重前辈

每个单位，都会有一些资历比较老的前辈员工，这些老员工有的可能从表面上看不出有多厉害，所以有些新进员工就容易对他们产生轻视之心，在与前辈老员工的沟通过程中表现出不以为意甚至对老员工不甚尊重的态度。事实上，前辈员工也许既没有很高的学历，也没有特别拿得出手的业绩，但常常因为资历深、经验多、忠诚度高而在员工中和单位里拥有一定的威望和人脉，需要新进员工加以重视。所以，新进员工要学会很好地与前辈员工进行沟通和交往。首先新进员工要积极主动，遇事多虚心请教，充分尊重对方的意见或者建议，即使双方存在分歧，也要把敬意和肯定放在前面，用谦虚、委婉的方式表明自己的观点。其次，要以礼相待，尽量多使用“请”“麻烦”“谢谢”等礼貌用语。

3. 面对工作任务和问题，尽量不要埋怨，少说“不会”

新进员工刚刚进入一个新的环境，当然存在对很多规章制度、程序安排、内外环境等不熟悉的情况，还有一些新进员工刚刚从学校毕业，还没有从学生心态成功转型为职业人心态，再加上原本的性格、习惯模式等影响，碰到困难、面对上司的安排或是同事的请求时，不试着尽力处理和解决，反而抱怨连连或者干脆以“不会”“不清楚”“不了解”来拒绝。这些都是相当幼稚和没有担当的表现，而职场需要的是成熟、肯学习和能负责任的个体。

4. 不要自以为是地处理问题

有些新进员工由于性格、经验、思维方式等种种原因，喜欢以自己的喜好或猜想自以为是地理解和处理问题，常常容易导致误解和偏差。尤其是在对工作任务不理解、不明白或者任务完成过程中碰到困难时，如果不去找领导或者同事商量，而是仅凭自己个人的主观意愿来处理，往往会导致任务完成不了或者工作出现失误，到那时，再以“对不起，我以为……”来解释就为时已晚了。

第四节 冲突情境下的沟通

人之谤我也，与其能辩，不如能容；人之侮我也，与其能防，不如能化。

——弘一法师

引导案例

从前，有个脾气很坏的小男孩。一天，他父亲给了他一大包钉子，要求他每发一次脾气，就必须用铁锤在后院的栅栏上钉上一颗钉子。

第一天，小男孩在栅栏上钉了 37 颗钉子。过了几个星期，由于学会了控制自己的愤怒，小男孩每天在栅栏上钉钉子的数目逐渐减少了。他发现控制自己的坏脾气，比往栅栏上钉钉子要容易多了……最后，小男孩变得不爱发脾气了。

他把自己的转变告诉了父亲。他父亲又建议说：“如果你能坚持一整天不发脾气，就从栅栏上拔下一颗钉子。”经过一段时间，小男孩终于把栅栏上所有的钉子都拔掉了。

父亲来到栅栏边，对男孩说：“儿子，你做得很好！但是，你看钉子在栅栏上留下那么多小孔，栅栏再也不是原来的样子了。当你向别人发过脾气之后，人们的心灵上就会留下疤痕。无论你说多少次对不起，那伤口都会永远存在。所以，口头上的伤害与肉体的伤害没什么两样。”

冲突情境是交流和沟通当中一个比较激烈和极端的状态，如果不能妥善处理，常常会带来消极的后果，轻则使彼此疏离避让，重则导致人际关系的断裂甚至仇怨的产生。处在这样的情境当中，个体常常会有相当大的压力，如果没有比较强大的自我调适和沟通能力，个体往往容易产生逃避的冲动，很难直接面对冲突，有时候即便勉强面对，也容易弄巧成拙，使关系急转直下。所以，冲突情境下的沟通就显得尤为重要。

问题：冲突情境下的沟通需要注意哪些事项呢？

一、处理好自己的负性情绪

在冲突的情境中，当事人往往都带有比较强烈的负性情绪和对彼此的消极感受，如果不能很好地控制自己的情绪感受，当事人的言行举止很容易过激。而且负性情绪有很大的传染性，会激发彼此用更消极的方式处理问题。所以，我们要学会控制自己的不良情绪。

为了不让消极的情绪进一步给彼此的关系带来伤害，发生冲突时我们可以通过暂时停止接触、离开冲突情境、稍候再进行沟通等方式来处理自己的情绪，增加冲突被化解和修复的可能性。再次沟通之前，我们一定要先对自己的情绪做一些处理，力争在心平气和的状态之下进行进一步沟通。

二、牢记沟通目的，对事不对人

为了解决冲突而进行沟通时，我们一定要提醒自己牢记沟通的目的：我们的沟通，是为了解决问题，而非宣泄情绪。所以在接下来的沟通过程中，要理性从容、目的明确，用恰当的方式客观地进行表达，描述事情的经过，表达自己的感受，尽量少判断、少评定，做到对事不对人、不扩大、不泛化。因为冲突情境下，双方的情绪感受都比较消极、敏感性都会增强，所以此种情境下的表达就更加要慎重、谨慎。为了使自己的表达更能为对方所接受，我们要进行换位思考，在表达给对方之前，不妨先说给自己听听，看看自己能否接受、是否认同。

三、要表达自己真正的需求，不要口不对心

人在冲突情境下往往受到强烈情绪情感的支配，容易口不择言、怎么畅快怎么来，有时候说出来的话、表达出来的情绪，未必是个体内心真正期待的想法和感受。比如一对情侣约会，一向不迟到的男方在毫无预兆的情况下迟到了，并且联系不上，女方在约会地等了很久，当终于看到姗姗来迟的男友时，女孩会做怎样的表达呢？也许是发火来表达自己的不满、愤怒和埋怨，但实际上，这可能就掩盖了女生对男友更真实、更深层的担忧和见到对方安全无恙时的释然。但很显然，如果只是表达前者，很容易激起另一方的消极感受，而忽略这浓烈火药味的背后所掩盖的表达者对所爱之人的牵挂和在意。所以在冲突情境下进行沟通，就更加要清楚自己内心里真正想要的到底是什么，切勿口不对心、让自己事后追悔莫及。

四、尊重不同，悦纳多样

有的时候，即便我们努力沟通，但可能就是没有办法让别人认同我们的建议、听从我

们的劝告，也无法消解彼此的差异和分歧。这个时候，我们要能够尊重彼此的独特性和差异性。实际上，正是有这样多的差异和分歧，世界才丰富多彩，我们的生活才不至于单调乏味。而当我们能够真正悦纳这些分歧、求同存异的时候，也许我们就会发现，冲突就这样在不知不觉中消失于无形了。

本章小结

良好的沟通能力是建立和谐、深入的人际关系必不可少的条件，也是让我们的工作和事业顺利发展必须具备的基本能力，前者满足我们的情感需求，后者有利于我们的价值追求，所以我们每一个个体都需要具备良好的沟通能力。而沟通能力中最基本的技巧是倾听和表达。无论是倾听还是表达，都需要我们从语言内容和非语言的内容等方面加以注意和训练，这样我们才能逐渐成为一个合格的倾听者和一个高效的表达者。职场环境中的沟通，则需要我们根据不同的沟通对象和情境灵活变化，遵循不同规则，选用恰当方法，成为一个在职业发展中游刃有余的沟通高手。

问题与思考

1．倾听的游戏

两人一组，一个人连续说 3 分钟，另外一个人只许听，不许发声，更不许插话，可以有身体语言。完成之后，两人互换角色。结束以后每人轮流先谈一谈听到对方说了些什么，然后由对方谈一谈倾听者描述的所听到的信息是不是自己想要表达的。

2．职场沟通

小王是一个大学毕业参加工作不久的“新人”。她做事认真细致，和同事、下属关系都很融洽，可是她不愿意主动和上司交流。她说她其实挺欣赏自己上司的，认为他敬业、有才华、对下属负责，但她不知为什么一见上司就底气不足，对于和上司沟通的事情能躲就躲。有一次，因为没有听清楚上司的意思，导致上司交给她的工作被耽搁了，上司事后问她：“为什么你不过来再问我一声？”她说：“怕您太忙。”上司很生气地说：“我忙我的，你怕什么？”时间长了，小王一和上司沟通就紧张，会出现脸红、心跳、说话不利索的状态。大家都认为小王怕上司，她自己也这么认为。上司看见她这样，也就很少和她单独沟通。一次，晋升的机会来临了，小王很想把握住这个机会，但她又犹豫了。因为升职后的工作会面临比较复杂的关系，需要经常和上司保持沟通。她觉得她天生就怕领导，因此就错失了良机。假定你是小王，会采取怎样的措施挽回这种被动的局面？

3．冲突处理

小张和小刘是同室好友，关系十分密切。小张家境不太好，在学习的同时，每天早晨不到 5 点就要到一家餐厅打工。随着学习压力的增大，期末考试期间两人之间出现矛盾。下面这段对话后，两人的关系出现了裂痕。

刘：你上班干吗非得把全宿舍的人都闹醒啊？

张：你以为我愿意起这么早？我得自己挣钱养活自己。不像你，懒在屋里，靠家里供养。你自己最清楚，你是我认识的人中最懒的一个。

刘：别来这一套！难道你就不能轻一点吗？怎么那么自私呢，从来就不稍稍考虑一下别人！

思考与讨论：（1）请分析两人在言语表达上的失误。

（2）如果你是小张或者小刘，你会如何表达以避免一场口舌之争？

第八章

团队合作能力

不论今后你们选择什么样的职业，都要学会与人合作相处。

——安南

大成功依靠团队，而个人只能取得小成功。

——比尔·盖茨

引　言

俗话说，“一个和尚挑水喝，两个和尚抬水喝，三个和尚没水喝。”当今社会，随着知识经济时代的到来，各种知识、技术不断推陈出新，竞争日趋紧张激烈，社会需求越来越多样化，人们在工作学习中所面临的情况和环境越来越复杂。在很多情况下，单靠个人能力已很难完全处理各种错综复杂的问题并采取切实高效的行动。人们需要组成团队，并要求组织成员之间进一步相互依赖、相互关联、共同合作，建立合作团队来解决错综复杂的问题，并进行必要的行动协调，开发团队应变能力和持续的创新能力，依靠团队合作的力量创造奇迹。在大学期间，我们就必须树立团队合作意识。

第一节　认识团队

单个的人是软弱无力的，就像漂流的鲁滨孙一样，只有同别人在一起，他才能完成许多事业。

——叔本华

引导案例

每当秋季来临，一支完美的团队——天空中成群结队南飞的大雁就是值得我们借鉴的企业经营的楷模。雁群是由许多有着共同目标的大雁组成的，在组织中，它们有明确的分工合作，当队伍中途飞累了停下休息时，它们中有负责觅食、照顾年幼或老龄的青壮派大雁，有负责雁群安全放哨的大雁，有负责安静休息、调整体力的领头雁。在雁群进食的时候，巡视放哨的大雁一旦发现有敌人靠近，便会长鸣一声给出警示信号，群雁便整齐地冲向蓝天、列队远去。而那只放哨的大雁，在别人都进食的时候自己无法进食，拥有为团队牺牲的精神。

据科学研究表明，大雁组队飞要比单独飞提高22%的速度，在飞行中的雁两翼可形成一个相对的真空状态，飞翔的领头雁是没有谁给它真空的，在漫长的迁徙过程中总要带头搏击，这同样是一种牺牲。而在飞行过程中，雁群大声嘶叫以相互激励，通过共同扇动翅膀来形成气流，为后面的队友提供“向上之风”，而且V字队形可以增加雁群70%的飞行范围。如果在雁群中，有任何一只大雁受伤或生病而不能继续飞行，雁群中会有两只大雁自发留下来守护、照看受伤或生病的大雁，直至其恢复或死亡，然后它们再加入到新的雁阵，继续南飞直至目的地。

问题：我们可以从大雁身上学到什么？

一、团队的含义

（一）团队的概念

管理大师斯蒂芬·罗宾斯认为，团队就是指为了实现某一个相同的目标而相互协作的个体所组成的正式群体。其主要特点表现为：团队成员具有共同的目标、工作内容交叉程度高、相互之间密切协作、彼此负责和约束。

团队的人数是根据目标和管理模式来确定的，一般为6～30人。30人以上的团队也许需要拆分成多个子团队，而少于6人，则可能比较难形成团队的分工体系。

（二）团队与群体的区别

群体是由两个以上相互作用又相互依赖的个体，为了实现某些特定目标而结合在一起的整体。群体可以是正式的，如某个旅行团；也可以是非正式的，如某公交站台候车的一些乘客。

团队也属于群体，但又不是一般的群体。团队和群体的区别，汇总为以下六点，如图8-1所示。

群体		团队
明确的领导人	←领导→	分担领导权
与组织一致	←目标→	可自己产生
中性/有时消极	←协作→	积极
个人负责制	←责任→	个人+相互负责
随机的或不同的	←技能→	相互补充的
个人产品	←结果→	集体产品

图 8-1　群体和团队的区别

- **领导方面：** 作为群体应该有明确的领导人；团队可能不一样，尤其是当团队发展到成熟阶段时，成员应共享决策权。
- **目标方面：** 群体的目标必须跟组织保持一致，但团队中除了这点之外，还可以有自己的目标。
- **协作方面：** 协作性是群体和团队最根本的差异，群体的协作性可能是中等程度的，有时成员还有些消极、有些对立；但团队中是一种齐心协力的气氛。
- **责任方面：** 群体的领导者要负很大责任，而团队中除了领导者要负责之外，每一个团队的成员也要负责，甚至要一起相互影响、共同负责。
- **技能方面：** 群体成员的技能可能是不同的，也可能是相同的，而团队成员的技能是相互补充的，把不同知识、技能和经验的人综合在一起，形成角色互补，从而达到整个团队的有效组合。
- **结果方面：** 群体的绩效是每一个个体的绩效相加之和，团队的结果或绩效是由大家共同合作完成的产品。

二、团队的构成要素

团队的构成要素包括有目标、人、定位、权限、计划，也就是常说的团队“5P”要素。

1. 目标（Purpose）

每个团队都要有既定目标，团队成员需要了解既定目标、认同既定目标，并能够以该目标作为其行动与决策的中心，没有既定目标，团队就没有存在的价值。

2．人（People）

人是构成团队最核心的力量，两个（包含两个）以上的人就可以构成团队。一个团队中需要有拥有不同技能的人员相互配合，共同完成目标，所以在团队人员选择方面，要考虑人员的能力和经验、技能的互补等因素。

3．定位（Place）

团队的定位包含两层含义：首先是团队的定位，即团队在组织中处于什么位置、由谁选择和决定团队的成员、团队最终对谁负责、团队将采取什么方式激励团队成员。其次是个体的定位，即作为成员在团队中扮演什么角色，是制订计划还是具体实施或评估。

4．权限（Power）

团队当中领导人的权力大小与团队的发展阶段相关。一般来说，团队越成熟，领导者拥有的权力越小。团队的权限关系到两个方面：（1）整个团队在组织中拥有什么样的决定权，比如，财务决定权、人事决定权、信息决定权等。（2）组织的基本特征。比如，组织的规模多大，团队的数量是否足够多，组织对于团队的授权有多大，它的业务是什么类型。

5．计划（Plan）

计划有两层含义：（1）既定目标的实现，需要一系列具体的行动方案，计划则可理解成实现目标的具体工作程序。（2）按计划完成既定目标可以控制进度，提高实现既定目标的成功率。

三、团队的类型

根据团队存在的目的和拥有自主权的大小，团队可分成四种类型：问题解决型团队、职能型团队、多功能型团队和自我管理团队四类。

1．问题解决型团队

问题解决型团队，是指团队成员就如何改进工作程序、方法等问题交换看法，对如何提高生产效率等问题提出建议。它的工作核心是为了提高生产质量、提高生产效率、改善企业工作环境等。如我国国有企业的生产车间、班组等，都是问题解决型团队，是团队建设的一种初级形式。

2．职能型团队

职能型团队，是指由一个管理者及来自特定职能领域的若干下属所组成的团队，通常团队成员为同一个职能部门的同事。在传统意义上，一个职能团队就是组织中的一个部门，比如公司的财务分析部门、人力资源部门和销售部门，每个团队都要通过员工的联合活动来达到特定目的。

3．多功能型团队

多功能型团队，由来自不同职能领域、不同层面的员工组成，成员之间交换信息、激发新的观点、解决所面临的重大问题，诸如任务突击、技术攻坚、突发事故处理等。这类团队工作范围广、跨度大，团队周期不确定。这类团队在一些大型的企业、组织中比较多，比如麦当劳就有一个危机管理团队，由来自营运部、训练部、采购部、政府关系部等部门的一些资深人员组成，重点负责应对突发的重大危机。

4. 自我管理团队

自我管理团队，也称自我指导团队，它保留了工作团队的基本性质，但运行模式具有自我管理、自我负责、自我领导的特征。这种团队通常由10～15人组成，其责任范围很广，决定工作分配、步骤、作息等，这类团队的周期较长、自主权较大。比如一条生产线上的员工，就组成了最基本的自我管理团队，由线长负责管理这个团队。

实践环节设计

素质拓展——团队训练游戏

项目名称：行万里

道具要求：乒乓球、球槽

场地要求：空旷的平地

游戏人数：12～16人

游戏时间：约40分钟

游戏规则：每个队员手拿一根半圆形的球槽，将球连续传动（滚动）到下一个队员的球槽中，并迅速地排到队伍的末端，继续传送前方队员传来的球，直到球安全地到达指定的目的地为止。

活动目标：感受团队间有效的配合、衔接及自我控制能力，为共同的目的及团队的责任感做好每一个环节。

第二节　团队建设

共同的事业，共同的斗争，可以使人们产生忍受一切的力量。

——奥斯特洛夫斯基

引导案例

1+1一定大于等于2?

2004年6月，拥有NBA历史上最豪华阵容的湖人队在总决赛中的对手是14年来第一次闯入总决赛的东部球队活塞队。赛前，很少有人会相信活塞队能够坚持到第七场。从球队的人员结构来看，湖人队有科比、奥尼尔、马龙、佩顿，是一个由巨星组成的“超级团队”，每一个位置上的成员几乎都是全联盟最优秀的，再加上由传奇教练迈克尔·杰克逊对其的整合，在许多人眼中，这是20年来NBA历史上最强大的一支球队，要在总决赛中将其战胜只存在理论上的可能性，更何况对手是一支缺乏大牌明星的平民球队。

然而，最终的结果却出乎所有人的意料，湖人队几乎没有做多少抵抗便以1∶4败下阵来。湖人队的失败有其理由：OK组合（奥尼尔、科比）相互争风吃醋，都觉得自己才是球队的领袖，在比赛中单打独斗，全然没有配合；而马龙和佩顿只是冲着总冠军而来的，根本就无法融入整个团队，也无法完全发挥其作用，缺乏凝聚力的团队如同一盘散沙，其战斗力自然也就会大打折扣。明星队员的内耗和冲突往往会使整个团队变得平庸，在这种情况下，1+1不仅不会大于或等于2，甚至还会小于2。在工作团队的组建过程中，管理层往往竭力在每一个工作岗位上都安排最优秀的员工，期望能够通过团队的整合使其实现个人能力简单叠加所无法达到的成就。然而，在实际的操作过程中，众多的精英分子共处一个团队反而会产生太多的冲突和内耗，最终的效果也许还不如个人的单打独斗。

一、团队的组建

（一）团队建设的重要性

团队建设是指有意识地在组织中努力开发有效的工作小组。每个小组由一组成员组成，通过自我管理的形式，负责一个完整的工作过程或其中一部分工作。

团队作为一种组织形式在很久以前就出现在体育、军事、经济领域，对于现代企业而言，依靠团队推进、促进各项工作健康而顺利地发展，也早已成为其坚定不移的战略选择。团队建设的重要性主要表现在：

1. 团队能产生大于个人绩效之和的群体效应

团队群体的合力可以产生出大于个体简单相加的几倍、几十倍甚至几百倍的力量，从而能产生出更高的效率。

2. 团队可以提高解决问题的能力

团队成员各自所具备的知识结构、技能水平、能力优势都不尽相同。团队成员彼此可以取长补短、互相启发，发挥整体优势，提高问题解决的能力。

3. 团队有着极强的凝聚力

团队成员会为了既定的目标共同努力，会被达到理想的目标所激励。此外，团队重视沟通协调，成员间相互信任、坦诚沟通、人际关系和谐，这样能够提高员工的归属感和自豪感，增强团队内部的凝聚力。

（二）团队的发展阶段

团队运作是一个很复杂的过程，从形成到结束往往要历经几个不同的发展变化阶段。这些阶段是贯穿团队辅导全过程的连续体，了解团队的发展阶段，对团队领导者与团体成员均具有重要的意义。

美国著名的团队咨询专家 Gerald Corey 将团队的发展阶段分为：团队组建之前的准备阶段、团队初期的定向与探索阶段、团队的转换阶段、团队的巩固与终结阶段、团队结束后的追踪观察和评价阶段。

布鲁斯·塔克曼（Bruce Tuckman）的团队发展阶段（Stages of Team Development）模型对团队的历史发展做出解释。他提出团队发展的五个阶段是：组建期（Forming）、激荡期（Storming）、规范期（Norming）、执行期（Performing）和休整期（Adjourning），如图 8-2 所示。根据布鲁斯·塔克曼的观点，团体发展的五个阶段都是必要的、不可逾越的，团队在成长、迎接挑战、处理问题、发现方案、规划、处置结果等一系列过程中必然要经过上述五个阶段。

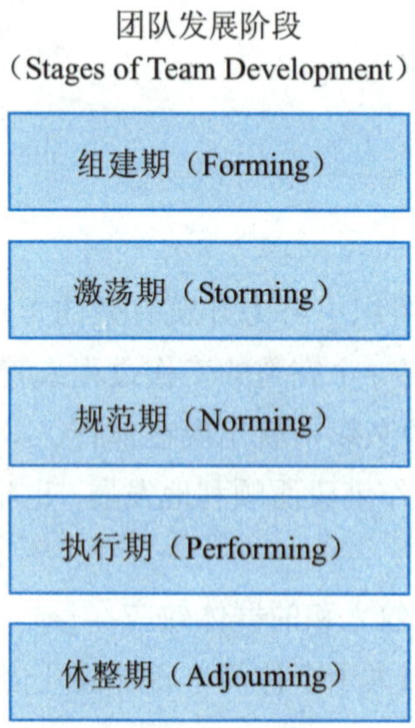

图 8-2　团队发展阶段

1. 组建期（Forming）

组建期是项目小组启蒙阶段，在此阶段团队酝酿、形成测试。测试的目的是为了辨识团队的人际边界以及任务边界。通过测试，建立起团队成员的相互关系、团队成员与团队领导之间的关系，以及各项团队标准等。

团队成员的行为具有相当大的独立性。尽管他们有可能被促动，但普遍而言，这一时期他们缺乏关于团队目的、活动的相关信息，部分团队成员还有可能表现出不稳定、忧虑的情绪特征。

团队领导在带领团队的过程中，要确保团队成员之间建立起一种互信的工作关系。可采用指挥或“告知”式领导，与团队成员分享团队发展阶段的概念，达成共识。

2. 震荡期（Storming）

震荡期会形成各种观念激烈碰撞的局面。在此阶段团队获取团队发展的信心，但是存在人际冲突、分化的问题。团队成员要面对其他成员的观点、见解，而且更想要展现个人性格特征，对团队目标、期望、角色以及责任的不满和挫折感会表露出来。

团队领导指引项目团队度过激荡期。此阶段可采用教练式领导，强调团队成员的差异的同时，使他们相互包容。

3. 规范期（Norming）

在规范期，规则、价值、行为、方法、工具均已确定，团队效能提高，团队开始形成自己的身份识别。

团队成员调适自己的行为，以使得团队发展更加自然、流畅。团队成员有意识地解决问题，实现组织和谐，提高动机水平。

此阶段可采用参与式领导，允许团队有更大的自治性。

4. 成熟期（Performing）

在成熟期，人际结构成为执行任务活动的工具，团队角色更为灵活和功能化，团队能量积聚于一体。在此阶段，团队运作为一个整体，工作顺利、完成高效，没有任何冲突，不需要外部监督。

团队成员对于任务层面的工作职责有清晰的理解。即便在没有监督的情况下，自己也能做出决策，随处可见“我能做”的积极工作态度，团队成员之间互助协作。

此阶段可采用委任式领导，让团队自己执行必要的决策。

5. 休整期（Adjourning）

在休整期，任务完成，团队解散。

有些学者将第五阶段描述为“哀痛期”，反映出了团队成员的一种失落感。在此阶段，团队成员动机水平下降，对于团队未来的不确定性开始回升。

布鲁斯·塔克曼的团队发展阶段模型的作用是为团队发展提供阶段指导。但该模型是用来描述小型团队的，实际上，团队发展轨迹不一定像布鲁斯·塔克曼的描述那样是线形的，而有可能是循环式的。该模型描述的阶段特征并不可靠，因为它主要考量的是人的行为，而当团队从一个阶段跨向另一个阶段的时候，团队成员的行为特征变化并不明显，这些发展阶段也很有可能会发生交叠。该模型也没有考虑到团队成员的个人角色特征。

二、团队角色

（一）团队角色的含义

团队角色是指一个人在团队中某一职位上应该有的行为模式。

（二）团队角色的类型

每个成员在团队中所扮演的角色都各不相同，也就是说，一个团队总是由不同的角色组成。剑桥产业培训研究部前主任贝尔宾博士和他的同事们经过多年的研究与实践，提出了著名的贝尔宾团队角色理论，即一支结构合理的团队应该由八种人组成，这八种团队角色分别为：实干者、协调者、推进者、创新者、信息者、监督者、凝聚者、完善者。

1．实干者（CW——Company Worker）

实干者通常会给人带来务实可靠的印象。他们对自身的生活、工作环境比较满意，不会主动要求改变，大都对社会上出现的新生事物不感兴趣、有着本能的抗拒，只想按照上级意图踏踏实实做事，做好自己所擅长的、固定不变的工作。

典型特征：实干者性格相对内向、保守、有责任感、效率高。

优点：实干者最大的优点是组织能力强，非常务实，他们对于那些不切实际的想法和言论不感兴趣；实干者通常会把一个想法转化成一个实际的行动，而且具体去实施，他们工作努力，有良好的自律性。

缺点：实干者由于强调计划性，在工作中往往缺乏灵活性，对未被证实的想法不感兴趣，容易阻碍变革。

2．协调者（CO——Coordinator）

当遇见突如其来的事情时，协调者总会表现得沉着、冷静。他们有着很强的是非曲直的判断能力，有着把握事态发展的充分自信，处理问题时能够控制好自己的情绪和态度，有着很好地自控力。

典型特征：协调者的冷静、不会情绪化、具有良好的自控力。

优点：协调者的目标性非常强，能够整合各种不同的人来达成目标，同时兼顾人和目标两个层面，并且待人公平。

缺点：多数协调者的个人智力和创造力属于中等，很难在协调能力以外表现出特别出众的优势。当团队目标实现的时候，协调者容易把团队的成果据为己有。

3．推进者（SH——Shaper）

推进者的思维比较敏捷，对事物具有举一反三的能力，看问题思路比较开阔，能从多方面考虑解决问题的方法。他富有挑战性，喜欢挑战自己、挑战做事的方式与方法，能够更快、更好地接受新观点、新事物。这种人往往性格比较开朗，容易与人接触，能很快适应新的环境；能利用各种资源，善于克服困难和改进工作流程。

典型特征：推进者一般具有挑战性。他们喜欢挑战别人，没有结果誓不罢休，他们对于新观点接受更快、富有激情，工作中总可以看到他们风风火火的劲头。

优点：推进者随时愿意挑战传统，厌恶低效地做事，反对自满和欺骗行为，有什么说什么，不考虑是否会得罪别人。

缺点：推进者喜欢挑衅，容易发火，耐心不够；明知自己犯了错误，也不会用幽默和道歉的方式来缓和局势。

4. 创新者（PL——Planter）

他们有创意，点子多，具有鲜明的个人特性。思想比较前卫、深刻，对许多问题的看法与众不同，有自己独到的见解，考虑问题不拘一格，思维比较活跃。但有时因为比较个人主义，多从自己的想法、个人的观点提出看法，而不太考虑周围人的感受。

典型特征：创新者有创意，想法多，但有时比较个人主义，总是从自己的想法、个人的思维出发，不太考虑周围人的感受，也不太考虑这个想法是否适合企业、团队的需要。

优点：创新者有天分、富有想象力、博学。

缺点：创新者往往好高骛远，有时他们的主意和想法会无视实际工作中的细节和计划，他们不太关心工作细节如何实施，常常想法多而成效少。对于创新者而言，最困难的是与别人进行合作，过分强调自己的观点反而会降低推进速度。

5. 信息者（RI——Resource Investigator）

信息者善于搜集各类信息，他们的性格往往比较外向，对人、对事总是充满热情，总表现出很强的好奇心。因为他与外界联系比较广泛，所以各方面的消息都很灵通。

典型特征：信息者容易外向、热情、有好奇心、善于人际交往。

优点：信息者容易发现新事物的能力较强，能与创新者成为朋友，善于迎接挑战。

缺点：信息者容易喜新厌旧、没有常性。

6. 监督者（ME——Monitor Evaluator）

监督者总会保持冷静的态度，不太容易情绪化，头脑比较清醒，处理问题时比较理智，每做一件事情都会经过谨慎的思考和判断。他们对人、对事表现得言行谨慎、公平客观，喜欢比较团队成员的行为、观察团队的各种活动过程，但有时候比较喜欢挑毛病、爱批判别人。

典型特征：监督者总是保持冷静的态度，不会头脑发热，不太容易激动，每做一件事情都要谨慎思考和判断，有时比较喜欢找毛病，批判色彩很浓。

优点：监督者较为冷静，其判断、辨别能力非常强。

缺点：监督者缺乏鼓舞他人的能力和热情，常会挖苦、讽刺别人。

7. 凝聚者（TW——Team Worker）

凝聚者比较善于协调各种人际关系（冲突环境中尤明显），化解矛盾，他们为人处事比较温和，注重人际交往，能够与人保持和善友好的关系，是团队的润滑剂。

典型特征：凝聚者善于调和各种人际关系（冲突环境中尤明显），他的社交能力和理解能力是化解矛盾和冲突的资本，他是团队的润滑剂。

优点：凝聚者善于随机应变、善于化解矛盾、促进团队精神。

缺点：凝聚者较为优柔寡断，不够果断，不愿承担工作压力，常常推卸责任。

8. 完美者（FI——Finisher）

完美者在团队中对人际交往认真，对处理事务追求精益求精，他们通常埋头苦干，遵守各项秩序，尽职尽责。

典型特征：完美者多埋头苦干、遵守秩序、尽职尽责、追求精益求精。

优点：完美者多坚持不懈、精益求精。

缺点：完美者会为小事焦虑，不愿意授权爱吹毛求疵。

（三）准确的团队角色定位

俗话说："尺有所短，寸有所长。"如果全部都是将军，谁来打仗？反过来，如果全部都是士兵，谁来指挥？因此，要进行角色定位，认定"我是谁"，确认"我"扮演和充当一个什么样的角色、我要做什么、怎样做才能做好，做到在其职、做其事、尽其责。在社会和团队活动中，由于认识、能力、个性等差异的影响，每个人在组织角色方面的倾向性是不同的。一般情况下，一个人会自觉或不自觉地在团队中扮演某些角色，而回避另一些角色。对组织而言，努力追求复合型的人才，不如努力追求复合型的人才团队，而团队的建设，重要的是在知人的基础上进行管理。

因此，准确的团队角色定位，是团队建设的重要砝码。事实上，一个企业、一个部门想要共同创造出优良绩效，首要任务就是要明确每个个体的特点、优势和发展潜力，这将成为打开执行力之门的钥匙。

准确的团队角色定位，是团队建设的重要基础。正如在《西游记》中，唐僧、孙悟空、猪八戒、沙和尚四个人物性格迥异、兴趣能力也各有千秋，就是因为这样的一个团队组成，最终得以实现目标，取得真经。分析四个人在团队中的不同角色可见，唐僧起着凝聚和完善的作用，孙悟空起着创新和推进的作用，猪八戒起着信息和监督的作用，沙和尚则起着协调和实干的作用。也正是因为四人的角色定位不同，所以能够取长补短、相互理解支持，最后形成了一个强大的团队，实现最终的目标。

所以要想依靠团队力量共同创造出优良绩效，在明确工作流程和基本工作后，每个团队成员都要对自身做出准确的角色定位，能够清醒客观地认识自己，不断发展、培养、锻炼自己的特长技能，提高整个团队的综合实力。

另外，虽然团队中每个角色的作用不同，但却是一样的重要，团队成员不能因为某一角色人数多或自觉在某一时间内出力多，就认为自己重要、他人无关紧要。角色间的关系也是平等的，没有任何等级之分。一个人不可能完美完成工作，但团队却可以通过集体的力量，推动工作、实现完美。

三、高效团队

（一）高效团队的定义

高效团队，是指发展目标清晰、完成任务前后效果对比显著，工作效率相对于一般团队更高的团队，也是团队成员能够在有效的领导下相互信任、沟通良好、积极协同工作的团队。

（二）高效团队的基本特征

1. 清晰的目标

成员清楚团队目标，相信目标的意义和价值，将个体目标升华到团队目标。成员愿意向团队目标做出承诺，清楚团队希望他们做什么，明白他们如何共同工作才能完成任务。

2. 相关的技能

团队成员具备实现目标所必需的技术和能力，具备相互间能够建立良好合作的个性品质，具备能够处理内部关系的高超技巧。

3. 一致的承诺

团队成员需要高度忠诚，承诺为团队目标做任何事情。成员认同团队，愿意成为团队的一部分、为团队目标奉献、为团队目标发挥最大潜能。

4. 相互的信任

团队成员要确信他人的品行和能力，因为信任是脆弱的，需要时间培养且容易被破坏。

只有信任才能换来信任，不信任必将导致不信任。如果组织文化及管理层行为崇尚开放、诚实、协作的精神，鼓励员工自主、参与，则团队中容易形成信任的环境。

小贴士

帮助管理者构建信任的建议：

❖有效沟通：解释决策，提供反馈，承认缺点。

❖支持下属：和蔼可亲，平易近人，鼓励支持。

❖尊重下属：真正授权，倾听下属。

❖公正不偏：恪守信用，客观公正，表扬绩效。

❖易于预测：明确承诺，及时兑现。

❖展示能力：展示自己的工作技巧、办事能力、职业道德，培养下属对自己的钦佩与尊敬。

5. 良好的沟通

团队成员之间有流畅的信息交流渠道与积极健康的信息反馈。

6. 谈判技能

以个体为基础设计工作时，员工角色由工作说明、工作纪律、工作程序及其他正式文件说明、界定。以团队为基础设计工作时，成员角色灵活多变，不断调整，这就要求成员有充分的谈判技巧，能够从容面对和应付各种问题。

7. 恰当的领导

团队需要持续的强化动力机制，需要强有力的领导者为团队指明前途、阐明变革的可能性、鼓舞团队成员的自信心、帮助成员了解并发掘潜力、带领团队共度过艰难时光。优秀的领导者是团队的教练和后盾，不是指示或控制，而是指导和支持，不是发号施令，而是为团队服务。优秀的领导者实行以权力共享取代传统的专制管理。

8. 内部支持、外部支持

团队绩效的达成，需要获得来自内部、外部的资源支持。团队内部支持表现为一套合乎团队特征的管理规范、易于理解的绩效评估体系和起支持作用的人力资源系统。这里的外部支持包括团队所在组织、所在集团管理层提供的必备资源和良好的对外关系。

（三）高效团队的建设策略

高效团队建设中的 5W1H 策略是：who（我们是谁）、where（我们在哪里）、what（我们成为什么）、when（我们什么时候采取行动）、how（我们怎样行动）、why（我们为什么）。我们可以通过明确这几个方面的问题来建立高效团队。

1. 我们是谁（who）

团队成员需要进行自我的深入认识，明确团队成员具有的优势和劣势、对工作的喜好、处理问题的解决方式、基本价值观的差异等；通过这些分析，最后在团队成员之间形成共同的信念和一致的对团队目的的看法，以建立起团队运行的规则。

2. 我们在哪里（where）

每一个团队都有其优势和弱点，而团队要取得任务成功，又面对着外部的威胁与机会，通过分析团队所处的环境来评估团队的综合能力，找出团队目前的综合能力与要达到团队目标所需的能力之间的差距，以明确团队该如何发挥优势、回避威胁、提高迎接挑战的能力。

3. 我们成为什么（what）

要求以团队的任务为导向，使每个团队成员明确团队的目标、行动计划。为了能够激发团队成员的激情，应树立阶段性里程碑，使团队对任务目标看得见、摸得着，创造出令成员兴奋的构想。

4. 我们什么时候采取行动（when）

合适的时机采取合适的行动是团队成功的关键，尤其是在什么时机启动团队任务；团队遇到困难或障碍时，团队应如何把握时机来进行分析与解决；团队面对内、外部冲突时应在什么时机进行舒缓或消除；对在何时与何地取得相应的资源支持进行因势利导。

5．我们怎样行动（how）

怎样行动涉及团队运行问题，即团队内部如何进行分工，不同的团队角色应承担的职责、履行的权力、团队内部的协调与沟通等。因此，团队内部各个成员之间也应有明确的岗位职责描述和说明，以制定团队成员的工作标准。

6．我们为什么行动（why）

目前，在很多企业的团队建设中都容易忽视这个问题，这可能也是导致团队运行效率低下的原因之一。团队要高效运作，必须要让团队成员清楚地知道他们为什么要加入这个团队、这个团队运行成功与失败给他们带来的正面和负面影响是什么，从而增强团队成员的责任感和使命感。换言之，就是将我们常常讲的将激励机制引入团队建设之中，这里所说的激励机制可以是团队荣誉、薪酬或福利的增加及职位的晋升等。

（四）在团队中完善自我

通过团队合作，我们自身也会有许多的收获。我们可以在活动中，有意识地去提升性格修养、强化合作意识、锻造优秀品质。

1．提升性格修养

性格有先天因素，修养则靠后天养成。提高合作能力，既要不断发现和矫正自身性格中不利于与他人合作的地方，也要不断提高修养，养成正确的为人处世态度。个人可以从两方面进行努力。一是努力提高文化素养。勤读书、读好书，以知识拓展视野、开阔心胸、陶冶情操。二是积极进行自我矫正。发现有“不合群”的倾向，就要注意多与外界接触、多与同事交流、积极参加集体活动；发现有自高自大的毛病，就要注意多发现别人身上的优点和长处，学会谦虚谨慎、尊重别人；发现有说过头话的习惯，就要多设身处地地换位思考，注意把握言谈举止的分寸，从而在不断磨砺性格、提高修养的过程中提高合作能力。

2．强化合作意识

善于与人合作，不仅是一种可贵品质，也是一种实际能力。同级之间、上下级之间都要重视与强调合作。上下级之间的合作，既体现在上级对下级的关心与尊重上，也体现在下级对上级的配合与负责上。作为领导，既要充满自信，又不可狂妄自大，应主动了解和理解下属，学会欣赏他们的聪明才智，帮助他们克服缺点和不足，努力增强自己的亲和力，调动下属的工作积极性；作为一般工作人员，要在工作中发挥主动性，既对上负责、也对下负责，不能事不关己、高高挂起，更不能互相推诿、敷衍塞责。

现代社会正处于知识经济时代，团队精神在竞争中越来越重要，很多工作需要团队合作才能完成。

3．锻造优秀品德

优秀品德是合作能力得以升华的保障。个人可以从三方面培养优秀品德。一是增强集体意识。在社会化大生产中，个人是集体中的个人，没有集体就没有个人，没有集体的进步就没有个人的发展，因而要把个人的利益统一到集体的利益之中。二是尊重同事。虽然人的能力有大小、分工有不同，但在人格上大家都是平等的，既不能妄自菲薄，也不能妄自尊大。只有尊重别人，才能得到别人的尊重和支持。三是看淡名利。在团结合作方面出现的问题，很多都是由追逐名利引起的。在名利问题上不宜花费过多精力，而应经常换位思考、互谅互让。大家长期在一个单位工作，难免会有些磕碰，处理这些问题的诀窍就是大事讲原则、小事讲风格。

实践环节设计

1. 团队角色自测

请对照自身实际，完成贝尔宾（Dr. Raymond Meredith Belbin）团队角色自测问卷：

对下列问题的回答，可能在不同程度上描绘了您的行为。每题有八句话，请将总分10分分配给每题的八个句子。分配的原则是：最能体现您行为的句子得分最高，以此类推。最极端的情况也可能是十分全部分配给其中的某一句话。请根据您的实际情况把分数填入后面的表格中。

（1）我认为我能为团队做出的贡献是：

A. 我能很快地发现并把握住新的机遇。

B. 我能与各种类型的人一起合作共事。

C. 我生来就爱出主意。

D. 我的能力在于，一旦发现某些对实现集体目标很有价值的人，我就会及时推荐他们。

E. 我能把事情办成，这主要靠我个人的实力。

F. 如果最终能导致有益的结果，我愿面对暂时的冷遇。

G. 通常能意识到什么是现实的、什么是可能的。

H. 选择行动方案时，我能不带倾向性，也不带偏见地提出一个合理的替代方案。

（2）在团队中，我可能有的弱点是：

A. 如果会议没有得到很好的组织、控制和主持，我会感到不痛快。

B. 我容易对那些有高见但又没有将高见适当地发表出来的人表现得过于宽容。

C. 集体讨论新的观点时，我总是说的太多。

D. 我的客观看法，使我很难与同事们打成一片。

E. 在一定要把事情办成的情况下，我有时使人感到特别强硬以至专断。

F. 可能由于我过分重视集体的气氛，我发现自己很难与众不同。

G. 我易于陷入突发的想象之中，而忘了正在进行的事情。

H. 我的同事认为我过分注意细节，总有不必要的担心，怕把事情搞糟。

（3）当我与其他人共同进行一项工作时：

A. 我有在不施加任何压力的情况下，去影响其他人的能力。

B. 我随时注意防止粗心和工作中的疏忽。

C. 我愿意施加压力以换取行动，确保会议不是在浪费时间或离题太远。

D. 在提出独到见解方面，我是数一数二的。

E. 对于与大家共同利益有关的积极建议，我总是乐于支持的。

F. 我热衷寻求最新的思想和新的发展。

G. 我相信我的判断能力有助于我做出正确的决策。

H. 我能使人放心的是，对那些最基本的工作，我都能组织得“井井有条”。

（4）我在工作团队中的特征是：

A. 我有兴趣更多地了解我的同事。

B. 我经常向别人的见解进行挑战或坚持自己的意见。

C. 在辩论中，我通常能找到论据去推翻那些不甚有理的主张。

D. 我认为，计划必须执行，我有推动工作运转的才能。

E. 我有意避免使自己太突出或出人意料。

F. 对承担的任何工作，我都能做到尽善尽美。

G. 我乐于与工作团队以外的人进行联系。

H. 尽管我对所有的观点都感兴趣，但这并不影响我在必要的时候下决心。

（5）我在工作，得到满足，是因为：

A. 我喜欢分析情况，权衡所有可能的选择。

B. 我对寻找解决问题的可行方案感兴趣。

C. 我感到，我在促进良好的工作关系。

D. 我能对决策有强烈的影响。

E. 我能适应那些有新意的人。

F. 我能使人们在某项必要的行动上达成一致意见。

G. 我感到我的身上有一种能使我全身心地投入到工作中去的气质。

H. 我很高兴能找到一块可以发挥我想象力的天地。

（6）如果突然给我一项困难的工作，而且时间有限，人员不熟：

A. 在有新方案之前，我宁愿先躲进角落，拟定出一个解脱困境的方案。

B. 我比较愿意与那些表现出积极态度的人一起工作。

C. 我会设想通过用人所长的方法来减轻工作负担。

D. 我天生的紧迫感，将有助于我们不会落在计划后面。

E. 我认为我能保持头脑冷静、富有条理地思考问题。

F. 尽管困难重重，我也能保证目标始终如一。

G. 如果集体工作没有进展，我会采取积极措施加以推动。

H. 我愿意展开广泛的讨论，意在激发新思想、推动工作。

（7）对于那些在团队工作中或与周围人共事时所遇到的问题：

A. 我很容易对那些阻碍前进的人表现出不耐烦。

B. 别人可能批评我太重分析而缺少直觉。

C. 我有做好工作的愿望，能确保工作的持续进展。

D. 我常常容易产生厌烦感，需要一两个有激情的人使我振作起来。

E. 如果目标不明确，让我起步是很困难的。

F. 对于我遇到的复杂问题，我有时不善于加以解释和澄清。

G. 对于那些我不能做的事，我有意识地求助于他人。

H. 当我与真正的对立面发生冲突时，我没有把握使对方理解我的观点。

把各部分得分按照以下表格填进去后，加总得到自己的分数分布。

题号		CW		CO		SH		PL		RI		ME		TW		FI
1	G		D		F		C		A		H		B		E	
2	A		B		E		G		C		D		F		H	
3	H		A		C		D		F		G		E		B	
4	D		H		B		E		G		C		A		F	
5	B		F		D		H		E		A		C		G	
6	F		C		G		A		H		E		B		D	
7	E		G		A		F		D		B		H		C	
总计																

结果分析：分数最高的一项就是你表现出来的角色，分数第二、第三高的两项就是你的潜能。如果分数在 10 分以上的有 3 项，证明你这三样都可以扮演，这就看你的兴趣和能力在哪里了。如果你有一项突出、并超过 18 分以上，证明你就是这个角色。一般来说 5 分以下说明你不能去扮演这个角色，15 分以上证明你在这个角色上表现很突出。

2．素质拓展——团队训练游戏

项目名称：齐眉棍

道具要求：3 米长的轻棍

场地要求：开阔的场地一块

游戏人数：10～15 人

游戏时间：30 分钟左右

游戏规则：全体分为两队，相向站立，共同用手指将一根棍子放到地上，手离开棍子即失败，这是一个对团队是否同心协力的考验。所有学员将按照培训师的要求，完成一个看似简单但却最容易出现失误的项目。此活动深刻揭示了企业内部的协调配合的问题。

活动目的：在团队中，如果遇到困难或出现了问题，很多人马上会找到别人的不足，却很少发现自己的问题。队员间的抱怨、指责、不理解对于团队危害很大。这个项目将告诉大家："照顾好自己就是对团队最大的贡献。"同时，这个项目希望队员提高在工作中相互配合、相互协作的能力。统一的指挥与所有队员共同努力对团队成功起着至关重要的作用。

第三节　团队合作

人们在一起可以做出单独一个人所不能做出的事业；智慧 + 双手 + 力量结合在一起，几乎是万能的。

——韦伯斯特

引导案例

有一次，微软要招聘两名白领职员，很多人前去应聘。经过初步的筛选，最后留下 10 个人角逐那两个岗位他们被要求将房间里的木箱移动到指定区域。10 个竞聘者迅速走进了各自的房间。他们发现，房间里除了大木箱外，还有木棍、绳子、锤子等很多工具。那木箱很重，怎么也推不动，想搬起一个角都很困难。测试结束了，除了两个人提前把木箱推到指定区域外，其余 8 个人都没能完成任务，有的甚至没有把木箱移动丝毫。主考官问那两个提前完成任务的人："你们是怎么推动木箱的？"他们回答："我们两人合推一个木箱，推完一个再合推另一个。"主考官微笑着说："恭喜两位正式成为微软的职员。这次测试的本意就是要告诉大家，只有善于合作的人才能获得成功，鼓励个人竞争不假，但是我们微软更强调的是团队合作精神。"

一、团队合作及其基本要素

（一）团队合作

团队合作是一种为达到既定目标所显现出来的自愿合作和协同努力的精神。它可以调动团队成员的所有资源和才智，并能够自动减少不和谐、不公正现象，同时会给予那些诚心、大公无私的奉献者适当的回报。如果团队合作是出于自觉自愿时，它必将会产生一股强大而且持久的力量。

（二）团队合作的基本要素

良好的团队合作包括四个基本要素：共同的目标、组织协调各类关系、明确制度规范管理与称职的团队领导。

1. 共同的目标

共同的目标是形成团队精神的核心动力，是建立良好团队合作的基础。因此，建立团队合作的首要要素，就是确立起共同的愿景与目的。目标是一个有意识地选择并能被表达出来的方向，要能够运用团队成员的才能和能力，促进组织的发展，使团队成员有一种成就感。但是由于团队成员的需求、思想、价值观等因素的不同，要想团队每个成员都完全认同目标，也是不易的。

2. 组织协调各类关系

关系包括正式关系与非正式关系。例如上级与下属，这是正式关系；他们两人恰好是同乡，这就是非正式关系。组织协调各类关系，则是要通过协调、沟通、安抚、调整、启发、教育等方法，让团队成员从生疏到熟悉、从戒备到融洽、从排斥到接纳、从怀疑到信任，团队中各类关系愈稳定、愈值得信赖，团队的内耗就会愈小，整个团队的效能就愈大。

3. 明确制度规范管理

团队中如果缺乏制度规范会引起各种不同的问题。如果人事安排没有的相应制度、工作处事没有的明确流程，奖惩赏罚也没有标准，就不仅会造成困扰、混乱，也会引起团队成员间的猜测、不信任。所以，要制定出合理、规范的制度流程，把各项工作纳入制度化、规范化管理的轨道，并且促使团队成员认同制度，遵守规范。

4. 称职的团队领导

团队领导的作用，在于运用自己调动资源的权力，调动团队成员的积极性，在团队成员的共同努力下达到工作目标。因此，团队领导要有运用各种方式，以促使团队目标趋于一致、建立起良好的团队关系及树立团队规范。团队领导在团队管理过程中，对有些不好把握、认识不清的问题，最有效的方法是进行换位思考，把自己置身于被管理者的角度去感受成员的所思、所感、所需，将他人的需求和特性作为出发点制定出相应的管理办法和制度规范。

二、促进团队合作的四个基础

要想让一群有能力、有才华的人在特定的团体中，为了共同的目标而努力、奋斗，需要建立信任、良性冲突、坚定的领导决策、对彼此负责的基础。

（一）建立信任

团队是一个相互协作的群体，它需要团队成员间建立起相互信任的关系。而团队间的信任感比较特殊，它是以人性脆弱为基础的信任，这就意味着团队成员需要平和、冷静、自然地接受自己的不足和弱点，转而认可、求助他人的长处。尽管这对团队成员是个不小的挑战，但为了实现整个团队的目标，成员们必须要做到和实现这种信任，因为信任是团队合作的基石，没有信任就没有合作。

（二）良性冲突

冲突是团队合作中不可避免的阻碍，它是由于团队成员间对同一事物持有不同态度与处理方法而产生的矛盾、某种程度的争执。

团队管理者有时会为冲突担忧：一是怕丧失对团队的控制，让某些成员受到伤害，二是怕冲突会浪费工作时间。其实良性的团队冲突是提升团队绩效不可或缺的因素之一，在冲突过程中，坦率、激烈的沟通和不同观点间的碰撞，可以让团队拓展思路并避免群体思维，进而通过对不同意见的权衡斟酌，提高决策的质量，增强团队的创造性与生命力。同时，团队成员也能在良性的冲突沟通过程中充分交换信息，更为清晰地认知任务目标及实现路径。

（三）坚定的领导决策

团队是个有机的整体，离不开成员间的相互协作与信任。但“鸟无头不飞”，在团队合作时，更重要的是要有坚定的领导决策，有团队领导为团队指明方向、进行决策。决策的过程实际上是对诸多处理方案或方法的提出与选择，在这个过程中，面对各种影响决策的因素，领导者需依靠自身的经验、思维等对它们进行筛选和运用，另外领导者还需广泛听取团队成员的各种建议，做兼收并蓄、博采众长，从而做出充分集中集体智慧的决策，为团队引领方向。

（四）对彼此负责

有效的团队合作是自然而主动的合作，团队成员不需要太多的外界提醒，就能够竭尽全力地进行工作。成员们了解既定的团队目标，并清楚自身的角色定位，在合作过程中，彼此提醒注意那些无益于团队既定目标实现的行为和活动。因此，促进团队合作很重要的一个基础就是团队成员间能够对彼此负责、协作出力、共同完成任务目标。

三、团队成员应具备的基本素质

一个优秀的有合作精神的团队离不开每个成员的努力，如果每个成员都能从大局出发，严格要求自己，多从其他成员的角度考虑问题，在团队合作中能尊重同伴、互相欣赏、宽容他人，那么，一个优秀的团队就形成了。

（一）尊重同伴

尊重没有高低之分、地位之差和资历之别，尊重只是团队成员在交往时的一种平等的态度。平等待人、有礼有节，既尊重他人、又尽量保持自我个性，这是团队合作能力之一。团队是由不同的人组成的，每一个团队成员首先是一个追求自我发展和自我实现的个体人，然后才是一个从事工作、有着职业分工的职业人。虽然团队中的每一个人都有着在一定的生长环境、教育环境、工作环境中逐渐形成的与他人不同的自身价值观，但他们每一个人不论其资历深浅、能力强弱，也都同样有渴望尊重的要求，都有一种被尊重的需要。

尊重，意味着尊重他人的个性和人格、尊重他人的兴趣和爱好、尊重他人的感觉和需求、尊重他人的态度和意见、尊重他人的权利和义务及尊重他人的成就和发展。尊重，还意味着不要求别人做你自己不愿意做或没有做到过的事情。当你不能加班时，就没有权力要求其他团队成员继续“作战”。

尊重，还意味着尊重团队成员有跟你不一样的优先考虑，或许你喜欢工作到半夜，但其他团队成员也许有更好的安排。只有团队中的每一个成员都尊重彼此的意见和观点、尊重彼此的技术和能力、尊重彼此对团队的全部贡献，这个团队才会得到最大的发展，而这个团队中的成员也才会赢得最大的成功。尊重能为一个团队营造出和谐融洽的气氛，使团队资源形成最大程度的共享。

（二）互相欣赏

学会欣赏、懂得欣赏。很多时候，同处于一个团队中的工作伙伴常常会乱设“敌人”，尤其是大家因某事而分出了高低时，落在后面的人的心里就会很容易酸溜溜的。所以，每个人都要先把心态摆正，用客观的目光去看看“假想敌”到底有没有长处，哪怕是一点点比自己好的地方都是值得学习的。欣赏同一个团队的每一个成员，就是在为团队增加助力；改掉自身的缺点，就是在消灭团队的弱点。

欣赏就是主动去寻找团队成员尤其是你的“敌人”的积极品质，然后，向他学习这些品质，并努力克服和改正自身的缺点和消极品质。这是培养团队合作能力的第一步。“三人行，必有我师焉。”每一个人的身上都会有闪光点，都值得我们去挖掘并学习。要想成功地融入团队之中，就要善于发现每个工作伙伴的优点，这是走进他们身边、走进他们之中的第一步。适度的谦虚并不会让你失去自信，只会让你正视自己的短处、看到他人的长处，从而赢得众人的喜爱。每个人都可能会觉得自己在某个方面比其他人强，但你更应该将自己的注意力放在他人的强项上，因为团队中的任何一位成员，都可能是某个领域的专家。因此，你必须保持足够的谦虚。这样会促使你在团队中不断进步，并真正看清自己的肤浅、缺憾和无知。

总之，团队的效率在于成员之间配合的默契，而这种默契来自于团队成员的互相欣赏和熟悉——欣赏长处、熟悉短处，最主要的是扬长避短。

（三）宽容他人

美国人崇尚团队精神，而宽容正是他们最为推崇的一种合作基础，因为他们清楚这是一种真正的以退为进的团队策略。雨果曾经说过："世界上最宽阔的是海洋，比海洋更宽阔的是天空，而比天空更宽阔的则是人的心灵。"这句话在无论何时何地都是适用的，即使是在角逐竞技的职场上，宽容仍是能让你尽快融入团队之中的捷径。宽容是团队合作中最好的润滑剂，它能消除分歧和战争，使团队成员能够互敬互重、彼此包容、和谐相处，从而安心工作、体会到合作的快乐。试想一下，如果你冲别人大发雷霆，即使过错在于对方，谁也不能保证他不以同样的态度来回敬你。这样一来，矛盾自然也就不可避免了。

相反，你如果能够以宽容的胸襟包容同事的错误、驱散弥漫在你们之间的火药味，相信你们的合作关系将更上一层楼。团队成员间的相互宽容，是指容纳各自的差异性和独特性以及适当程度的包容，但并不是指无限制地纵容，一个成功的团队，只会允许宽容存在，不会让纵容有机可乘。

宽容，并不代表软弱。在团队合作中它体现出的是一种坚强的精神，是一种以退为进的团队战术，为的是整个团队的大发展，同时也为个人奠定了有利的提升基础。首先，团队成员要有较强的相容度，即要求其能够宽厚容忍、心胸宽广、忍耐力强。其次，要注意将心比心，即应尽量站在别人的立场上，衡量别人的意见、建议和感受，反思自己的态度和方法。

四、团队合作的原则

（一）平等友善

与同事相处的第一原则便是平等。不管你是资深的老员工，还是新进的员工，都需要平等对待他人，无论是心存自大或心存自卑都是同事相处的大忌。同事之间相处具有相近性、长期性、固定性的特点，彼此都有较全面深刻的了解。要特别注意的是，真诚相待才可以赢得同事的信任。信任是联结同事间友谊的纽带，真诚是同事间相处共事的基础。即使你各方面都很优秀，即使你认为自己以一个人的力量就能解决眼前的工作，也不要显得太张狂。以后你并不一定能完成一切工作，还是要平等友善地对待同事。

（二）善于交流

同在一个公司、办公室里工作，你与同事之间会存在某些差异，知识、能力、经历的差异造成你们在对待和处理工作时，会产生不同的想法。交流是协调的开始，把自己的想法说出来，同时听对方的想法。你要经常说这样一句话："你看这事该怎么办，我想听听你的看法。”

（三）谦虚谨慎

法国哲学家罗西法古曾说过：“如果你要得到仇人，就表现得比你的朋友优越；如果你要得到朋友，就要让你的朋友表现得比你优越。”当我们让朋友表现得比我们还优越时，他们就会有一种被肯定的感觉；但是当我们表现得比他们还优越时，他们就会产生一种自卑感，甚至对我们产生敌视情绪，因为谁都在自觉不自觉地强烈维护着自己的形象和尊严。

所以，要学会谦虚谨慎，只有这样，我们才会永远受到别人的欢迎。为此，卡耐基曾有过一番妙论：“你有什么可以值得炫耀的吗？你知道是什么原因使你成为白痴？其实不是什么了不起的东西，只不过是你甲状腺中的碘而已，价值并不高，才五分钱。如果别人割开你颈部的甲状腺，取出一点点的碘，你就变成一个白痴了。在药房中五分钱就可以买到这些碘，这就是使你没有住在疯人院的东西——价值五分钱的东西，有什么好谈的呢？”

（四）化解矛盾

一般而言，与同事有点小摩擦、小隔阂，是很正常的事。但千万不要把这种“小不快”演变成“大对立”，甚至形成敌对关系。对别人的行动和成就表示真正的关心，是一种表达尊重与欣赏的方式，也是化敌为友的纽带。

（五）接受批评

如果同事对你的错误大加抨击，即使带有强烈的感情色彩，也不要与之争论不休，而是从积极方面来理解他的抨击。这样，不但对你改正错误有帮助，也避免了语言敌对场面的出现。

（六）具有创造能力

培养自己的创造能力，不要安于现状，试着发掘自己的潜力。一个有不凡表现的人，除了能保持与人合作以外，还需要所有人乐意与你合作。

总之，作为一名员工应该以他的思想感情、学识修养、道德品质、处世态度、举止风度做到坦诚而不轻率、谨慎而不拘泥、活泼而不轻浮、豪爽而不粗俗，这样就一定可以和其他同事融洽相处，提高自己团队作战的能力。承担责任看似简单，但实施起来则很困难。教会领导如何就损害团队的行为批评自己的伙伴是一件不容易的事情。但是，如果有清晰的团队目标，有损这些目标的行为就能够轻易地被纠正。

五、使自己成为团队中最受欢迎的人

要想成为优秀团队的优秀人物，就要成为团队中最受欢迎的人。怎样使自己成为团队中最受欢迎的人呢？

（一）出于真心，主动关心帮助别人

一个人可以去拒绝别人的销售、拒绝别人的领导，却无法拒绝别人对他出于真心的关心。大多数人都在期望着别人对自己的关心，所以你要做到别人做不到的事情，如果别人不肯去关心其他人，那你要付出更多去关心他们。每一个职场人士都希望与同事融洽相处、团结互助。因为人们深知，同事是和自己朝夕相处的人，彼此和睦融洽，工作气氛好，工作效率自然也就会更好。反之，同事关系紧张、相互拆台、发生摩擦，正常工作和生活不但会受到影响，就连事业发展也会受到阻碍。

（二）要谈论别人感兴趣的话题

每个人一生中都在寻找一种感觉，这种感觉是什么呢？就是重要感。在和别人沟通的时候，你是一直不断地在讲还是认真地在听别人讲呢？如果你认真地在听别人讲，同时你又再问一些别人感兴趣的话题，别人就会对你非常有好感，因为人们都喜欢谈论自己。如果你愿意拿出时间来关心他人感兴趣的话题，你愿意了解他人所讲出来的他非常感兴趣的话题，那你一定会成为一个非常受欢迎的人。

如何让自己成为一个受团队欢迎的人呢？这就要你去了解别人的兴趣所在，并且同别人去沟通他最感兴趣的话题。两个人之间总会有共同之处，比如谈及到什么样的城市去旅游时，他会说到自己喜欢的城市，你可以跟他讨论那个城市，因为那是他最感兴趣的话题。当你跟他沟通这样的话题的时候，他感受到了你对他的关切，就会变得非常喜欢你。

（三）赞美你周围的同事

赞美被称为语言的钻石，每个人一生都在寻找重要感，所以人们都希望得到别人的赞美。人们希望获得很大的成长和成就感，如果团队能为成员提供空间、使他们很好地获得成长感的时候，大多数情况下团员都会留在团队，而且全力以赴，认真地为之付出。

不断地赞美、支持、鼓励周围的朋友和同事是使自己成为团队中受欢迎的人的有效办法。每一个人都有优点和独特性，所以要找到每个人独特的优点去赞美他。比如一个成员取得了一些绩效，当你希望这种绩效再一次被延伸的时候，就要去赞美他，然后这种结果就会再一次地发生，受赞美的行为也会持续不断地出现。如果有一个销售人员刚刚签了一个很大的合同，团队当中的每一个成员都应去赞美他、都应该认为他是团队当中的英雄，因为只有当他受到了这种赞美和鼓励，才会愿意下一次再去采取同样的行为，为这个团队付出。

1. 不要批评，要提醒

团队成员可以去提醒别人而不是批评别人。比如说你觉得他哪里不够好，可以说我想提醒你一下，你哪里还可以更好，因为你是非常有潜质的，所以我才拿出时间来跟你沟通，你介意吗？他当然会说我不会介意。这个时候你就可以开始去关心他。

如果真的一定要批评他呢？就不妨采取三明治批评法。你可以用积极正面来引导消极负面的东西，然后采取积极正面的一个行动，就能达到积极正面的结果。

2．不要总提意见，要多提建议

意见是一种对现实的不满，可能会带有一点点抱怨。建议也是一种不满，但它是将不满转化为可以达到满意结果的过程。当你养成一个提建议而不是提意见的习惯的时候，你会发现，团队当中的人都愿意贡献出更多的建议出来，这种建议是对团队帮助非常大的。

3．不要抱怨，要采取行动

抱怨不会解决任何问题，只有采取行动，才会产生结果。不要抱怨任何一个结果，因为抱怨会让这个结果在团队变得夸大，使每一个人都注意到这种事实，然后影响到每一个人的心情。同时，受抱怨影响最大的是自己，越抱怨，情绪越不好，情绪越不好，产生的绩效越不好。

（四）对别人的成就感到高兴，并真心地予以祝贺

如果真心地祝福获得财富的人，你也会慢慢地获得财富。

如果你忌妒别人或者说你为别人取得成就而感到不舒服，那是因为你的心胸不够宽广。如果你的心胸宽广，你会为别人取得的成就而感到高兴，并且替他祝贺，因为你是一个对自己非常有自信的人。做一个能够为别人取得成就而祝福的人，你就会取得跟他一样的成就。

（五）激发别人的梦想

人最重要的一个能力就是使别人拥有能力，所以人际关系当中最重要的就是要敢于去激发别人的梦想。

当你激发了别人的梦想，别人通过你的激发和鼓励取得成就时，他就会衷心地感谢你。每一个人都期望别人给他十足的动力，帮他做出人生的决定，所以你要去激发别人，使他产生梦想，让他拥有应该拥有的“企图心”和上进心，激发他去获得最想要的结果。

实践环节设计

素质拓展——团队训练游戏

项目名称：无敌风火轮

道具要求：报纸、胶带

场地要求：一片空旷的大场地

游戏人数：12～15人

游戏时间：10分钟左右

游戏规则：12～15人为一个团队，利用报纸和胶带制作一个可以容纳全体团队成员的封闭式大圆环，将圆环立起来，全队成员站到圆环内边走边滚动大圆环。

活动目的：本游戏主要为培养团队成员团结一致、密切合作、克服困难的团队精神；培养团队成员的计划、组织、协调能力；培养团队成员服从指挥、一丝不苟的工作态度；增强队员间的相互信任和理解。

本章小结

大学阶段是大学生由学校进入社会的重要过渡阶段，大学生的团队合作精神如何直接关系到大学生个人的成长。不同于群体，团体从形成到结束往往要历经不同的发展变化阶段。准确的团队角色定位，是团队建设的重要砝码。大学生平时要注重培养团队合作意识、增强团队合作能力，努力使自己成为高效团队的成员，从而积极适应社会发展和国家建设的需要、充分实现个人价值、赢得完美的人生。

问题与思考

1. 什么是团队？团队的构成因素有哪些？

2. 一个高效的团队有哪些特征？

3. 团队合作的基础和原则有哪些？

4. 讨论：西游记是大家所熟知的故事，师徒四人组成的团队中每个人的性格和特长都不一样，请分别阐述他们四人在团队中的角色和作用。假如现在唐僧要求团队裁员一名，你认为应该裁谁？为什么？

5. 请阅读以下相关资料，思考并讨论可以从中得到什么启示。

牧师请教上帝地狱和天堂有什么不同。上帝带着牧师来到一个房间。房间里一群人围着一锅肉汤，他们手里都拿着一把长长的汤勺，因为手柄太长，谁也无法把肉汤送到自己嘴里。每个人的脸上都充满绝望和悲苦。上帝说，这里就是地狱。上帝又带着牧师来到另一个房间。这个房间的摆设与刚才那间没有什么两样，唯一不同的是，这里的人们都把汤舀给坐在对面的人喝。他们都吃得很香、很满足。上帝说，这里就是天堂。

6. 三个和尚在一所破寺院里相遇。“这所寺院为什么荒废了？”不知是谁提出了这个问题。甲和尚说：“必是和尚不虔，所以菩萨不灵。”乙和尚说：“必是和尚不勤，所以庙产不修。”丙和尚说：“必是和尚不敬，所以香客不多。”于是三人争执不休，最后决定留下来各尽其能，看看谁能最后让寺庙的香火旺起来。于是，甲和尚礼佛念经，乙和尚整理庙务，丙和尚化缘讲经。果然寺院香火渐盛，恢复了往日的壮观。“都因为我礼佛念经，所以菩萨显灵。”甲和尚说。“都因为我勤加管理，所以寺务周全。”乙和尚说。“都因为我劝世奔走，所以香客众多。”丙和尚说。三人争执不休、不事正务，渐渐地，寺院里的盛况又逐渐消失了。

议一议：与高效团队相比，问题团队表现在哪些方面？试图回答下面问题，归纳问题团队的种种表现。三个和尚组成的团队目标是什么？他们的团队执行力和生命力来自何方？他们的团队为什么由盛转衰、最终失败？他们的团队失败的关键问题在什么地方？

第九章

创新能力

创新是引领发展的第一动力。

——习近平

引 言

创新是一个民族进步的灵魂，是国家兴旺发达的不竭动力。人才则是创新的关键，无论是理论、制度创新还是科技、文化创新，最终都要落实到大量高素质的创新型人才身上。所以培养具有创新素质的人才是时代的迫切需要，更是我国经济发展、国家富强的重要保证。

我国《高等教育法》第五条明确规定：高等教育的任务是培养具有创新精神和实践能力的高级专门人才。而国际 21 世纪教育委员会的报告《教育——财富蕴藏其中》指出：教育的任务是毫不例外地使所有人的创造才能和创造潜能都能结出丰硕的果实，这一目标比其他所有目标都重要。所以，我国高等教育必须倡导大学生创新思维的培养与创新能力的提高。

第一节　创新能力概述

创新是一个民族进步的灵魂，是国家兴旺发达的不竭动力。

——江泽民

引导案例

陕西创客玩出自己的世界　成为社会创新创业领军人

“创客”这个词来源于英文单词“Maker”，是指出于兴趣与爱好，努力把各种创意转变为现实的人。虽然这个词汇听上去很新鲜、很时髦，但实际上，在我们的身边就有一批这样的人，他们通过把自己的爱好、特长与生产生活充分链接，成为我们社会创新、创业当中的一支生力军。

创客创业雄心勃勃　组建自己的科技王国

杨少毅是西安蒜泥科技公司的创办人，也是西安最早的创客之一。他告诉记者，正在展示的这台机器人已经是他们公司研发的第四代机器人了，虽然还有很多不完善之处，但改进之后最终应该能够被市场认可。

杨少毅的创客之路是从5年前开始的，那时候他上大二。一个偶然的机会，他迷上了机器人，后来干脆开始自己动手设计研发。虽然刚开始时的机器人作品粗糙、简陋，也不懂互动交流，但对于杨少毅来说，毕竟迈出了第一步。兴趣是最好的老师，经过一次次的失败与尝试，杨少毅的机器人越来越像样了，而且在研发的过程中他还掌握了很多人工智能方面的关键技术。2014年，从西安电子科技大学研究生毕业后，杨少毅和他的机器人项目赢得了投资人的青睐，获得了1 500万元的风险投资。

杨少毅说：“当时我们就在考虑，我们能不能把我们的技术转成为对人们、对这个社会有用的东西。在这样一个前提下，我们就有了创业的念头。”

于是，西安蒜泥科技公司很快就成立了，机器人自然是公司的招牌。虽然公司刚刚起步，还没有盈利，但在杨少毅看来，有技术，有爱好，再加上公司里汇聚起来的几十个来自各个方面的创客，成功只是时间的问题。

杨少毅说：“其实所有非常伟大的创造刚开始都没有一个明确的目标，创客就是这样一群人，有的人可能在里面做东西就是为了把自己家里的一些用具改得更好用，有些人在改好之后发现这个东西对更多人有用了，所以他需要把它作为产品出售出去。”

杨少毅认为，创客精神就是要认真地玩，而且要玩出点名堂来。他告诉记者，公司里招聘的员工都是创客，这一群人用60%的时间完成本职工作，帮助杨少毅打造机器人；剩下40%的时间，他们可以尽情发挥想象力，利用公司里的各种仪器，创造出自己感兴趣、能应用的东西。

西安创客数量众多　带领孩子进入科技世界

记者了解到，在西安，除了蒜泥公司这样吸引创客的科技公司，还有一种创客聚集的场所，就是创客空间。创客空间实际上是一种半公益性质的场所，它具备场地、仪器和数据库等资源，创客们只需带着自己脑袋里的想法来到这儿，就可以做出半成品甚至成品了。如今，在西安，共有五六家相对成熟的创客空间，汇聚了大批的创客，陕西众创空间就是其中一个。

西安不仅有供成年人施展拳脚的创客公司和创客空间，还有公司和单位开始有意识地培养未来的创客。西安乐博士（中国）机器人公司设计了针对从小学到高中不同年龄段孩子的课程，通过对机器人软硬件编程等技能的学习，为孩子们打好作为一名创客的基础。

西安乐博士（中国）机器人公司总裁施宏伟认识到："外国的创客群体都是在初中高中就开始有了，但在中国可能是大学生中才有，那我们就想说通过我们在中国做机器人教育的理念，可以通过教育把更多创客的元素，还有它的基础知识传递给更年轻的人。"

在国家推动大众创业、万众创新的时代里，创客无疑是市场中最活跃的细胞之一。对于创客自身而言，创造产品和财富的过程，也是实现自我价值和精神追求的最好方式，我们希望这样爱"玩"的人越来越多。

经济的全球化带来了激烈的竞争与挑战，要想在这样的竞争环境下谋求科学技术的发展、社会各项事业的进步，就要靠不断创新。从个人发展来讲，当遇到纷繁复杂的工作状况时，很多人会惊呼："什么情况？""怎么回事？"但对于创新高手而言则是——"机会来了！"今天，一个人职业生涯的平步青云很大程度上取决于其是否善于创新，是否能够创造性地发现问题、分析问题，并最终很好地解决问题。在建设创新型国家的总体战略部署下，培养具有创新能力的高素质人才队伍，既是实施科教兴国和建设创新型国家的必然要求，也是提高自身综合素质的重要途径。

皮尔·卡丹曾坦率地说："创新！先有设想，而后付诸实践，再不断进行自我怀疑。这就是我成功的秘诀。"

一、创新

（一）创新的由来

一般认为，创新概念于 1912 年由美国经济学家熊彼特在其著作《经济发展概论》中首次提出：创新是指把一种新的生产要素和生产条件的"新结合"引入生产体系。它包括四种情况：引入一种新产品，引入一种新的生产方法，开辟一个新的市场，获得原材料或半成品的一种新的供应来源。熊彼特的创新概念包含的范围很广，如涉及技术性变化的创新及非技术性变化的组织创新。到 20 世纪 60 年代，美国经济学家华尔特·罗斯托提出了“起飞”六阶段理论，将“创新”的概念发展为“技术创新”，并且把“技术创新”提高到“创新”的主导地位。

中国自 20 世纪 80 年代以来开展了技术创新方面的研究，具有代表性的是傅家骥先生对技术创新的定义：企业家抓住市场的潜在盈利机会，以获取商业利益为目标，重新组织生产条件和要素，建立起效能更强、效率更高和费用更低的生产经营方法，从而推出新的产品、新的生产（工艺）方法、开辟新的市场、获得新的原材料或半成品供给来源或建立企业新的组织，它包括科技、组织、商业和金融等一系列活动的综合过程。这个定义是从企业的角度给出的。

进入 21 世纪，信息技术推动下知识社会的形成及其对技术创新的影响进一步被认识，科学界进一步反思对创新的认识：技术创新是一个科技、经济一体化的过程，是技术进步与应用创新“双螺旋结构”的共同作用催生的产物。

事实上，人类所做的一切都存在创新，如观念、知识、技术的创新，政治、经济、商业、艺术的创新，工作、生活、学习、娱乐、衣、食、住、行、通讯等领域的创造、创新等。创新不仅仅是技术领域的事情，尽管技术创新对人类的生产、生活有决定性意义。

（二）创新的定义

创新，顾名思义，创造新的事物。创新一词出现得很早，如《魏书》中有“革弊创新”，《周书》中有“创新改旧”。和创新含义相同或相似的词汇有维新、鼎新等，如“咸与维新”“革故鼎新”“除旧布新”“苟日新，日日新，又日新”。

而在英语中，Innovation（创新）这个词起源于拉丁语，包括三层含义：一是更新，就是替换原有的东西；二是造新的东西，就是创造出原来没有的东西；三是改变，就是发展和改造原有的东西。

创新是指以现有的思维模式提出有别于常规或常人思路的见解为导向，利用现有的知识和物质，在特定的环境中，本着理想化需要或为满足社会需求，而改进或创造新的事物、方法、元素、路径、环境，并能获得一定有益效果的行为。它是人类为了满足自身需要，不断拓展对客观世界及其自身的认知与行为的过程和结果的活动。

二、创新能力

（一）创新能力的定义与形成

创新能力是技术和各种实践活动领域中人们根据一定的目的任务，重新改造、组合原有的知识、经验、对象，不断提供具有经济价值、社会价值、生态价值的新思想、新理论、新方法和新发明的能力，属于智能范畴，同时也是个人综合素质的体现。

创新能力是经济竞争力的核心，因此，当今社会的竞争，与其说是人才的竞争，不如说是人的创造力的竞争。

创新能力的形成主要来自四大要素：

（1）遗传素质是形成人的创新能力的生理基础和必要的物质前提。它潜在决定着个体创新能力未来发展的类型、速度和水平。

（2）环境是人的创新能力形成和提高的重要条件。家庭、学校和社会环境的优劣影响着个体创新能力发展的速度和水平。

（3）实践是人的创新能力形成的最基本途径。实践也是检验创新能力水平和创新活动成果的尺度标准。

（4）创新思维是人的创新能力形成的核心与关键。创新思维的一般规律是：先发散而后集中，最后解决问题。

改革开放以来，我国创新能力有了很大提高，一些科学研究和技术创新在世界上也能够占有一席之地。但不可否认的是，我国创新能力和国际先进水平的差距较大。根据2001年的有关分析数据显示，中国在49个主要国家中，科技创新综合能力处于第28位，也就是属于中等偏下的水平。如果中国想要在2020年进入创新型国家行列，就必须从当前的水平再前进10位，进入世界前20位。21世纪，中国的科技人力资源达到3 850万人，名列世界第一；研发人员109万人，名列世界第二。这是保障中国进入创新型国家行列、任何其他国家无法拥有的最可宝贵的资源。但同时也有资料分析表明，中国学生应试能力强，但动手能力，特别是创新能力较差，与美国等西方发达国家学生存在明显的差距。因此，中国的教育体制必须调整，我们可以通过改变学校教育方式、增加学生实践活动、拓展个体创新思维，来缩小这种差距。

【案例】

一些学校在创新方面已经迈出了可喜的步伐。例如，2014年由中国发明协会、江苏省科学技术协会、中国高等职业技术教育研究会等单位主办的第九届全国高职高专“发明杯”大学生创新创业大赛决赛在南京工业技术学院举行，为期三天的比赛共吸引了全国57所高职高专院校参与。经过网络和现场评审，苏州市职业大学电子信息工程学院汪义旺老师指导的参赛作品《便携式多功能环境参数检测仪》从520件发明制作类作品中脱颖而出，最终获得大赛发明制作类作品的一等奖。教育部职成司高职高专处林宇处长、江苏省委教育工委潘曼副书记等专家领导出席比赛闭幕式，并为获奖选手代表颁奖。同时，苏州市职业大学还被中国发明家协会授予“全国高职高专院校创新发明教育基地”的光荣称号。

（二）创新能力特征

与普通人力资源相比，创新人才主要具有五大特质：

1. 善于发现问题

“提出问题，往往比解决问题更重要。”这是爱因斯坦从事科学研究的宝贵经验。发现问题需要有丰富的专业知识和敏锐的观察力，通过观察分析发现问题的存在，并进一步探究解决这一问题的方法。当问题得以解决之时，便是新事物或新技术诞生之际。阿基米德定律的产生正是因为阿基米德注意到一个每个人都会遇到却又习以为常的现象，即进入澡盆洗澡时，水往外溢而人的身体会感觉到被轻轻托起。这使他想到如果王冠为纯金，排出的水量应等同于同等重量的金子排出的水量，浮力定律由此被发现。机遇总是留给那些有思想准备，又勤于钻研的人。我们需要在实践中不断地进行培养和锻炼以形成和提高发现问题的能力。

2. 善于系统分析

物质世界是普遍联系的，事物不但与它周围的事物互相联系、互相作用，而且事物内部的各个部分之间总是处于互相联系和互相作用之中，构成一个开放的系统。我们把由相互联系的若干要素按一定方式所组成的具有特定功能、并同其周围环境互相作用的统一整体称之为系统。系统具有整体性、结构有序性和开放性。因此，要实现创新首先必须要对问题进行系统把握和全方位分析。只有对问题有全面的认识，才能有创新的元素和火花的出现。比如，手机原本就是用来通话、收发短信的，当网络技术、存储技术、播放技术、视频技术日趋成熟以后，科研人员就开始将通信技术和计算机技术，以及游戏技术融合起来，于是就产生了我们现在的智能手机。

3. 善于规划预测

所谓规划预测，就是通过发现问题，对问题的发展方向做出预测，并在此基础上规划出解决方案。这也就是我们常说的审时度势、精于算计、合理布局、运筹帷幄。例如，《田忌赛马》中提到，田忌经常与齐国众公子赛马，设重金赌注。孙膑发现他们的马脚力都差不多，马分为上、中、下三等，于是建议：“今以君之下驷与彼上驷，取君上驷与彼中驷，取君中驷与彼下驷。”即用自己的劣等马对决对手的优等马、优等马对中等马、中等马对劣等马。三场比赛，田忌一场败而两场胜，最终赢得齐王的千金赌注。于是田忌把孙膑推荐给齐威王。齐威王向孙膑请教了兵法，视他为老师。可见，谋略在先，事半功倍。

4. 善于提出新创意

解决实践中面临的新问题，不仅需要周密的计划和安排，更重要的是要能够根据新的客观条件加入创新的元素，提出能够更为有效地解决问题的方案。

【案例】

在修建青藏铁路时，多年冻土被认为是“最难啃的一块骨头”，它的解决与否，直接决定着青藏铁路的成败。以往的办法是增加土体热阻，减少进入路基下部的热量，从而延缓多年冻土退化，在一定时间内起到保护冻土的作用。然而在全球气候变暖和工程扰动的大背景下，以中国科学院院士程国栋为代表的青藏铁路冻土攻关的科研工作者根据多年研究的成果，创造性地提出了主动冷却路基的思路，据此设计了多种工程技术措施用以保护多年冻土。除了在极不稳定的高含冰量冻土区采用造价昂贵的以桥代路，在其他地区主要采用块石路基，块、碎石护坡，利用块石、碎石孔隙较大的特点，使它们在夏季产生热屏蔽作用、冬季产生空气对流，改变路基和路基边坡土体与大气的热交换过程，起到较好地保护多年冻土的作用。

此外，在路基两旁埋设高效导热的热棒、热桩，将热量导出，同时吸收冷量并有效地将冷量传递、贮存于地下。在路基中铺设通风管，使土体温度明显降低，并在通风管的一端设计、安装自动温控风门，当温度较高时，风门会自动关闭，温度较低时，风门自动打开，这样可以避免夏季热量进入通风管。在路基顶部和路基边坡铺设遮阳棚、遮阳板，有效地减少太阳辐射，降低地表温度。这些措施在建设中也得到了不同程度的运用。这些创新使得青藏铁路能够顺利竣工，更对我国高寒地区的工程建设具有重要的指导和借鉴价值。

5. 善于全面资源整合

要解决实践中遇到的难题，除了发现问题、系统分析、规划预测，然后提出创新的理论，更要尽可能地动员全部资源投入到创新活动中去。也就是说，光有发现和创意是远远不够的，要把创意变为现实、转化为生产力，需要物力、财力及人力资源的投入，只有整合好这些投入，才能将创新的理论付诸实践，最终解决好问题。

当然，并不是每一个创新人才都能完美地具有这五个特质，在现实生活中，创新能力表现为以下两大特征：

- 综合独特性：我们在观察创新人物能力的构成时，会发现没有一个人的能力是单一的，都是几种能力的综合，这种综合是独特的，具有鲜明的个性色彩。
- 结构优化性：创新人物能力在构成上，呈现出明显的结构优化特征，而这种结构是一种深层或深度的有机结合，能发挥出意想不到的创新功能。

三、职业创新能力的意义

创新对一个国家、一个民族来说，是发展进步的灵魂和不竭动力，对于一个企业来讲就是寻找生机和出路的必要条件。一个成功的企业必然是一个创新力强的企业，因为只有这样，这个企业才能够勇于打破企业自身的局限，革除不合时宜的旧体制、旧办法，在现有的条件下，创造更多适应市场需要的新体制、新举措，走在时代潮流的前面，在激烈的市场竞争中赢利。

因而，职业创新能力对于个体来讲就是谋求事业发展、实现自我价值和精神追求的最好保障。创新能力的综合独特性与结构优化性说明创新能力是一个人综合能力的体现。综合能力良好的人才必然是受企业欢迎的人才，也必然能够在工作中创造属于自己的天地。

创造性人才在企业中越来越重要，这类人才能够创造性地完成工作，不会被困难吓倒，不会因为条件不具备而放弃努力。在寻找创新、开发、管理方面的人才时，必须考虑人才的创新能力。

实践环节设计

下面是 20 个问题，要求应聘者回答。如符合自己的实际情况，则在（　　）里打上“√”，不符合的则打“×”。

（1）听别人说话时，你总能专心倾听。（　　）

（2）完成了上级布置的某项工作，你总有一种兴奋感。（　　）

（3）观察事物向来很精细。（　　）

（4）你在说话及写文章时经常采用类比的方法。（　　）

（5）你总能全神贯注地读书、写作或者绘画。（　　）

（6）你从来不迷信权威。（　　）

（7）对事物的各种原因喜欢寻根问底。（　　）

（8）平时喜欢钻研或琢磨问题。（　　）

（9）经常思考事物的新答案和新结果。（　　）

（10）经常能够从别人的谈话中发现问题。（　　）

（11）从事带有创造性的工作时，经常忘记时间的流逝。（　　）

（12）能够主动发现问题及和问题有关的各种联系。（　　）

（13）总是对周围的事物保持好奇心。（　　）

（14）经常能够预测事情的结果，并正确地验证这一结果。（　　）

（15）总是有些新设想在脑子里涌现。（　　）

（16）有很敏锐的观察力和提出问题的能力。（　　）

（17）遇到困难和挫折时，从不气馁。　　（　　）

（18）在工作遇上困难时，常能采用自己独特的方法去解决。　　（　　）

（19）在问题解决过程中找到新发现时，你总会感到十分兴奋。　　（　　）

（20）遇到问题，能从多方面多途径探索解决它的可能性。　　（　　）

结果分析：如果20道题答案都是打“√”的，则证明创造力很强；如果16道题答案是打“√”的，则证明创造力良好；如果有10～13题答案是打“√”的，则证明创造力一般；如果少于10道题答案是打“√”的，则证明创造力较差。

第二节　创新思维训练

提出一个问题往往比解决一个问题更重要。因为解决问题也许仅是一个数学上或实验上的技能而已，而提出新的问题，新的可能性，从新的角度去看旧的问题，却需要有创造性的想象力，而且标志着科学的真正进步。

——爱因斯坦

引导案例

互联网创新思维助企业食品安全升级发展

在互联网经济席卷全球之际，国际食品安全峰会也试图通过探讨生鲜农产品的电子商务销售模式来为食品行业注入新的发展动力。

据新希望食品的相关人士介绍，新希望食品早在2013年下半年就开始快速拓展线上、线下销售渠道，加快产品创新和营销创新，打造中国领先的集饲料、养殖、屠宰、深加工、销售、服务于一体的肉食供应平台，在营销模式和创新等方面已经走到了行业前列。

据了解，新希望食品目前正在通过自建消费终端、寻求第三方合作伙伴、搭建互联网营销平台的方式，实现肉食行业的全渠道O2O营销模式。在这一模式下，消费者可以通过互联网平台和新希望食品的线下终端全程了解、参与肉食品的养殖、加工和生产、销售过程。

对于传统肉食业的发展，只有通过创新管理体系，做到在以“用户”为中心的基础上，借助包括“互联网”等渠道在内的创新营销工具才能实现中国肉食行业的升级发展，也更能保障食品安全。

由于后天的社会环境，我们形成了一套固定的思维模式。这样的思维模式来源于我们日常生活的经验，可以帮助我们解决每天碰到的绝大部分的问题，同时却限制了我们的思想和行为。要知道，即使是真理，它的存在也是有特定的客观条件的。当客观情况发生改变时，真理就不再是真理了。微软总裁比尔·盖茨说："微软离破产永远只有 18 个月。"海尔总裁张瑞敏又说："永远战战兢兢，永远如履薄冰。"在这个日新月异、竞争激烈的时代，不创新，就只有挨打的份。而思维创新是实践创新的基础和前提，没有思维的创新就没有行动的创新。实践证明，有目的地学一些创新思维方法，对于培养我们的创新能力有着事半功倍的作用。

创新思维是指以新颖独创的方法解决问题的思维过程，这种思维能打破我们的固定思维模式，以超常规甚至反常规的方法、视角去思考问题，提出与以往不一样的解决方案，从而产生新颖的、独到的、有社会意义的思维成果。这种思维的本质就在于将创新意识的感性愿望提升到理性的探索上，实现创新活动由感性认识到理性思考的飞跃。

一、发散性思维

发散性思维又称辐射思维、放射思维、扩散思维或求异思维，是指大脑在思维时呈现的一种扩散状态的思维模式，它表现为思维视野广阔、思维呈现出多维发散状。可以通过"一题多解""一事多写""一物多用"等方式，培养发散思维能力。不少心理学家认为，发散思维是创造性思维的最主要的特点，是测定创造力水平的主要标志之一。

【案例】

我国"创造学会"第一次学术研讨会于 1987 年在广西南宁召开。这次会议集中了全国许多在科学、技术、艺术等方面的杰出人才。为开阔与会者的创造视野，大会邀请了国外一些著名的专家、学者，其中也包括日本的村上幸雄先生。他为与会者讲学，讲了三个半天，讲得很新奇、很有魅力，深受大家的欢迎。其间，村上幸雄先生拿出一把曲别针，请大家动动脑筋、打破框框，想想曲别针都有什么用途，比一比看谁的发散性思维好。会议上一片哗然，七嘴八舌，议论纷纷。有的说可以别胸卡、挂日历、别文件，有的说可以挂窗帘、钉书本，大约说出了二十余种，大家问村上幸雄："你能说出多少种？"村上幸雄轻轻地伸出三个指头。有人问："是三十种吗？"他摇摇头。"是三百种吗？"他仍然摇头。他说："是三千种。"大家都异常惊讶，心里想着："这日本人果真聪明。"然而就在此时，中国魔球理论的创始人许国泰先生给村上幸雄写了个条子，上面写着："村上先生，对于曲别针的用途，我可以说出三千种、三万种”。村上幸雄十分震惊，大家也都不太相信。许先生说：“幸雄所说曲别针的用途我可以简单地用四个字加以概括，即钩、挂、别、联。我认为远远不止这些。接着他把曲别针分解为铁质、重量、长度、截面、弹性、韧性、硬度、银白色等十个要素，用一条直线连起来形成信息的栏轴，然后把要动用的曲别针的各种要素用直线连成信息标的竖轴。再把两条轴相交垂直延伸，形成一个信息反应场，将两条轴上的信息依次‘相乘’，达到信息交合……”于是曲别针的用途就无穷无尽了。例如，曲别针加硫酸可制氢气、可加工成弹簧、做成外文字母、做成数学符号进行四则运算等。

上述案例告诉我们，发散性思维对于一个人的智力、创造力多么重要。那么，我们应该怎样培养自己的发散性思维呢？那就是要勤于实践，注意有意识地训练自己的思维，使自己的思维处于异常活跃的状态。每当遇到问题时，应当尽可能赋予所涉及的人、物及事情整体以新的性质，摆脱旧有方法的束缚，运用新观点、新方法、新结论，反映出独创性。按照这个思路进行思维方法训练，往往能收到推陈出新的结果，使自己逐渐具有多方位、多角度、多方法思维的良好品质。

想一想

一位想要买眼镜的聋哑人应该如何向商店服务员表达自己的意愿呢？

二、收敛思维

收敛思维又称“聚合思维”“求同思维”“辐集思维”“集中思维”。其特点是使思维始终集中于同一方向，使思维条理化、简明化、逻辑化、规律化。收敛思维与发散性思维，如同“一个钱币的两面”，是对立的统一，具有互补性，不可偏废。实践证明：在教学中，只有既重视培养学生发散性思维，又重视收敛思维的培养，才能较好地促进学生的思维发展，提高学生的学习能力，培养高素质人才。

【案例】

当听说中国正开发大庆油田时，日本人始终不明底细，于是就把摸清大庆油田的详细情况作为情报工作的重中之重。

首先获得突破的是日本三菱重工财团的信息专家。1964 年 4 月 19 日，中央人民广播电台播出《大庆精神大庆人》的报道。第二天，《人民日报》

又专门撰文报道。三菱重工的专家们据此判断，中国开发大庆油田确有其事，但他们还不清楚大庆的具体位置。在 1966 年 7 月的一期《中国画报》上，他们看到一张照片：大庆油田的“铁人”王进喜头戴大狗皮帽，身穿厚棉袄，顶着鹅毛大雪，手握钻机刹把，眺望远方，在他背景远处错落地矗立着星星点点的高大井架。唯有中国东北的北部寒冷地区，采油工人才需要戴这种大狗皮帽和穿厚棉袄，专家们由此断定：“大庆油田是在冬季为零下 30 摄氏度的地区，大致在哈尔滨与齐齐哈尔之间。”但具体位置仍然没有确定。同年 10 月，《人民中国》杂志第 76 页刊登了石油工人王进喜的事迹。事迹中说，以王进喜为代表的中国工人阶级，为粉碎国外反动势力对中国的经济封锁和石油禁运，在极端困难的条件下，发扬“一不怕苦，二不怕死”的精神，抢时间，争速度，不等马拉车拖，硬是用肩膀将几百吨采油设备扛到了工地。据此分析，日本专家认为，最早的钻井是在安达东北的北安附近，而且从钻井运输情况看，离火车站不会太远。在报道中还有这样一句话：王进喜一到马家窑，看到大片荒野时说：“好大的油海，把石油工业落后的帽子丢到太平洋去。”于是日本专家从地图上看到：马家窑是位于黑龙江海伦市东南的一个小村，在北安铁路上一个小车站东边十多公里处。这样，日本专家就彻底搞清楚了大庆油田的确切位置了：马家窑是大庆油田的北端，大庆油田可能是在北起海伦的庆安、西南穿过哈尔滨市与齐齐哈尔市铁路的安达附近的南北达 400 公里的范围内。

搞清了位置，日本专家又对王进喜的报道进行分析。王进喜原是玉门油矿 1259 钻井队的队长，是 1959 年 9 月在北京参加国庆之后自愿去大庆的。从王进喜所站的钻台油井与他背后隐藏的油井之间的距离和密度可以断定，大庆油田在 1959 年以前就进行了勘探，并且大体上知道了油田的大致储量和产量。1964 年，王进喜参加了第三次全国人民代表大会。日本专家认为，大庆油田不产油，王进喜肯定不会当选人大代表。因此，他们认为这时候大庆油田已经开始大量产油，但炼油规模又如何呢？1966 年 7 月，在《中国画报》上发现了一张炼油厂反应塔的照片。根据反应塔上的扶手栏杆的粗细与反应塔的直径相比，得知反应塔的内径长为 5 米。参考了《人民日报》刊登的国务院政府工作报告，他们进一步推算出大庆的炼油能力和规模、年产油量等内容。到此，他们就比较全面地掌握了大庆油田的各种情况，揭开了当时尚未公布的一些秘密。

在对所获信息进行剖析和处理之后，根据中国当时的技术水准和能力及中国对石油的需求，三菱重工断定中国必定要大量引进采油和炼油设备。三菱重工立即集中相关专家和技术人员，全面设计出了适合中国大庆油田的设备，做好充分的夺标准备。不久，中国政府向国际市场寻求石油开采设备，三菱重工以最快的速度和最符合中国要求的设计、设备，一举中标，获取了巨大的商业利益。西方石油工业大国对此目瞪口呆，惊诧不已。

俗话说：“内行看门道，外行看热闹。”许多时候，人们在信息量的占有上并无多大差别，但有些人能从中看出问题、抓住机会，而有些人却茫然无知、视若无睹。为什么会有这种差异呢?从思维的角度来分析，这是由于头脑的内在思维观察结构的不同造成的。收敛思维能力较强的人，其思维观察结构严谨细密，在占有相同的信息量的情况下，对信息的提取率比较高。所以，我们平时一定要有意识地把所有感知到的对象依据一定的标准“聚合”起来，显示出它们的共性和本质。首先要对感知材料形成总体轮廓认识，从感觉上发现其十分突出的特点；其次要对感觉到的共性问题进行分析，形成若干分析群，进而抽象出其本质特征；再次，要对抽象出来的事物本质进行概括性描述，最后形成具有指导意义的理性成果。

想一想

（1）请说出家中既发光又发热的东西，并找出它们的共同点。

（2）请写出海水与江水的共同之处，越多越好。

（3）狮子、琴凳和小轿车有什么相同之处?

（4）铜、铁、铝、不锈钢等金属有什么共同的属性?

三、联想思维

联想思维是指人脑记忆表象系统中，由于某种诱因导致不同表象之间发生联系的一种没有固定思维方向的自由思维活动。联想思维的主要思维形式包括幻想、空想、玄想。其中，幻想，尤其是科学幻想，在人们的创造活动中具有重要的作用。

【案例】

李照森及其夫人发明的锅巴片，获得了国家专利，其生产技术已在十多个国家和地区获得专利权。太阳牌系列食品已成为风靡全国、跻身国际市场的名牌产品。仅 1990 年，西安太阳食品集团的食品销售量就高达 25 000 多吨，销售收入达 15 亿元。这一切都是源于一个偶然的机会。当时，李照森陪客人到西安饭庄进餐，发现人们对一道用锅巴做原料的菜肴极感兴趣，于是引发了以下联想：“锅巴能作菜肴，为什么不能成为一种小食品呢？”“美国的土豆片能风靡全球，作为烹饪大国的中国，为什么不能创出锅巴小吃走出国门呢？”接着他开始试制并成功开发出锅巴片，进一步投产，最终在市场中走俏。之后，联想进一步展开，他们想到既然搞成了大米锅巴，当然还可以用其他原料制作别样风味的锅巴。一时间，小米锅巴、五香锅巴、牛肉锅巴、麻辣锅巴、孜然锅巴、海味锅巴、黑米锅巴、果味锅巴、西式锅巴、乳酸锅巴、咖喱锅巴、玉米锅巴等各种风味的锅巴不一而足、琳琅满目。随着锅巴的畅销，类似于锅巴特征的食品也相继开发问世，如虾条、奶宝、蓼宝、麦圈、菠萝豆、乳钙杀香酥、营养箕子豆等，这些风味多样的新产品使小食品市场五彩缤纷，也使得西安太阳集团获利丰厚。李照森运用联想思维的相似联想创新思维，从锅巴作原料的菜肴、美国的土豆片风靡全球，联想到将锅巴制成小食品，投入市场，锅巴食品不但畅销全国，还打入了世界市场。

联想无任何框框，也没有止境，而且涉及的事物之间并不一定有逻辑关系。联想思维可以在创造活动中帮助人们摆脱习惯性思维的束缚并从众多的信息中获得有益的启发，产生新想法。英国著名哲学家威廉•雅姆认为记忆的秘诀就是联想。联想无须合乎情理或逻辑，即使是“牵强附会”对自己也是有用的。联想是增加提取线索的主要手段，生动、奇特、夸张的形象则使联想更为牢固。人人都会发生联想，但高联想力并不是人人都具备的。只有经常地进行专门的联想训练，提高联想的速度与数量，才会提高联想力，为创造性思维打下基础。

想 一 想

话题接连说：“周末我们一起出游吧……”

四、逻辑思维

逻辑思维是人们在认识事物的过程中借助于概念、判断、推理等思维形式能动地反映客观现实的理性认识过程，又称抽象思维。它是作为对认识者的思维及其结构以及起作用的规律的分析而产生和发展起来的。只有经过逻辑思维，人们对事物的认识才能达到对具体对象的本质规定的把握，进而认识客观世界。它是人的认识的高级阶段，即理性认识阶段。

逻辑思维是一种确定的而不是模棱两可的、前后一贯的而不是自相矛盾的、有条理、有根据的思维。在逻辑思维中，要用到概念、判断、推理等思维形式和比较、分析、综合、抽象、概括等思维方法，而掌握和运用这些思维形式和方法的程度，也就是逻辑思维的能力。

【案例】

在香港有一家经营黏合剂的商店，在推出一种新型的"强力万能胶"时，老板决定从广告宣传入手。但经过研究，老板发现几乎所有的"万能胶"广告都有雷同。于是，他想出一个与众不同、别出心裁的"广告"，把一枚价值千元的金币用这种胶粘在店门口的墙上，并告示说，谁能用手把这枚金币抠下来，这枚金币就奉送给谁。果然，这个广告引来许多人的尝试和围观，产生了"轰动"效应。尽管没有一个人能用手抠下那枚金币，但进店买"强力万能胶"的人却日益增多。

逻辑思维能力不仅是学好数学必须具备的能力，也是学好其他学科、处理日常生活问题所必需的能力。数学是用数量关系（包括空间形式）反映客观世界的一门学科，逻辑性很强、很严密。逻辑思维强的人思维敏捷、严谨，数学计算能力、判断能力强，对事物的认识更客观，同时表现出较强的创新力。通过训练培养、提高个人逻辑思维能力，使自己的思维变得严谨和完整是十分有必要的。平时，我们应该对陌生的事物多一份好奇，默默在心里问问自己这是为什么，是什么原因导致的，必要时可以记在自己的随身小本子里面。这样才能让自己视野开阔、见识倍增。在遇到相似事物时，不应该着急定论，而是要通过观察事物，认真区分它们的相同之处与差异之处。通过它们的共性，合理地将它们组合在一起；通过它们的差异性，有效地将它们隔离出来，进一步猜想或者归纳成为一个完整的知识块。这样可以有效地处理、加工和存储系统知识，积极锻炼逻辑思维里面的聚合思维。

想一想

烧尽一根不均匀的绳要用一个小时，如何用它来计时半个小时？一根不均匀的绳，从头烧到尾总共需要 1 个小时，现在有若干条材质相同的绳子，问如何用烧绳的方法来计时一个小时十五分钟呢？（微软招聘的笔试题）

五、辩证思维

辩证思维是指以变化发展视角认识事物的思维方式，通常被认为是与逻辑思维相对立的一种思维方式。在逻辑思维中，事物一般是"非此即彼""非真即假"，而在辩证思维中，事物可以在同一时间里"亦此亦彼""亦真亦假"而无碍思维活动的正常进行。

辩证思维指的是一种世界观。世间万物之间是互相联系、互相影响的，而辩证思维正是以世间万物之间的客观联系为基础而进行的对世界进一步的认识和感知，并在思考的过程中感受人与自然的关系，进而得到某种结论的一种思维。

【案例】

塔河采油三厂辩证思维增厚"聪明油"

中国石化新闻网讯（马京林）报道：机采井加深泵挂可以提高产量，但泵挂太深，抽油杆也容易断脱；堵水可以封堵水窜通道、释放油层产能，但堵剂超量也会把油层堵死。这就是生产中的"辩证法"，就与做人的道理一样，凡事要掌握一个"度"。近期，西北油田分公司副总经理窦之林调研采油三厂增储上产工作后指出，采油三厂在2012年增储上产中用辩证法作指导，在落实措施上讲究一个度，拿了不少"聪明油"。

2012来，塔河采油三厂在"比学赶帮超"活动中，树立科学意识，用辩证法指导原油生产，提高了油田开发效益。据统计，该厂当年已完修措施井44井次，初期平均单井次日增油能力达到7.6吨，目前单井日增油达8.4吨，累计增油1.56万吨。

用辩证法指导增储上产的思路源于实践中的反复探索。在低产低效井挖潜工作中，该厂对TP106井实施酸化压裂，进行储层改造，但压裂效果不理想。技术人员深入分析后认为，压裂效果不明显的原因是没有掌握好压裂液的用量，用量过少。随之，他们在反复论证后，进行了二次酸压，将压裂液总量由772立方提升到1 772立方，使得TP106井的生产能力得以释放，TP106井由低产井步入了高产井行列。这口井的实践使采油三厂的领导及技术人员认识到，上产措施的效益高低往往决定于措施科学与否，而措施是否科学又往往决定于措施制定者是否有科学的辩证思维方式、能否准确把握措施制定与实施的科学"分寸"。

按照辩证施治这一思路，采油三厂对各类挖潜措施进行了科学改进。"堵水施工时间超出堵剂稠化时间的井，施工后期都要起压反洗，因此，要保证堵水施工效果，就必须根据施工需要调整好堵剂稠化时间。"他们深入剖析近两年实施堵水措施的19口井后发现了这一规律。在实施堵水措施时，采油三厂合理调整堵剂稠化时间，准确把握堵剂稠化的时间"分寸"，从而提高了堵水效果，堵水的效率由60%提高到75%。

辩证思维模式要求我们在观察问题和分析问题时，以动态发展的眼光来看问题，这是唯物辩证法在思维中的运用。辩证思维是客观辩证法在思维中的反映，联系、发展的观点也是辩证思维的基本观点。对立统一规律、质量互变规律和否定之否定规律是唯物辩证法的基本规律，也是辩证思维的基本规律，即对立统一思维法、质量互变思维法和否定之否定思维法。因此，我们应该在把握逻辑的前提下，充分从正反两面动态分析、看待所面临的事物。

想一想

请以辩证思维模式思考你所在的学校和专业会如何影响你的就业。

六、思维导图

思维过程中，思维导图的应用能够使我们事半功倍。思维导图，又叫心智图，是由东尼 • 博赞创建的。它是表达发射性思维的有效的图形思维工具，它简单却又极其有效，是一种革命性的思维工具。思维导图运用图文并重的技巧，把各级主题的关系用相互隶属与相关的层级图表现出来，将主题关键词与图像、颜色等建立起记忆链接。思维导图充分运用左右脑的机能，利用记忆、阅读、思维的规律，协助人们在科学与艺术、逻辑与想象之间平衡发展，从而开启人类大脑的无限潜能。思维导图因此具有展现人类思维的强大功能。

思维导图是有效的思维模式，是应用于记忆、学习、思考等的思维“地图”，有利于人脑的扩散思维的展开，如图 9-1 所示。思维导图是一种将放射性思考具体化的方法。我们知道放射性思考是人类大脑的自然思考方式，每一种进入大脑的资料，不论是感觉、记忆或是想法——包括文字、数字、符码、香气、食物、线条、颜色、意象、节奏、音符等，都可以成为一个思考中心，并由此中心向外发散出成千上万的关节点，每一个关节点代表与中心主题的一个联结，而每一个联结又可以成为另一个中心主题，再向外发散出成千上万的关节点，呈现出放射性立体结构，而这些关节的联结可以被视为你的记忆，也就是你的个人数据库。

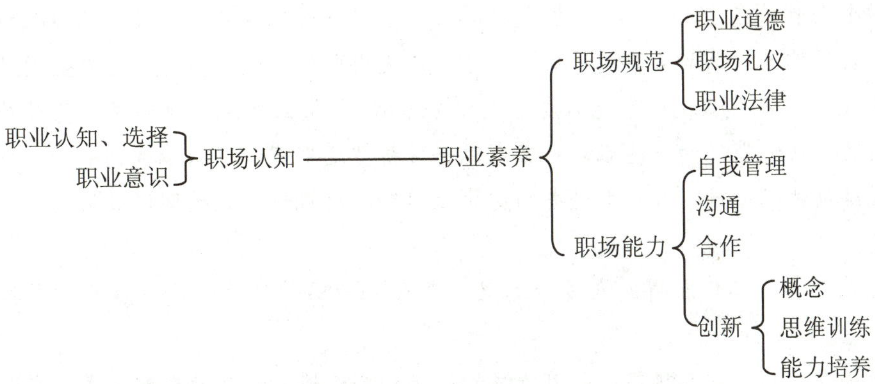

图 9-1 思维导图

想一想

1. 从现在开始到准备简历找工作，你打算如何度过？
2. 请根据思维导图模式，试着设计一幅大学生涯管理图。

第三节　创新能力培养

处处是创造之地，天天是创造之时，人人是创造之人。

——陶行知

引导案例

“专利兄弟”3 年获 23 项专利　有梦就去创造

安徽理工大学有一对大学生兄弟，在老师的指导下捣鼓发明创造，3 年时间获得 23 项专利。他们说，有想法、有坚持，才能圆梦。

一提到雷管，大家都知道它是高危险品，一般人避之唯恐不及。但是在安徽理工大学，一对大学生兄弟偏偏就喜欢捣鼓雷管，在他们从 2011 年开始接连获得的 23 项专利中，大部分都与雷管有关。

这对“专利兄弟”来自宿州。哥哥叫祝云辉，1989 年出生，学的是弹药工程与爆炸技术专业。弟弟叫祝二辉，1991 年出生，学的是应用化学专业。

“都是农村孩子，能考上大学，就不错了，一开始根本不知道什么叫专利。”祝云辉说，上大学后，他跟随老师做课题。大二那年，在老师的指导下申请国家专利。“第一个专利是在 2011 年 11 月份获批的，和弟弟一起完成的，很兴奋。”祝云辉说。

“雷管作为炸药的主要引爆装置，已经应用得非常广泛。但雷管的安全问题一直备受关注，一不小心就有可能引发重大安全事故。”祝云辉说，他们发明的多种新型雷管解决了传统雷管的一些难题。其中，一种新型延期雷管可以精确到毫秒，并采用非金属延期体的设计，解决了过去的雷管使用铅芯延期体存在的环保效果差、成本高的问题。

此外，在兄弟俩获得的众多专利里，还有会“唱歌”的电脑散热器、卡扣式纱窗等。

他俩设计的电脑散热器，采用传统的风扇和制冷器相结合的散热方式。在温度不高的时候，该散热器可以用风扇散热，温度较高时通过制冷器散热。而且，散热器前端安装有微型音响，除了能够散热还具有音响效果，实现了散热器功能的多样化。

“现在大家看到的纱窗，纱和窗都是联系在一起的。但我们这种卡扣式纱窗，纱和窗相互独立。纱可以拿下来，不仅方便清洗还能更换图案、颜色。这种纱窗除了可以防蚊虫，还具有装饰效果。”祝云辉说。

仅 3 年时间，兄弟俩就获得了 23 项专利。这里面到底有什么奥秘？祝云辉笑了笑说：“学校和老师鼓励年轻人有想法，给了我们很大帮助。兴趣是最好的老师，坚持才能圆梦。”

创新能力的培养是一个日益受到人们普遍重视的问题。早在 20 世纪 50 年代，美国就开始致力于创造性人才的培养工作，着眼国民素质，进行教育改革，突出技术教育，以提高国家的技术创新能力和竞争能力。半个多世纪过去了，创新能力培养依然是教育重点。美国总统奥巴马就这样说道：“如果我们不在‘创新’上投资，不鼓励创新，那么美国就不可能担当起世界发展、全球进步的历史重任。”而在中国，我们也充分认识到“要加快知识创新，加快高新技术产业化，关键在人才，必须有一批又一批的优秀人才脱颖而出”。培养、提高大学生创新能力，已成为当前高校教育工作的首要任务。

一、基本原则

培养大学生创新能力涉及到价值取向、教育改革、物质保障、社会机制及人文环境等方面，在具体的培养过程中，应遵循四条基本原则：

（一）个性化原则

每个人都是一个特殊的不同于他人的现实存在，没有个性，就没有创造。因此，培养大学生创新能力必须遵循个性化原则，因材施教，激发学生的主动性和独创性，培养其自主的意识、独立的人格和批判的精神。确立教育的个性化原则，首先要从“将全面发展与个性发展对立起来”的误区中解放出来，正确理解马克思关于全面发展的理论。其次要鼓励他们大胆质疑、逢事多问几个“为什么”“怎么样”、自己拿主意、自己做决定、不依附、不盲从，引导和保护他们的好奇心、自信心、想象力和表达欲，使他们逐步养成自主、进取、勇敢和独立的人格。再者就是要因材施教。教师要针对人的能力、性格、志趣等具体情况施行不同的教育，激发学生的求知欲和创造欲，在所有的环节中把批判能力、创新性思维和多样性教给学生，培养学生的创新精神。

（二）系统性原则

所谓系统是由相互联系、相互作用的若干要素，以一定结构组成的、具有一定整体功能的有机整体。根据一般系统论原理，一方面，培养创新能力是一个包括培养创新意识、创新精神、创新思维、创新方法等诸要素的有机整体，绝不能割裂开来；另一方面，培养创新能力，是一项庞大的社会系统工程，需要政府、学校、家庭、社会各方面的共同参与，不能再搞封闭式的教育。

（三）实践性原则

实践是人所特有的对象性活动，是人类的存在方式。培养创新能力，无论是培养的目的、途径，还是最终结果，都离不开实践。遵循实践性原则，就是坚持马克思主义的教育观和人才观，坚持创新是一种创造性的实践，坚持以实践作为检验和评价大学生创新能力的唯一标准。

（四）协作性原则

所谓协作是指由若干人或若干单位共同配合完成某一任务。创新能力不只是跟智力因素有关，非智力因素也在很大程度上影响着创造潜能的发挥。个性品质中的协作特征就是这样一种因素。所以，我们要培养学生乐观、豁达、开朗的性格，让他们学会与人相处、关心他人。还要多让他们参加各种各样的集体活动，学会在一个有竞争的集体中进行工作，学会在与人的合作中进行创造。

二、培养方法

只要采取合适的方法，大学生的创新能力是可以大幅度提高的。在遵循四个基本原则的基础上，可以从五个方面加强对大学生创新能力的培养。

（一）尊重学生的个性发展与创造精神

学生不是消极的被管理对象，更不是知识灌输的容器，如果给予机会，他们每个人都将是具有创造潜能的主体、具有丰富个性的主体。因此，学校要重视学生的个性差异，注重学生的个性发展。为此，学校应该改革传统的教育教学管理体制。目前一些改革试点实行的学习过程多元化的管理模式，允许大学未毕业的学生进行自主创业，为他们保留一定时间的学籍，这都是为了激励那些敢于创新的学生脱颖而出。

（二）营造校园创新环境与创新氛围

学校创新环境的建设是创新人才培养的必要条件。学校应该充分利用第二课堂，定期举办各种学术讲座、学术沙龙和大学生科技报告会，出版大学生论文集，鼓励学生积极参加学术活动、对于不同领域的知识有一个大体的涉猎、进行不同学科之间的交流，从而学习他人如何创造性地解决问题的思维和方法，以强化创新意识；鼓励学生大胆创新，可以让他们参加教师的科研课题，也可以由学生自拟题目，并选派教师指导，并对学生的科研课题进行定期检查和鉴定，这样可以培养学生的毅力和责任心，拓展学生的视野，有效发挥他们的创造才能；建立激励竞争机制，举办各种形式的竞赛活动，对在创新方面成绩突出的学生进行表彰和奖励，对获得国家级或省（部）级创新成果的学生，应按相关规定给予多方照顾或优待。

（三）构建合理的课程体系、开设专门的创新课程

创造能力的基础在于丰富的知识储备和良好的素质，仅仅掌握单一的专业知识是不够的。因此，加强学生基础教育、为创新能力提供一个比较宽厚的知识基础以及培养和发展学生包括观察力、记忆力、想象力、思维力、注意力在内的综合智力就显得非常重要。大学教育中要注重文、理渗透，适当增加科技教育和艺术教育，改变专业划分过细、学生知识面狭窄的现状，使课程之间互相渗透，打破明显的课程界限；要增加选修课的比重，允许学生跨系、跨专业选修课程，使学生依托一个专业，着眼于综合性较强的跨学科训练；要开设创新课程，从某一学科，如思维科学或心理学、方法论的角度，来探讨创造性思维的问题并使学生掌握有关创新方法；同时有意识地给学生布置一些综合性大作业或小论文，对学生进行一些科研创新的基本训练，再加以必要的教师指导和辅导，使学生初步掌握科研创新的方法和途径。

小贴士

创新技法之和田十二法

和田十二法，又叫“和田创新法则”（和田创新十二法），即指人们在观察、认识一个事物时，可以考虑是否可以：

（1）加一加：加高、加厚、加多、组合等。

（2）减一减：减轻、减少、省略等。

（3）扩一扩：放大、扩大、提高功效等。

（4）变一变：变形状、变颜色、变气味、变音响、变次序等。

（5）改一改：改缺点、改不便、改不足之处。

（6）缩一缩：压缩、缩小、微型化。

（7）联一联：原因和结果有何联系、把某些东西联系起来。

（8）学一学：模仿形状、结构、方法，学习先进。

（9）代一代：用别的材料代替、用别的方法代替。

（10）搬一搬：移作他用。

（11）反一反：能否颠倒一下。

（12）定一定：定个界限、标准，能提高工作效率。

简单的十二个字“加”“减”“扩”“缩”“变”“改”“联”“学”“代”“搬”“反”“定”，概括了解决发明问题的12条思路。如果按这十二个“一”的顺序进

行核对和思考，就能从中得到启发，诱发人们的创造性设想。因此，和田十二法是一种打开人们创造思路、从而获得创造性设想的“思路提示法”。

（四）改进教学方法、转变培养模式

兴趣是最好的老师。学生如果对所学知识产生了研究创新的浓厚兴趣，他们就会产生强烈的求知欲，就会如饥似渴地去学习和钻研。因此，教师在课堂教学中首先要解决的问题就是如何调动和激发学生对科研创新的兴趣。这就需要教师把过去以“教师单方面讲授”为主的教学方式转变为“启发学生对知识的主动追求”上来，充分调动学生学习的自觉性和积极性。在教学方式上，根据“可接受原则”，教师应该选择真正适合大学生的教材，着重培养学生获取、运用、创造知识的意识和能力，努力挖掘每一个学生的潜力，培养学生的创新意识，激发学生的创造积极性。

（五）改进考试方式

考试不仅要考查学生对知识的掌握，更要考查学生创造性地分析问题、解决问题的能力，以此培养学生的创新意识和创新能力。因此，在考试方式上，我们可以进行适量的开卷考试，并允许学生发表不同的见解，对那些有创造性见解的答卷要给予鼓励，力争把学生的精力引导到对问题的分析和解决上来。而在考试内容方面，我们要尽量减少试卷中有关基本知识和基本理论方面需要死记硬背的内容，尽可能地安排一些没有统一标准答案、需要学生经过充分而深入地思考才能够做出解答的探讨性问题，或是安排一些综合性较强、需要学生运用所学知识经过反复、仔细地分析思考才能做出回答的问题。这样的考试才有利于培养学生的创造性思维和创造能力，并对他们起到一种重要的导向作用。

国际竞争力的提高迫切需要作为综合国力重要方面的国民素质的提高，而国民素质的提高则迫切需要创新精神和创新能力的提高。因此，即将踏入社会，成为未来主人的大学生应该充分利用大学学习资源，在认真完成相关课程之余，积极参与第二课堂学习，参加社团活动、校内外竞赛，努力培养以怀疑精神、开拓精神和求实精神为主体的创新精神，丰富知识储备，加强综合智力开发，提高自己的创新意识和创新能力，成为高层次、高素质的创造性人才，为祖国的发展奋斗拼搏。

实践环节设计

“废物利用”设计比赛

通过发掘和利用是可以变废为宝的。这样不但可以节省资源，还可以保护环境。请利用身边的废旧物品，将它（们）重新变成有实用价值的物品。

本章小结

这些年来，随着市场经济化和世界经济一体化的逐步发展，大学生就业出现了深刻地变化。相当一部分的大学生在“以市场为导向”进行自主择业时表现出创业能力不足。从工作经验来讲，大学生普遍是从学校进入社会，根本谈不上什么工作经验。不过，从实际的应聘过程来看，大学生在校期间的社会实践、创业活动特别是科技创新的活动对于应聘成功具有积极作用。一方面是用人单位非常重视大学生的创新能力，另一方面则是相当一部分的大学毕业生创新能力不足从而造成求职困难。

加强对大学生创新意识和创新能力的培养，已成为当前推进素质教育的重要课题。我们的目标是培养高素质、创新型的大学生，因此，必须对我们的学生进行创新教育，引导他们训练创新思维、提高创新能力。

问题与思考

1．什么是创新？什么是创新能力？
2．创新能力的特征是什么？
3．创新思维有哪些？
4．请说说你对思维导图的了解。
5．我们应该如何培养创新能力？

附录一　评估你的技能

在下列选项中，在你喜欢使用的技能前画“+”，在你擅长的技能前画“ √ ”。在你从未使用过的技能前画“〇”，最后，在你想要得到并发展的技能前画“×”。在素质一栏下，选出所有你认为适合你的词汇。

完成所有步骤后，再看一下打“ √ ”和画“ × ”的选项，这些是你偏爱的技能。它们代表了你有这方面的优势或你对这方面最感兴趣。

【文书技能】

（　）检验	（　）评估	（　）整理文件	（　）发展	（　）提高
（　）记录	（　）校对	（　）计算机应用	（　）介绍	（　）跟从
（　）记账	（　）打字	（　）誊写	（　）索引	（　）安排
（　）制表	（　）影印	（　）系统化	（　）合作	（　）分类
（　）补偿	（　）组织	（　）人事管理	（　）采购	（　）解决问题

【技术技能】

（　）财务	（　）评估	（　）计算	（　）调整	（　）校准
（　）观察	（　）核查	（　）制图	（　）设计	（　）编档
（　）检验	（　）调整	（　）处理问题	（　）创造	（　）细化
（　）重组	（　）回顾	（　）校正	（　）合成	（　）结构化
（　）解决	（　）精炼	（　）修订	（　）规格化	

【人际关系技能】

（　）计划	（　）实施	（　）通知	（　）咨询	（　）写作
（　）研究	（　）代表	（　）协商	（　）合作	（　）交流
（　）促进	（　）说服	（　）托管	（　）娱乐	（　）调停
（　）表演	（　）签署	（　）招聘	（　）演示	（　）创造
（　）处理问题				

【销售技能】

（　）联络	（　）劝告	（　）回顾	（　）检查	（　）通知
（　）促进	（　）定位	（　）影响	（　）说服	（　）对比
（　）区分	（　）代表	（　）询问	（　）结账	（　）成本计算
（　）协商	（　）交流	（　）计算	（　）建议	（　）承包
（　）介绍	（　）解决问题			

【维护技能】

( )操作	( )修理	( )维护	( )拆卸	( )调整
( )清洁	( )采购	( )攀爬	( )起重	( )装配
( )估算	( )发明	( )日程安排	( )演示	( )评估
( )检查	( )解决问题			

【管理技能】

( )计划	( )组织	( )日程安排	( )分配	( )通知委派
( )指导	( )雇佣	( )测量	( )管理	( )指挥
( )控制	( )授权	( )合作组合	( )启动	( )制定
( )监控	( )赞助	( )建模	( )支持	( )协商
( )构思	( )团队组建	( )决策制定	( )解决问题	

【沟通技能】

( )推理	( )组织	( )定义	( )书写	( )倾听
( )阐述	( )口译	( )阅读	( )谈论	( )编辑
( )指导	( )面试	( )合作	( )陈述	( )制定
( )提议	( )合成	( )整合	( )联络	( )汇总
( )表达	( )翻译	( )解决问题		

【财务技能】

( )计算	( )设计	( )预算	( )识别	( )会计
( )加工	( )检查	( )关联	( )成本计算	( )预告
( )对比	( )编写	( )影响	( )验证	
( )计算机应用	( )解决问题			

【手工技能】

( )操作	( )监控	( )控制	( )设定	( )驾驶
( )剪裁	( )组装	( )制图	( )绘画	( )检验
( )编程	( )制表	( )构建	( )创造	( )修理
( )解决问题				

【服务技能】

( )咨询	( )引导	( )领导	( )倾听	( )合作
( )授课	( )答复	( )协调	( )促进	( )监控
( )倾听	( )阐述	( )说服	( )评估	( )总结
( )计划	( )校正	( )调停	( )鼓励	( )签订合约
( )演示	( )解决问题			

【个人素质】

（ ）适应力	（ ）好奇	（ ）进取	（ ）警惕性	（ ）雄心壮志
（ ）平衡	（ ）有才华	（ ）自信	（ ）认真	（ ）创造力
（ ）合作	（ ）正直	（ ）可靠	（ ）有决心	（ ）谨慎
（ ）有策略	（ ）支配力	（ ）高效	（ ）事业心	（ ）活力
（ ）热心	（ ）灵活	（ ）坚强	（ ）直率	（ ）理想
（ ）策划	（ ）创新	（ ）逻辑	（ ）有方法	（ ）忠诚
（ ）客观	（ ）乐观	（ ）耐心	（ ）持久	（ ）有组织性
（ ）现实	（ ）精确	（ ）安静	（ ）可信赖	（ ）机智
（ ）实事求是	（ ）顽强	（ ）自觉	（ ）敏感	（ ）严肃
（ ）真诚	（ ）敢于冒险	（ ）老练	（ ）多才多艺	

附录二　价值观测试

一、你可以通过下面的工作描述来测试你的价值观

以下测试列出了你在招聘公告栏中会看到的 15 个工作描述，从中选出你最感兴趣的三份职业，然后列出它们最吸引你的原因。

（1）这是一个帮助别人的工作。以有意义的方式与公众打交道、帮助他人，从而使世界更美好，薪酬和福利与经验相匹配。

（2）做自己的事！这是一份处理抽象概念、富有创意的工作。无论是独立做事还是团队合作，都可以标新立异，是享受弹性工作制。

（3）你想寻找需要有责任心的职位吗？行政助理就是这样的职位。依据职位进行教育和培训，根据经验和积极性定酬，工作福利包括工资薪酬和表彰奖励。

（4）这是一个有固定年薪，并且安全稳定的公司职位。一般职位的最低学历要求是高中毕业。薪酬高一些的职位要求有大学教育或职业培训经历。保证逐年加薪以及良好的退休待遇。

（5）你正在寻找能够激发智力的、需要研究、思考和解决问题的工作吗？你喜欢与理论概念打交道吗？这样的工作需要不断更新信息和处理新思维的能力，这是一个给富有创意、聪明过人的求职者的机会。

（6）我们正在寻找一位不平凡的人！这项工作适于敢于冒险，大胆的人。这项工作需要你具有处理惊险任务的能力，所以优异健康的体魄是必要的。还有，你必须愿意旅行。

（7）你正在寻找一个理想的工作场所吗？想要一个善良友好、轻松愉快的气氛吗？这是一个与你喜欢的人打交道的工作机会，还有一点很重要，就是他们也很喜欢你。每位同事都是与你意气相投的朋友，工资和福利取决于你的培训和经验。

（8）在一个成立不久并快速发展的公司工作。在这里，你有很大的晋升机会，虽然起薪低，但你只要合格，就有可能迅速晋升为中层管理人员。到了这个职位，你就会有更多进一步发展的机会和空间，唯一能限制你的是你自己的能力和主动性。薪酬及福利随着你的职位晋升不断增长。

（9）自主创业，工作条件自主决定，工作时间灵活自如。你可以选择你自己的团队也可以独自工作。工资完全根据你投入的精力而定。

（10）从底层做起，不断升职，最终你有可能成为公司的总裁。你应该有边工作边学习的能力。根据你的工作质量和生产率，你将会迅速得到升迁，而且由于出色的工作，你

会得到重用，工资根据你的升迁速度而递增。

（11）你喜欢指挥和领导别人吗？这项工作需要你管理员工、维持生产、协调团队、指导及评估工作。工作职责中也包括雇佣和解雇人员。

（12）这是获得高收入的绝佳机会！工资、开支账户、股票期权、支付额外工作的收入、年终奖金等所有福利由公司支付。这是一份高回报的工作。

（13）你是否厌倦了沉闷的循规蹈矩的工作？在这里，你可以尝试许多新任务、结识许多新朋友。在不同的情形下工作，你可以成为一名万事通。

（14）你想放弃办公室的工作吗？这项工作需要轻松活泼的运动，适合那些享受体能训练的活跃人士。

（15）你拥有在工作的所有阶段充分表达自己信念的机会。你能把自己的生活方式融入其中。

列出三个工作描述，写出每一个工作最吸引你的原因。然后看看它们分别代表了什么样的工作？

二、价值观测试答案

工作编号	价值观	职位名称（举例）
1	帮助别人	社会工作者、教师、辅导员、教练
2	创新	作家、艺术家、平面设计师、动画师、设计师
3	社会威望	执行官、政治家、医生、警察、律师
4	安全感	教育工作者、政府官员、行政助理
5	智慧	研究员、数学家、科学家
6	冒险	考古学家、消防员、私家侦探
7	人际关系	教育家、导游、公关
8	提升	经理、工程师
9	独立	景观艺术家、合同工人、顾问、企业家
10	生产力	销售代表、职员、记录员、飞行员
11	权势	经理、团队领导、公司总裁、教练
12	经济报酬	股票经纪人、会计师、房地产开发商
13	多样化	电工、水管工、律师、自由编辑
14	体力活动	体能教练、体育老师、建筑工人、公园管理员
15	生活方式	指导顾问、咨询师

附录三　MBTI 性格测试题

本测试分为四部分，共 93 题。所有题目没有对错之分，请根据自己的实际情况回答。将你选择的 A 或 B 所对应的○涂黑，如●。

只要你认真、真实地填写了测试问卷，那么通常情况下你都能得到一个确实和你相匹配的性格类型。希望你能从中或多或少地获得一些有益的信息。

一、哪一个答案最能贴切的描绘你一般的感受或行为？

序号	问题描述	选项	E	I	S	N	T	F	J	P
1	当你要外出一整天，你会 A 计划你要做什么和在什么时候做； B 说去就去	A							○	
		B								○
2	你认为自己是一个 A 较为随兴所至的人；B 较为有条理的人	A								○
		B							○	
3	假如你是一位老师，你会选教 A 以事实为主的课程；B 涉及理论的课程	A			○					
		B				○				
4	你通常 A 与人容易混熟；B 比较沉静或矜持	A	○							
		B		○						
5	一般来说，你和哪些人比较合得来？ A 富于想象力的人；B 现实的人	A				○				
		B			○					
6	你是否经常让 A 你的情感支配的理智；B 你的理智主宰你的情感	A								
		B					○	○		
7	处理许多事情时，你会喜欢 A 凭兴所至行事；B 按照计划行事	A								○
		B							○	
8	你是否 A 容易让人了解；B 难于让人了解	A	○							
		B		○						
9	按照程序表做事 A 合你心意；B 令你感到束缚	A							○	
		B								○
10	当你有一个特别的任务，你会喜欢 A 开始前小心组织计划；B 边做边想需做什么	A							○	
		B								○
11	在大多数情况下，你会选择 A 顺其自然；B 按程序表做事	A								○
		B							○	

续表

序号	问题描述	选项	E	I	S	N	T	F	J	P
12	大多数人会说你是一个 A 重视自我隐私的人；B 非常坦率开放的人	A B	 ○	○ 						
13	你宁愿被人认为是一个 A 实事求是的人；B 机灵的人	A B			○ 	 ○				
14	在一大群人当中，通常是 A 你介绍大家认识；B 别人介绍你	A B	○ 	 ○						
15	你会跟哪些人做朋友？ A 常提出新主意的；B 脚踏实地的	A B			 ○	○ 				
16	你倾向 A 重视感情多于逻辑；B 重视逻辑多于感情	A B						○ 		
17	你比较喜欢 A 坐观事情发展再做计划；B 很早就做计划	A B							 ○	○
18	你喜欢花很多的时间 A 一个人独处；B 和别人在一起	A B	 ○	○ 						
19	与很多人一起会 A 令你活力倍增；B 常常令你心力交瘁	A B	○ 	 ○						
20	你比较喜欢 A 很早便把约会、社交聚集等事情安排妥当； B 无拘无束，看当时有什么好玩就做什么	A B							○ 	 ○
21	计划一个旅程时，你比较喜欢 A 大部分的时间都是凭当天的感觉行事； B 事先知道大部分的日子会做什么	A B							 ○	○
22	在社交聚会中，你 A 有时感到郁闷；B 常常乐在其中	A B	 ○	○ 						
23	你通常 A 和别人容易混熟；B 趋向自处一隅	A B	○ 	 ○						
24	哪些人会更吸引你？ A 思维敏捷、非常聪颖的人； B 实事求是、具有丰富常识的人	A B			 ○	○ 				
25	在日常工作中，你会 A 颇为喜欢处理迫使你分秒必争的突发事件； B 通常预先计划，以免要在压力下工作	A B							 ○	○
26	你认为别人一般 A 要花很长时间才认识你； B 用很短的时间便认识你	A B	 ○	○ 						

二、在下列每一对词语中，哪一个词语更合你心意？请仔细想想这些词语的意义，而不要理会他们的字形或读音。

序号	问题描述		选项	E	I	S	N	T	F	J	P
27	A 注重隐私	B 坦率开放	A		○						
			B	○							
28	A 预先安排的	B 无计划的	A							○	
			B								○
29	A 抽象	B 具体	A				○				
			B			○					
30	A 温柔	B 坚定	A						○		
			B					○			
31	A 思考	B 感受	A					○			
			B						○		
32	A 事实	B 意念	A			○					
			B				○				
33	A 冲动	B 决定	A								○
			B							○	
34	A 热情	B 文静	A	○							
			B		○						
35	A 文静	B 外向	A		○						
			B	○							
36	A 有系统	B 随意	A							○	
			B								○
37	A 理论	B 肯定	A				○				
			B			○					
38	A 敏感	B 公正	A						○		
			B					○			
39	A 令人信服的	B 感人的	A					○			
			B						○		
40	A 声明	B 概念	A			○					
			B				○				
41	A 不受约束	B 预先安排	A								○
			B							○	
42	A 矜持	B 健谈	A		○						
			B	○							
43	A 有条不紊	B 不拘小节	A							○	
			B								○

续表

序号	问题描述		选项	E	I	S	N	T	F	J	P
44	A 意念	B 实况	A				○				
			B			○					
45	A 同情怜悯	B 远见	A						○		
			B					○			
46	A 利益	B 祝福	A					○			
			B						○		
47	A 务实的	B 理论的	A			○					
			B				○				
48	A 朋友不多	B 朋友众多	A		○						
			B	○							
49	A 有系统	B 即兴	A							○	
			B								○
50	A 富有想象的	B 以事论事	A				○				
			B			○					
51	A 亲切的	B 客观的	A						○		
			B					○			
52	A 客观的	B 热情的	A					○			
			B								
53	A 建造	B 发明	A			○					
			B				○				
54	A 文静	B 合群	A		○						
			B	○							
55	A 理论	B 事实	A				○				
			B			○					
56	A 富有同情心	B 合逻辑	A						○		
			B					○			
57	A 具有分析力	B 多愁善感	A					○			
			B						○		
58	A 合情合理	B 令人着迷	A			○					
			B				○				

三、哪一个答案最能贴切地描绘你一般的感受或行为

序号	问题描述	选项	E	I	S	N	T	E	J	P
59	当你要在一个星期内完成一个大项目时，你在开始的时候会 A 把要做的不同工作依次列出；B 马上动工	A B							○ 	 ○
60	在社交场合中，你经常会感到 A 与某些人很难打开话匣并保持对话； B 与多数人都能从容地长谈	A B	 ○	○ 						
61	要做许多人也做的事，你比较喜欢 A 按照一般认可的方法去做； B 构想一个自己的想法	A B			○ 	 ○				
62	你刚认识的朋友能否说出你的兴趣？ A 马上可以； B 要待他们真正了解你之后才可以	A B	○ 	 ○						
63	你通常比较喜欢的科目是 A 讲授概念和原则的；B 讲授事实和数据的	A B			 ○	○ 				
64	哪个是较高的赞誉？ A 一贯感性的人；B 一贯理性的人	A B					 ○	○ 		
65	你认为按照程序表做事 A 有时是需要的，但一般来说你不大喜欢这样做； B 大多数情况下是有帮助的而且是你喜欢做的	A B							 ○	○
66	和一群人在一起，你通常会选 A 跟你很熟悉的个别人谈话； B 参与大伙的谈话	A B	 ○	○ 						
67	在社交聚会上，你会 A 是说话很多的一个；B 让别人多说话	A B	○ 	 ○						
68	把周末期间要完成的事列成清单，这个主意会 A 合你意；B 使你提不起劲	A B							○ 	 ○
69	哪个是较高的赞誉？ A 能干的；B 富有同情心	A B					○ 	 ○		
70	你通常喜欢 A 事先安排你的社交约会；B 随兴之所至做事	A B							○ 	 ○
71	总的说来，要做一个大型作业时，你会选择 A 边做边想该做什么；B 首先把工作按步细分	A B							 ○	○
72	你能否滔滔不绝地与人聊天？ A 只限于跟你有共同兴趣的人； B 几乎跟任何人都可以	A B	 ○	○ 						

续表

序号	问题描述	选项	E	I	S	N	T	E	J	P
73	你会 A 跟随一些证明有效的方法； B 分析还有什么问题、针对尚未解决的难题	A B			○ 	 ○				
74	为乐趣而阅读时，你会 A 喜欢奇特或创新的表达方式； B 喜欢作者直话直说	A B			 ○	○ 				
75	你宁愿替哪一类上司（或者老师）工作？ A 天性淳良，但常常前后不一的； B 言辞尖锐但永远合乎逻辑的	A B				 ○	○ 			
76	你做事多数是 A 按当天心情去做；B 照拟好的程序表去做	A B							 ○	○
77	你 A 可以和任何人按需求从容地交谈； B 只是对某些人或在某种情况下才可以畅所欲言	A B	○ 	 ○						
78	要做决定时，你认为比较重要的是 A 据事实衡量；B 考虑他人的感受和意见	A B					○ 	 ○		

四、在下列每一对词语中，哪一个词语更合你心意？

序号	问题描述		选项	E	I	S	N	T	F	J	P
79	A 想象的	B 真实的	A B			○	○				
80	A 仁慈慷慨的	B 意志坚定的	A B					 ○	○ 		
81	A 公正的	B 有关怀心的	A B					○ 	 ○		
82	A 制作	B 设计	A B			○ 	 ○				
83	A 可能性	B 必然性	A B			 ○	○ 				
84	A 温柔	B 力量	A B					 ○	○ 		
85	A 实际	B 多愁善感	A B					○ 	 ○		
86	A 制造	B 创造	A B			○ 	 ○				

续表

序号	问题描述		选项	E	I	S	N	T	F	J	P
87	A 新颖的	B 已知的	A				○				
			B			○					
88	A 同情	B 分析	A						○		
			B					○			
89	A 坚持己见	B 温柔有爱心	A					○			
			B						○		
90	A 具体的	B 抽象的	A			○					
			B				○				
91	A 全心投入的	B 有决心的	A						○		
			B					○			
92	A 能干	B 仁慈	A					○			
			B						○		
93	A 实际	B 创新	A			○					
			B				○				
每项总分											

五、评分规则

1．当你将●涂好后，把 8 项（E、I、S、N、T、F、J、P）分别加起来，并将总和填在每项最下方的方格内。

2．请复查你的计算是否准确，然后将各项总分填在下面对应的方格内。

外向　　E			I　　内向
实感　　S			N　　直觉
思考　　T			F　　情感
判断　　J			P　　认知

六、确定类型的规则

1．MBTI 以四个组别来评估你的性格类型倾向："E-I""S-N""T-F"和"J-P"。请你比较四个组别的得分。每个组别中，获得较高分数的那个类型，就是你的性格类型倾向。例如你的得分是：E（外向）12 分，I（内向）9 分，那你的类型倾向便是 E（外向）了。

2．如果一个组别中的两个类型得分相同，则依据下边的规则来决定你的类型倾向。

【同分处理规则】

假如　E=I　　请填上 I　　假如　S=N　　请填上 N

假如　T=F　　请填上 F　　假如　J=P　　请填上 P

七、性格与职业对照表

性格	职业
ENTP（外向、直觉、思维、知觉）	人事系统开发人员、投资经纪人、金融规划师、投资银行职员、营销策划人员
ENFP（外向、直觉、情感、知觉）	营销经理、战略规划人员、宣传人员、环保律师、广告撰稿员、播音员
ENTJ（外向、直觉、思维、判断）	人事/销售经理、程序设计员、技术培训人员、国际销售经理
ENFJ（外向、直觉、情感、判断）	销售经理、程序设计员、生态旅游专家、作家、记者、广告客户经理
ESTJ（外向、实感、思维、判断）	银行官员、项目经理、数据库经理、信息总监、证券经纪人、电脑分析人员
ESFJ（外向、实感、情感、判断）	个人银行业务员、销售代表、人力资源顾问、营销经理、信贷顾问
ESFP（外向、实感、情感、知觉）	公关人士、团队培训人员、旅游项目经营者、表演人员、保险代理人、融资者
ESTP（外向、实感、思维、知觉）	企业家、个人理财专家、证券经纪人、银行职员、预算分析师
INTP（内向、直觉、思维、知觉）	电脑软件设计师、金融规划师、企业金融律师
INFJ（内向、直觉、情感、判断）	人才资源经理、营销人员、编辑、艺术指导
INFP（内向、直觉、情感、知觉）	人力资源开发专员、记者、艺术指导
INTJ（内向、直觉、思维、判断）	国际银行业务员、金融规划师、信息系统开发商
ISTJ（内向、实感、思维、判断）	审计员、预算分析员、计算机程序员、会计
ISFJ（内向、实感、情感、判断）	人事管理人员、电脑操作员、房地产代理、室内装潢师
ISTP（内向、实感、思维、知觉）	证券分析员、银行职员、电子专业人士、软件开发商
ISFP（内向、实感、情感、知觉）	行政人员、室内/风景设计师、旅游销售经理

附录四　霍兰德职业适应性测试

一、你所感兴趣的活动

下面列举了各种活动，请就这些活动判断你的好恶。对于喜欢的活动，请在“是”栏里打“√”，对于不喜欢的活动，在“否”栏里打“×”，请按顺序回答全部问题。

活动性：你喜欢从事下列活动吗？

R：现实性活动	是	否
1．装配、修理电器或玩具		
2．修理自行车		
3．用木头做东西		
4．开汽车或摩托车		
5．用机器做东西		
6．参加木工技术学习班		
7．参加制图描图学习班		
8．驾驶卡车或拖拉机		
9．参加机械和电气学习班		
10．装配、修理机器		
统计“是”一栏得分，计______分。		
A：艺术型活动	是	否
1．素描/制图或绘画		
2．参加话剧或戏曲表演		
3．设计家具、布置室内		
4．练习乐器/参加乐队		
5．欣赏音乐或戏剧		
6．看小说/读剧本		
7．从事摄影创作		
8．写诗或吟诗		
9．参加艺术（美术/音乐）培训班		
10．练习书法		
统计“是”一栏得分，计______分。		

续表

I：调查型活动	是	否
1．读科技图书和杂志		
2．在试验室工作		
3．调查水果品种，培育新的水果		
4．调查了解土和金属等物质的成分		
5．研究自己选择的特殊的问题		
6．解算式或数学游戏		
7．上物理课		
8．上化学课		
9．上几何课		
10．上生物课		
统计“是”一栏得分，计______分。		
S：社会型活动	是	否
1．参加学校或单位组织的正式活动		
2．参加某个社会团体或俱乐部的活动		
3．帮助别人解决困难		
4．照顾儿童		
5．出席晚会、联欢会、茶话会		
6．和大家一起出去郊游		
7．想获得关于心理方面的知识		
8．参加讲座会或辩论会		
9．观看或参加体育比赛和运动会		
10．结交新朋友		
统计“是”一栏得分，计______分。		
E：企业型活动	是	否
1．说服、鼓动他人		
2．卖东西		
3．谈论政治		
4．制定计划，参加会议		
5．以自己的意志影响别人的行为		
6．在社会团体中担任职务		
7．检查与评价别人的工作		
8．结识名流		
9．指导有某种目标的团体		
10．参与政治活动		
统计“是”一栏得分，计______分。		

续表

E：常规型活动	是	否
1．整理好桌面和房间		
2．抄写文件和信件		
3．为领导写报告或公务信函		
4．核查个人收支情况		
5．参加打字培训班		
6．参加算盘、文秘等实务培训班		
7．参加商业会计培训班		
8．参加情报处理培训班		
9．整理信件、报告、记录等		
10．写商业贸易信		
统计“是”一栏得分，计______分。		

二、你所擅长或胜任的活动

下面列举了各种活动，若为你能做或大概能做的活动，请在“是”栏里打“√”，反之，在“否”栏里打“×”，请按顺序回答全部问题。

R：现实型能力	是	否
1．能使用电锯、电钻和锉刀等木工工具		
2．知道万用表的使用方法		
3．能够修理自行车或其他机械		
4．能够使用电钻床、磨木机或缝纫机		
5．能给家具和木制品刷漆		
6．能看建筑设计图		
7．能够修理简单的电气用品		
8．能修理家具		
9．能修理收音机、录音机		
10．能简单地修理水管		
统计“是”一栏得分，计______分。		
A：艺术型能力	是	否
1．能演奏乐器		
2．能参加三部或四部合唱		
3．能独唱或独奏		
4．能扮演剧中角色		
5．能创作简单的东西		
6．会跳舞		

续表

A：艺术型能力	是	否
7．会绘画、素描或书法		
8．能雕刻、剪纸或泥塑		
9．能设计海报、服装或家具		
10．写得一手好文章		
统计“是”一栏得分，计______分。		
I：调查型能力	**是**	**否**
1．懂得真空管或晶体管的作用		
2．能够列举三种含蛋白质多的食品		
3．理解铀的裂变		
4．能用计算尺、计算器、对数表		
5．会使用显微镜		
6．能找到三个星座		
7．能独立进行调查研究		
8．能解释简单的化学式		
9．理解人造卫星为什么不落地		
10．经常参加学术会议		
统计“是”一栏得分，计______分。		
S：社会型能力	**是**	**否**
1．有向各种人说明解释的能力		
2．常参加社会福利活动		
3．能和大家一起友好相处地工作		
4．善于与年长者相处		
5．会邀请人、招待人		
6．能简单易懂地教育儿童		
7．能安排会议等活动		
8．善于体察人心和帮助他人		
9．能帮助护理病人或伤员		
10．能安排社团组织的各种事务		
统计“是”一栏得分，计______分。		
E：企业型能力	**是**	**否**
1．担任过学生干部并做得不错		
2．工作上能指导和监督他人		
3．做事充满活力和热情		
4．有效地用自身的做法调动他人		

续表

E：企业型能力	是	否
5．具有较强的销售能力		
6．曾作为俱乐部或社团的负责人		
7．向领导提出建议或反映意见		
8．有开创事业的能力		
9．知道怎样成为一个优秀的领导者		
10．健谈善辩		
统计“是”一栏得分，计______分。		
E：常规型能力	是	否
1．会熟练地打印中文		
2．会用外文打印机或复印机		
3．能快速记笔记和抄写文章		
4．善于整理、保管文件和资料		
5．善于从事事务性的工作		
6．会用算盘		
7．能在短时间内分类和处理大量文件		
8．会使用计算机		
9．能搜集数据		
10．善于为自己或集体做财务预算表		
统计“是”一栏得分，计______分。		

三、你所喜欢的职业

下面列举了多种职业，如果是你有兴趣的工作，请在“是”栏里打“√”。如果是你不太喜欢、不关心的工作，请在“否”栏里打“×”，请按顺序回答全部问题。

R：现实型职业	是	否
1．飞机机械师		
2．野生动物专家		
3．汽车维修工		
4．木匠		
5．测量工程师		
6．无线电报务员		
7．园艺师		
8．长途汽车司机		
9．火车司机		

续表

R：现实型职业	是	否
10．电工		
统计"是"一栏得分，计______分。		
A：艺术型能力	是	否
1．乐队指挥		
2．演奏家		
3．作家		
4．摄影家		
5．记者		
6．画家、书法家		
7．歌唱家		
8．作曲家		
9．电影、电视演员		
10．节目主持人		
统计"是"一栏得分，计______分。		
I：调查型职业	是	否
1．气象学或天文学学者		
2．生物学学者		
3．医学实验室的技术人员		
4．人类学学者		
5．动物学学者		
6．化学学者		
7．数学学者		
8．科学杂志的编辑或作家		
9．地质学学者		
10．物理学学者		
统计"是"一栏得分，计______分。		
S：社会型职业	是	否
1．街道、工会或妇联干部		
2．小学、中学教师		
3．精神病医生		
4．婚姻介绍所的工作人员		
5．体育教练		
6．福利机构负责人		
7．心理咨询员		

续表

S：社会型职业	是	否
8. 共青团干部		
9. 导游		
10. 国家机关工作人员		
统计“是”一栏得分，计______分。		
E：企业型能力	是	否
1. 厂长		
2. 电视片编制人		
3. 公司经理		
4. 销售员		
5. 不动产推销员		
6. 广告部长		
7. 体育活动主办者		
8. 销售部长		
9. 个体工商业者		
10. 企业管理咨询人员		
统计“是”一栏得分，计______分。		
E：常规型能力	是	否
1. 会计师		
2. 银行出纳员		
3. 税收管理员		
4. 计算机操作员		
5. 簿记人员		
6. 成本核算员		
7. 文书档案管理员		
8. 打字员		
9. 法庭书记员		
10. 人口普查登记员		
统计“是”一栏得分，计______分。		

四、你的能力类型简评

下面这张表是你在 6 个职业能力方面的自我评分表。你可以先与同龄者比较出自己在每一方面的能力，然后经斟酌以后对自己的能力做评价。请在表中适当的数字上画圈。数字越大表示你的能力越强。

注意：请勿全部画同样的数字，因为人的每项能力不可能完全一样。

表 A

R 型	I 型	A 型	S 型	E 型	C 型
机械操作能力	科学研究能力	艺术创作能力	解释表达能力	商业洽谈能力	事务执行能力
7	7	7	7	7	7
6	6	6	6	6	6
5	5	5	5	5	5
4	4	4	4	4	4
3	3	3	3	3	3
2	2	2	2	2	2
1	1	1	1	1	1

表 B

R 型	I 型	A 型	S 型	E 型	C 型
体力技能	数学技能	音乐技能	交际技能	领导能力	办公技能
7	7	7	7	7	7
6	6	6	6	6	6
5	5	5	5	5	5
4	4	4	4	4	4
3	3	3	3	3	3
2	2	2	2	2	2
1	1	1	1	1	1

五、统计和确定你的职业倾向

请将第一至第四部分的全部测验分数按前面已统计好的 6 种职业倾向（R 型、I 型、A 型、S 型、E 型、C 型）得分填入下表，并做纵向累加。

	R 型	I 型	A 型	S 型	E 型	C 型
第一部分						
第二部分						
第三部分						
第四部分 A						
第四部分 B						
总　分						

请将上表中的 6 种职业倾向总分按大小顺序从左到右排列：____________。

你的职业倾向性得分：最高分（　　　　　），最低分（　　　　　）。

以上测验全部完毕后，将你测验得分居第一位的职业类型找出，对照下表，判断一下自己适合的职业种类。

职业兴趣代号	职业种类
R（现实型）	木匠、农民、操作 X 光的技师、工程师、飞机机械师、鱼类和野生动物专家、自动化技师、机械工（车工、钳工等）、电工、无线电报务员、火车司机、长途汽车司机、机械制图员、修理机器师、电器师
I（调查型）	气象学者、生物学者、天文学者、药剂师、动物学者、化学家、科学报刊编辑、地质学者、植物学者、物理学者、数学学者、实验员、科研人员、科技读物作者
A（艺术型）	室内装饰专家、图书管理专家、摄影师、音乐教师、作家、演员、记者、诗人、作曲家、编剧、雕刻家、漫画家
S（社会型）	社会学家、导游、福利机构工作者、咨询人员、社会工作者、社会科学教师、学校领导、精神病医生、公共保健护士
E（企业型）	推销员、进货员、商品批发员、旅馆经理、饭店经理、广告宣传员、调度员、律师、政治家、零售商
C（常规型）	记账员、会计、银行出纳、法庭速记员、成本估算员、税务员、核算员、办公室职员、统计员、计算机操作员、秘书

下面介绍与你 3 个职业兴趣类型的代号一致的职业表。对照的方法如下：首先根据你的职业兴趣代号，在下表中找出相应的职业，例如你的职业兴趣代号是 RIA，那么牙科技术员、陶工等是适合你的兴趣的职业。然后寻找与你职业兴趣代号相近的职业，例如你的职业兴趣代号是 RIAS，那么你可寻找凡包含 RIA 等编号相适应的职业，诸如 IRA、IAR、RAI、ARI 等编号所相应的职业，这些职业也较适合你的兴趣。

职业兴趣代号	职业种类
RIA	牙科技术员、陶工、建筑设计员、模型工、细木工、链条制作人员
RIS	厨师、服务员、跳水员、潜水员、染色员、电器修理人员、眼镜制作人员、电工、纺织机器装配工、报务员、玻璃安装人员、发电厂工人、焊接工
RIE	建筑和桥梁工程技术人员、环境工程技术人员、航空工程技术人员、公路工程技术人员、电力工程技术人员、信号工程技术人员、电话工程技术人员、一般机械工程技术人员、自动工程技术人员、矿业工程技术人员、海洋工程技术人员、交通工程技术人员、制图员、家政经济人员、打捞员、计量员、农民、农场机器操作工、清洁工、无线电修理工、汽车修理工、管子工、线路维修工、盖（修）房工、电子技术员、代木工、机械师、锻压操作工、造船装配工、工具仓库管理员
RIC	船上工作人员、接待员、杂志保管员、牙科医生的助手、制帽工、磨坊工、石匠、机器制造工、机车（火车头）制造工、农业机器装配工、鞋匠、锁匠、货物检验员、电梯维修工、托儿所所长、钢琴调音师、装配工、印刷工、建筑钢铁工人、卡车司机
RAI	手工雕刻工人、模型制作人员、家具木工、制作皮革品工人、手工绣花工人、手工钩针纺织工人、排字工人、印刷工人、图画雕刻工人、装订工
RSE	消防员、交通巡警、警官、门卫、理发师、房间清洁工、屠夫、锻工、开凿工人、管道安装工、出租车司机、货物搬运工、送报员、勘探员、娱乐场所的服务员、起重机操作工、灭害虫者、电梯操作工、厨房助手
RSI	纺织工、编织工、农业学校的教师、职业课程教师（如艺术、商业、技术、工艺课程）、雨衣上胶工人
REC	抄水表员、保姆、实验室动物饲养员、动物管理员

续表

职业兴趣代号	职业种类
REJ	轮船船长、航海领航员、大副、试管实验员
RES	旅馆服务员、家畜饲养员、渔民、渔网修补工、水手长、收割机操作工、搬行李工人、公园服务员、救生员、登山导游、火车工程技术员、建筑工人、铺轨工人
RCI	测量员、勘测员、仪器操作人员、农业工程技术员、化学工程技师、石油工程技师、资料室管理员、探矿工、煅烧工、烧窑工、矿工、保养工、车床工、取样工、样品检验员、纺纱工、炮手、绕筒子工、漂洗工、电焊工、锯木工、刨床工、制帽工、手工缝纫工、油漆工、染色工、按摩工、木匠、农民建筑工人、电影放映员、勘测员助手
RCS	公共汽车驾驶员、一等水手、游泳池服务员、裁缝、建筑工人、石匠、烟囱修建工、混凝土工、电话修理工、爆炸手、邮递员、矿工、裱糊工人、纺纱工
RCE	打井工、吊车驾驶员、农场工人、邮件分类员、铲车司机、拖拉机司机
IAS	普通经济学家、农场经济学家、财政经济学家、国际贸易经济学家、实验心理学家、工程心理学家、心理学家、哲学家、内科医生、数学家
IAR	人类学家、天文学家、化学家、物理学家、医学病理学家、动物标本制作者、化石修复者、艺术品管理员
ISE	营养学家、饮食顾问、火灾检查员、邮政服务检查员
ISC	侦察员、电视播音室修理员、电视修理服务员、验尸室人员、编目录者、医学实验室技师、调查研究者
ISR	水生生物学者、昆虫学家、微生物学家、配镜师、矫正视力者、细菌学家、牙科医生、骨科医生
ISA	实验心理学家、普通心理学家、发展心理学家、教育心理学家、社会心理学家、临床心理学家、目录学家、皮肤病学家、神经病学家、妇产科医生、眼科医生、五官科医生、医学实验室技术专家、民航医务人员、护士
IES	细菌学家、生理学家、化学专家、地质专家、地理物理学专家、纺织技术专家、医院药剂师、工业药剂师、药房营业员
IEC	质量检验技术员、地质学技师、工程师、法官、图书馆技术辅助员、计算机操作员、医院听诊员、家禽检查员
IRA	地理学家、地质学家、水文学家、矿物学家、古生物学家、石油专家、地震学者、声学物理学家、原子和分子物理学家、电学和磁学物理学家、气象学家、设计审核员、人口统计学家、数学统计学家、外科医生、城市规划家、气象员
IRS	流体物理学家、物理海洋学家、等离子体物理学家、农业科学家、动物学家、食品科学家、园艺学家、植物学家、细菌学家、解剖学家、动物病理学家、作物病理学家、药物学家、生物化学家、生物物理学家、细胞生物学家、临床化学家、遗会学家、分子生物学家、质量控制工工程师、地理学家、兽医、放射治疗技师
IRE	化验员、化学工程师、纺织工程师、食品技师、渔业技术专家、材料测试工程师、电气工程师、土木工程师、地质工程师、电力工程师、口腔科医生、牙科医生
IRC	飞机领航员、飞行员、物理实验室技师、文献检查员、农业技术专家、动植物技术专家、生物技师、油管检查员、工商业规划者、矿藏安全检查员、纺织品检验员、照相机修理者、工程技术员、计算机程序设计者、工具设计者、仪器维修工
CRI	簿记员、会计、计时员、铸造机操作工、打字员、按键操作工、复印机操作工

续表

职业兴趣代号	职业种类
CRS	仓库保管员、档案管理员、缝纫工、讲述员、收款人
CRE	标价员、实验室工作者、缝纫工、讲述员、收款人
CIS	记账员、顾客服务员、报刊发行员、土地测量员、保险公司职员、会计师、估价员、统计员、邮政检查员、外贸检查员
CIE	打字员、统计员、支票记录员、订货员、校对员、办公室工作人员
CIR	校对员、工程职员、海底电报员、检修计划员、发报员
CSE	接待员、通讯员、电话接线员、卖票员、旅馆服务员、私人职员、商学教师、旅游办事员
CSR	运货代理商、铁路职员、交通检查员、办公室通信员
CSI	簿记员、出纳员、银行财务职员
CSA	秘书、图书管理员、办公室办事员
CER	邮递员、数据处理员、航空邮件检查员
CEI	推销员、经济分析家
CES	银行会计、记账员、法人秘书、速记员、法院报告人
ECI	银行行长、审计员、信用管理员、地产管理员、商业管理员
ECS	信用办事员、保险人员、各类进货员、海关服务经理、售货员、购买员、会计
ERI	建筑物管理员、工业工程师、农场管理员、护士长、农业经营管理人员
ERS	仓库管理员、房屋管理员、货栈监督管理员
ERC	邮政局长、渔船船长、机械操作领班、木工领班、瓦工领班、驾驶员领班
EIR	科学、技术和有关出版物的管理员
EIC	专利代理人、鉴定人、运输服务员、检查员、安全检查员、废品收购人员
EIS	警官、侦察员、交通检查员、安全咨询员、合同管理者、商人
EAS	法官、律师、公证人
EAR	展览室管理员、舞台管理员、播音员、驯兽员
ESC	理发师、裁判员、政府行政管理员、财政管理员、工程管理员、职业病防治员、售货员、商业经理、办公室主任、人事负责人、调度员
ESR	家具售货员、书店售货员、公共汽车驾驶员、日用商店售货员、护士长、自然科学和工程的行政管理员
ESI	博物馆管理员、技术服务咨询员、饮食业经理、地区安全服务管理员、技术服务咨询者、超级市场管理员、零售商品店店员、批发商、出租汽车服务站调度员
ESA	博物院馆长、报刊管理员、音乐器材售货员、广告商、营业员、导游、(轮船或班机上的)事务长、飞机上的服务员、船员、法官、律师
ASE	戏剧导演、舞蹈教师、广告撰稿人、报刊专栏作者、记者、演员、翻译
ASI	音乐教师、乐器教师、美术教师、管弦乐指挥、合唱队指挥、歌星、演奏家、哲学家、作家、广告经理、时装模特
AER	新闻摄影师、电视摄像师、艺术指导、录音指导、丑角演员、魔术师、木偶戏演员

续表

职业兴趣代号	职业种类
AEI	音乐指挥、舞台指导、电影导演
AES	流行歌手、舞蹈演员、电影导演、广播节目主持人、舞蹈教师、口技表演者、喜剧演员、模特
AIS	画家、剧作家、编辑、评论家、时装艺术大师、新闻摄影师、演员、文学作者
AIE	工匠、皮衣设计师、工业产品设计师、剪影艺术家、复制雕刻品大师
AIR	建筑师、画家、摄影师、绘图员、环境美化工、雕刻家、包装设计师、陶器设计师、绣花工、漫画工
SEC	社会活动家、退伍军人服务管理员、工商会事务代表、教育咨询者、宿舍管理员、旅馆经理、饮食服务管理员
SER	体育教练、游泳指导
SEI	大学校长、学院院长、医院行政管理员、历史学家、家政经济学家、职业学校教师、资料员
SEA	娱乐活动管理员、国外服务办事员、社会服务助理、一般咨询者、宗教教育工作者
SCE	部长助理、福利机构职员、生产协调人、环境卫生管理人员、戏院经理、餐馆经理、售票员
SRI	外科医师助手、医院服务员
SRE	体育教师、职业病治疗者、体育教练，专业运动员、房管员、儿童家庭教师、警察、引座员、传达员、保姆
SRC	护理员、护理助理、医院勤杂工、理发师、学校儿童服务人员
SIA	社会学家、心理咨询者、学校心理学家、政治科学家、大学或学院的系主任、大学或学院的教育学教师、大学农业教师、大学工程和建筑课程的教师、大学法律教师、大学数学、医学、物理、社会科学和生命科学的教师、研究生助教、成人教育教师
SIE	营养学家、饮食学家、海关检查员、安全检查员、税务稽查员、校长
SIC	描图员、兽医助手、诊所助理、体检检查员、监督缓刑犯的工作者、娱乐指导者、咨询人员、社会科学教师
SER	理疗员、救护队工作人员、手足病医生、职业病治疗助手
SCA	理发师、指甲修剪师、包装艺术家、美容师、整容专家、发型设计师
SAE	听觉病治疗者、演讲矫正者
SAZ	图书馆管理员、小学教师、幼儿员教师、学前幼儿教师、中学教师、学校护士、牙科助理、飞行指导员

附录五　职场沟通能力测试

你的职场沟通能力如何？请回答下列问题，测试一下自己的沟通能力。

（1）在说明自己的重要观点时，别人却不想听你说，你会（　　）。

A．马上气愤地走开

B．不说了，但你可能会很生气

C．等等看还有没有说的机会

D．仔细分析对方不听的原因，找机会换个方式去说

（2）去与一个重要的客人见面，你会（　　）。

A．像平时一样随便穿着

B．只要穿得不太糟就可以了

C．换一件自己认为很合适的衣服

D．精心打扮一下

（3）与不同身份的人讲话，你会（　　）。

A．与身份低的人说话，你总是漫不经心

B．与身份高的人说话，你总是有点紧张

C．在不同的场合，你会用不同的态度与人讲话

D．不管什么场合，你都是以一样的态度与人讲话

（4）在与人沟通前，你认为比较重要的是应该了解对方的（　　）。

A．经济状况、社会地位

B．个人修养、能力水平

C．个人习惯、家庭背景

D．价值观念、心理特征

（5）去参加老同学的婚礼回来，你很高兴，而你的朋友对婚礼的情况很感兴趣，向你询问，这时你会（　　）。

A．详细叙述从你进门到离开时所看到和感觉到的事以及相关细节

B．说些自己认为重要的

C．朋友问什么就答什么

D．感觉很累了，没什么好说的

（6）你正在主持一个重要的会议，而你的一个下属却在玩他的手机并有声音干扰会议现场，这时你会（　　）。

A．幽默地劝告下属不要玩手机

B．严厉地叫下属不要玩手机

C．装着没看见，任其发展

D．给那位下属难堪，让其下不了台

（7）你正在跟老板汇报工作时，你的助理急匆匆跑过来说有你一个重要客户的长途电话，这时你会（　　）。

A．说你在开会，稍后再回电话

B．向老板请示后，去接电话

C．说你不在，叫助理问对方有什么事

D．不向老板请示，直接跑去接电话

（8）你的一位下属已经连续两天下午请了事假，第三天上午快下班的时候，他又拿着请假条过来说下午要请事假，这时你会（　　）。

A．详细询问对方因何要请假，视原因而定是否批假

B．告诉他今天下午有一个重要的会议，不能请假

C．很生气，什么都不说就批准他的请假

D．很生气，不理会他，不批假

（9）你刚应聘到一家公司就任部门经理，上班不久，你了解到本来公司中有几个同事想就任你的职位，老板不同意，才招聘了你。对这几位同事，你会（　　）。

A．主动认识他们，了解他们的长处，争取成为朋友

B．不理会这个问题，努力做好自己的工作

C．暗中打听他们，了解他们是否具有与你竞争的实力

D．暗中打听他们，并找机会为难他们

（10）在听别人讲话时，你总是会（　　）。

A．对别人的讲话表示兴趣，记住所讲的要点

B．请对方说出问题的重点

C．对方老是讲些没必要的话时，你会立即打断他

D．对方不知所云时，你就很烦躁，就去想或做别的事

评分方法：

1～4 题，选 A 得 1 分、B 得 2 分、C 得 3 分、D 得 4 分；其余各题，选 A 得 4 分、B 得 3 分、C 得 2 分、D 得 1 分；将 10 道检测题的得分相加，就是你的总分。

结果分析：

总分为 20 分以下，说明你的职场沟通能力较差，必须加强这方面的学习。但是，只

要学会控制自己的情绪，改掉一些不良习惯，你仍能获得他人的理解和支持。

总分为 21～30 分，说明你的职场沟通能力一般，你懂得尊重他人，有一定的自控能力和表达能力，并能实现一定的沟通效果。但是，你缺乏高超的沟通技巧和积极的主动性。因此，你仍需要继续学习和锻炼，不断提高自己。

总分为 31～40 分，说明你的职场沟通能力很强。你很稳重，能很好地控制自己的情绪，能从容明白地表达自己，有很高的沟通技巧和人际交往能力。

参考书目

1. ［美］黛安娜·苏柯尼卡，等：《职业规划攻略》，边珩译，化学工业出版社，2014 年。
2. 鲁宇红：《大学生职业生涯规划与就业指导》，东南大学出版社，2008 年。
3. 姚金凤：《大学生职业发展与就业》，苏州大学出版社，2011 年。
4. 仇洪博：《优秀员工的行为准则》，中国商业出版社，2014 年。
5. 魏涞：《责任——优秀员工的第一行为准则》，石油工业出版社，2009 年。
6. 陈仲宁：《敬业是最好的投资——你的敬业价值百万》，电子工业出版社，2011 年。
7. 丁川：《敬业就是硬道理》，中国长安出版社，2008 年。
8. 李良婷：《百年北大——讲授给青少年的人生智慧》，华夏出版社，2010 年。
9. 杨燕绥：《新劳动法概论》，清华大学出版社，2008 年。
10. 沈哲恒：《一本书读懂社会保险法》，中国法制出版社，2011 年。
11. 张钢成：《劳动争议纠纷诉讼指引与实务解答》，法律出版社，2014 年。
12. ［美］德鲁克著：《21 世纪的管理挑战》，朱雁斌译，机械工业出版社，2009 年。
13. ［美］阿代尔著：《时间管理》，邓敏强，等译，海南出版社，2008 年。
14. 杨俭修：《职业素养提升》，高等教育出版社，2011 年。
15. ［美］A. 班杜拉：《自我效能：控制的实施》，华东师范大学出版社，2007 年。
16. 曾仕强：《情绪管理》，鹭江出版社，2008 年。
17. 全琳琛，等：《沟通能力培训游戏经典》，人民邮电出版社，2009 年。
18. 吕书梅：《沟通之道》，经济管理出版社，2010 年。
19. ［美］罗杰·费希尔：《沟通力》，中信出版社，2009 年。
20. 张岩松，等：《人际沟通与语言艺术》，清华大学出版社，2010 年。
21. 肖冉：《哈佛沟通课》，龙门书局，2011 年。
22. 崔智东，郭志亮：《麻省理工学院最受推崇的创新思维课》，台海出版社，2013 年。
23. 郭强：《创新能力培训全案》，人民邮电出版社，2014 年。
24. 车景华：《创新能力训练》，北京师范大学出版社，2013 年。
25. 宁焰，虞筠：《职业素养提升》，西北工业大学出版社，2012 年。
26. 李恩广，张春霞：《创新思维原理与应用研究》，黑龙江人民出版社，2009 年。
27. ［美］杰夫·戴维森：《好点子都是偷来的》，王鼐译，中国广播电视出版社，2013 年。
28. 于蓉：《〈弟子规〉与职业素养》，人民邮电出版社，2014 年。
29. 贾同领：《企业员工弟子规》，中华工商联合出版社，2015 年。